Σ BEST シグマベスト

シグマ基本問題集
化 学

文英堂編集部 編

JN112162

CHEMISTRY

文英堂

特色と使用法

◎『シグマ基本問題集 化学』は，問題を解くことによって教科書の内容を基本からしっかりと理解していくことをねらった**日常学習用問題集**である。編集にあたっては，次の点に気を配り，これらを本書の特色とした。

→ 学習内容を細分し，重要ポイントを明示

→ 学校の授業にあった学習をしやすいように，「化学」の内容を51の項目に分けた。また，**テストに出る重要ポイント**では，その項目での重要度が非常に高く，必ずテストに出そうなポイントだけをまとめた。必ず目を通すこと。

→ 「基本問題」と「応用問題」の2段階編集

→ **基本問題**は教科書の内容を理解するための問題で，**応用問題**は教科書の知識を応用して解く発展的な問題である。どちらも小問ごとに ○できたらチェック 欄を設けてあるので，できたかどうかをチェックし，弱点の発見に役立ててほしい。また，解けない問題は 📖 ガイド などを参考にして，できるだけ自分で考えよう。
→ 特に重要な問題は 例題研究〉 として取り上げ，着眼 と 解き方 をつけてくわしく解説している。

→ 定期テスト対策も万全

→ **基本問題**のなかで定期テストで必ず問われる問題には テスト必出 マークをつけ，**応用問題**のなかで定期テストに出やすい応用的な問題には 差がつく マークをつけた。テスト直前には，これらの問題をもう一度解き直そう。

→ くわしい解説つきの別冊正解答集

→ 解答は答え合わせをしやすいように別冊とし，**問題の解き方が完璧にわかる**ようくわしい解説をつけた。また，✏テスト対策 では，定期テストなどの試験対策上のアドバイスや留意点を示した。大いに活用してほしい。

※本書では，0 ℃，1.013×10^5 Pa を標準状態と示す。

もくじ

1 物質の状態変化と蒸気圧

テストに出る重要ポイント ★

- **粒子の熱運動**…物質を構成している粒子(原子・分子・イオンなど)が, その温度に応じて行っている運動。三態のうち, どの状態かは, 粒子間の引力の大きさと**熱運動の激しさ**によって決まる。

- **三態と熱運動**
  ① **固体**…粒子は, 定まった位置で振動している。
  ② **液体**…粒子は集合しているが, 互いに入れ替わったり, 移動できる。
  ③ **気体**…分子が互いに離れて高速で運動している。

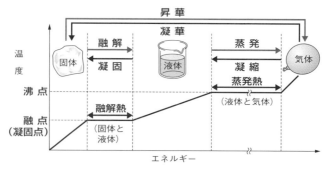

- **気体の圧力**…気体分子が容器などの壁に衝突しておよぼす力が原因。
  ① **大気の圧力**…**大気圧**といい, 標準大気圧は**1 atm(1気圧)**で, 高さ**760 mm**の水銀柱による圧力と等しい。➡ トリチェリの実験
  ② **圧力の単位**…1.013×10^5 Pa = 760 mmHg = 1 atm

- **蒸気圧と沸騰**
  ① **飽和蒸気圧(蒸気圧)**…気液平衡における蒸気の圧力。
    ▶**気液平衡**…蒸発と凝縮の速さが等しくなった状態。
    └見かけ上は蒸発も凝縮も停止。

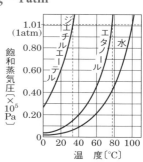

  ② **沸騰**…液体の内部からも蒸発する現象で, **蒸気圧が外圧に等しいとき**に起こる。
    ➡ このときの温度が**沸点**。
    ▶単に沸点といえば, 蒸気圧が1.013×10^5 Pa のときの値である。
  ③ **蒸気圧曲線**…蒸気圧と温度との関係のグラフ(右上の図)。

基本問題 •• 解答 ➡ 別冊 *p.2*

❶ 物質の三態

できたらチェック○

　分子からなる物質について述べた次の(1)～(5)の文は，固体，液体，気体のどれにあてはまるか。

☐ (1)　分子間の距離が小さいが，分子の位置が互いに入れ替わる。

☐ (2)　エネルギーの最も低い状態である。

☐ (3)　分子間の距離が最も大きい。

☐ (4)　分子間の距離がほぼ一定である。

☐ (5)　分子間力がほとんど無視できる。

❷ 状態変化と温度・エネルギー 【テスト必出】

　右図は，ある物質を固体から加熱していったときの温度と加熱時間のグラフである。次の各問いに答えよ。

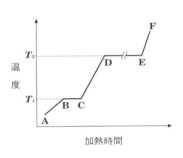

☐ (1)　図の T_1，T_2 は何とよばれるか。

☐ (2)　AB 間，BC 間，CD 間，DE 間，EF 間では，この物質はそれぞれどのような状態にあるか。

☐ (3)　BC 間および DE 間では，なぜ温度が上昇しないのか。理由を説明せよ。

☐ (4)　BC 間で物質が吸収する熱量を何というか。

☐ (5)　DE 間で物質が吸収する熱量を何というか。

☐ (6)　CD 間の状態と EF 間の状態では，密度はどちらが大きいか。

☐ ❸ 気液平衡

　次のア～エの文のうち，物質が気液平衡の状態にあることを最もよく示しているものはどれか。

　ア　液体の表面から分子がたえず飛び出している状態。

　イ　液体の表面から分子が飛び出し，空間にある分子が液体にもどる状態。

　ウ　液体の表面から飛び出す分子数と，空間から液体中にもどる分子数とが等しくなっている状態。

　エ　液体の表面から分子が飛び出さなくなった状態。

4 蒸気圧曲線と沸点 ◀テスト必出

　右図は物質 A，B，C の蒸気圧曲線である。次の各問いに答えよ。

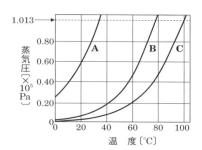

- □ (1) A，B，C の沸点はおよそ何℃か。
- □ (2) 水は A 〜 C のどれか。
- □ (3) 最も蒸発しやすい物質はどれか。
- □ (4) A は外圧が $6.0×10^4$ Pa のとき，およそ何℃で沸騰するか。

できたら
チェック ○

応用問題 ....解答 ➡ 別冊 *p.3*

□ **5** 次のア〜オの文のうち，正しいものをすべて答えよ。

　ア　沸点では，物質は液体と気体のエネルギーが等しくなっている。

　イ　固体が直接気体になる変化を凝華という。

　ウ　分子からなる物質の大部分では，その分子間の距離は，液体のときのほうが固体のときよりやや大きい。

　エ　液体が固体になるときは，融解熱と等しい量の熱を放出する。

　オ　気体では，温度が高くなるにつれて，分子間の平均距離が大きくなる。

□ **6** ◀差がつく　右図は，物質 A 〜 C の蒸気圧曲線である。次のア〜オの文のうち，誤っているものはどれか。

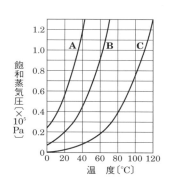

　ア　外圧が $1.0×10^5$ Pa のとき，C の沸点が最も高い。

　イ　40℃では，C の飽和蒸気圧が最も小さい。

　ウ　外圧が $0.2×10^5$ Pa のときの B の沸点は，外圧が $1.0×10^5$ Pa のときの A の沸点より低い。

　エ　20℃の密閉容器にあらかじめ $0.05×10^5$ Pa の窒素が入っているとき，その中での B の飽和蒸気圧は $0.15×10^5$ Pa である。

　オ　80℃における C の飽和蒸気圧は，20℃における A の飽和蒸気圧より小さい。

📖ガイド　飽和蒸気圧が外圧に等しいときの温度が沸点である。

例題研究 　1. 次の各問いに答えよ。

(1) 0℃の氷45.0gを加熱して100℃の水蒸気にするのに必要な熱量を求め
よ。ただし，水の融解熱を6.01kJ/mol，蒸発熱を40.7kJ/mol，水1gの温
度を1℃上げるのに必要な熱量を4.18Jと
する。(原子量；H＝1.0，O＝16.0)

(2) ある純物質の固体1.0molを，大気圧の
もとで毎分2.0kJの割合で加熱した。右図
は，そのときの加熱時間と物質の温度の
関係を表している。この物質の融解熱と
蒸発熱を求めよ。

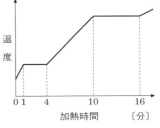

温度

0 1　　4　　　　10　　　16
加熱時間　　〔分〕

着眼 (1) 必要な熱量＝融解に必要な熱量＋温度上昇に必要な熱量＋蒸発に必要な熱量
(2) 融解中や沸騰中は，物質の温度は上昇しない。

解き方 (1) 氷の物質量は，$\dfrac{45.0\,\text{g}}{18.0\,\text{g/mol}} = 2.50\,\text{mol}$

必要な熱量＝ $\underset{\text{融解に必要な熱量}}{6.01 \times 2.50}$ ＋ $\underset{\text{温度上昇に必要な熱量}}{4.18 \times 10^{-3} \times 100 \times 45.0}$ ＋ $\underset{\text{蒸発に必要な熱量}}{40.7 \times 2.50}$

＝135.5⋯≒136〔kJ〕

(2) 加熱してから1分後に融解が始まり，10分後に沸騰が始まっている。

融解熱；2.0kJ×(4－1)÷1.0mol＝6.0kJ/mol

蒸発熱；2.0kJ×(16－10)÷1.0mol＝12kJ/mol

答 (1) 136kJ　　(2) 融解熱；6.0kJ/mol，蒸発熱；12kJ/mol

---

7 **〈差がつく〉** 右図は水の状態図で，圧力P
と温度Tの変化と水の状態の関係を示している。
次の各問いに答えよ。

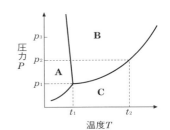

圧力 P

p_3　　B
p_2
A
p_1　　　C

t_1　　　t_2
温度T

☐ (1) **A**，**B**，**C**は，どの状態を示すか。

☐ (2) 次のア〜エのうち，正しいものはどれか。

ア 水の融点は，圧力に関係なく一定である。

イ 圧力がp_2からp_3になると，水の沸点は低
くなる。

ウ 圧力がp_1より低いとき，水は固体から直接，気体になる。

エ 温度がt_1より低いときは，圧力を変えても水は液体では存在しない。

📖 **ガイド** **A**と**B**の間の直線は水の融点を表し，**B**と**C**の間の曲線は蒸気圧曲線であり，水
の沸点を表す。

2 分子間力と沸点・融点

テストに出る重要ポイント

- **分子間力**…ファンデルワールス力や水素結合など，分子間にはたらく弱い引力。➡ イオン結合や共有結合より，結合力がはるかに弱い。
- **ファンデルワールス力**…すべての分子間にはたらく引力。➡ 構造が同じような分子では**分子量が大きいほど強く**，沸点が高くなる。
- **水素結合**…電気陰性度の大きい元素の水素化合物（HF，H_2O，NH_3）の分子間に生じる引力。**結合力は，ファンデルワールス力よりは強いが，化学結合ほどは強くない。**（化学結合：イオン結合・共有結合・金属結合）➡ HF，H_2O，NH_3 の沸点は分子量から予想される温度に比べて，異常に高い。

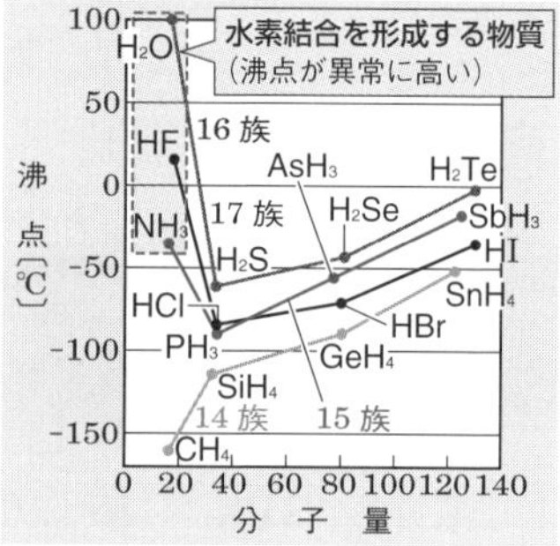

- **水の特性**…沸点・融点が高い。さまざまな物質を溶かす。**固体（氷）の密度は液体（水）より小さい。**
  ➡ この特性は水素結合による。
- **分子の極性と沸点**…分子量が同程度の水素化合物の沸点を比較すると，14族に比べて**15，16，17族の水素化合物の沸点が高い。**
  ➡ 15，16，17族の水素化合物は極性分子であり，分子間に静電気的な引力がはたらくためである。

基本問題

できたらチェック。

解答 ➡ 別冊 p.3

□ **8** 分子からなる物質の沸点　テスト必出

次の文中のア～キにあてはまる語句を答えよ。

CH_4，SiH_4，GeH_4 などの14族の水素化合物の沸点は，分子量が大きくなるほど（ ア ）なっている。これは，分子量が大きいほど（ イ ）が強くなるためである。 また，NH_3，PH_3，AsH_3 などの15族の水素化合物のほうが，14族の水素化合物より沸点が（ ウ ）。これは14族の水素化合物の分子が（ エ ）形で（ オ ）分子であるのに対し，15族の水素化合物の分子は（ カ ）形で（ キ ）分子であるためである。

□  **水の性質**

次の記述ア～エのうち，正しいものはどれか。

ア　水は極性分子からなる物質も，無極性分子からなる物質も溶かす。

イ　水は凝固すると，密度が大きくなる。

ウ　水の沸点が分子量に比較して異常に高いのは，水素結合と関係している。

エ　水分子は1対の非共有電子対と2対の共有電子対をもつ。

応用問題 ·· 解答 ➡ 別冊 *p.4*

🔟 （チェックできたら）　次の(1)～(5)は**2種類**の物質の融点あるいは沸点の高さを比べたものである。
それぞれの融点・沸点の高低の理由として最も関係のあるものをア～オから選べ。

□ (1)　$NH_3 < NaCl$　　　□ (2)　$KCl < NaCl$　　　□ (3)　$F_2 < HCl$

□ (4)　$CH_4 < C_2H_6$　　　□ (5)　$NaCl < CaO$

ア　イオンからなる物質において，陽イオンと陰イオンの中心間の距離が小さいほど，イオン間にはたらく力は強く，融点は高い。

イ　イオンからなる物質は，分子からなる物質より融点が高い。

ウ　構造の似た分子では，分子量が大きいほど沸点は高い。

エ　イオンからなる物質において，陽イオンと陰イオンの電荷が大きいほど，イオン間にはたらく力は強く，融点は高い。

オ　分子量がほぼ同じでも，極性分子は無極性分子より沸点が高い。

1️⃣1️⃣　**◀差がつく**　$A_1 \sim A_4$, $B_2 \sim B_4$, $C_1 \sim C_4$, $D_1 \sim D_4$ は，それぞれ14族，15族，16族，17族の各周期の元素の水素化合物である。

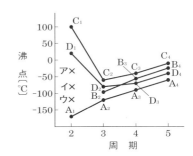

□ (1)　A_1, C_1, D_1 を化学式で表せ。

□ (2)　C_1, D_1 の沸点が高い理由を説明せよ。

□ (3)　C_1 のほうが D_1 より沸点が高い理由を説明せよ。

□ (4)　第3周期以降では，周期が大きくなるほど沸点が高くなっている。この理由を説明せよ。

□ (5)　15族の第2周期元素の水素化合物を B_1 とする。B_1 の沸点は図中のア～ウのどこに示されるか。記号で答えよ。

3 ボイル・シャルルの法則

- **ボイルの法則**

  一定量の気体の体積は，**圧力に反比例する**（温度一定）。

  $$P_1 V_1 = P_2 V_2$$

  　はじめ ➡ 圧力…P_1，体積…V_1
  　変化後 ➡ 圧力…P_2，体積…V_2

- **シャルルの法則**

  一定量の気体の体積は，**絶対温度に比例する**（圧力一定）。

  $$\frac{V_1}{T_1} = \frac{V_2}{T_2}$$

  　はじめ ➡ 絶対温度…T_1，体積…V_1
  　変化後 ➡ 絶対温度…T_2，体積…V_2

  ▶絶対温度 T〔K〕とセルシウス温度 t〔℃〕の数値の関係 ➡ $T = t + 273$

- **ボイル・シャルルの法則**

  一定量の気体の体積は，**圧力に反比例し，絶対温度に比例する**。

  $$\frac{P_1 V_1}{T_1} = \frac{P_2 V_2}{T_2}$$

  　はじめ ➡ 圧力…P_1，絶対温度…T_1，体積…V_1
  　変化後 ➡ 圧力…P_2，絶対温度…T_2，体積…V_2

  0℃，1.01×10^5 Pa を標準状態という。

基本問題 ••• 解答 ➡ 別冊 *p.4*

12 ボイルの法則とシャルルの法則　◀テスト必出

次の各問いに答えよ。

□ (1)　2.5×10^5 Pa で3.0 L の酸素を，同じ温度で10.0 L の容器に入れた。酸素の示す圧力は何 Pa か。

□ (2)　0℃，1.01×10^5 Pa（標準状態）で6.0 L の気体を，同じ圧力で100℃とすると，体積は何 L になるか。

13 ボイルの法則とシャルルの法則のグラフ

次の(1)，(2)にあてはまるグラフをあとのア～カから選べ。

□ (1)　$PV = $一定　　　　　□ (2)　$\dfrac{V}{T} = $一定

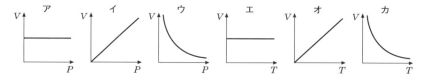

例題研究▶　2.　27℃，$3.03×10^5$ Pa で 600 mL の水素は，0℃，$1.01×10^5$ Pa（標準状態）で何 mL か。

着眼　温度と圧力の両方が変化しているから，ボイル・シャルルの法則に代入する。

解き方　$\dfrac{P_1 V_1}{T_1} = \dfrac{P_2 V_2}{T_2}$ に代入する。

$$\frac{3.03×10^5\,\mathrm{Pa}×600\,\mathrm{mL}}{(27+273)\,\mathrm{K}} = \frac{1.01×10^5\,\mathrm{Pa}×V_2}{273\,\mathrm{K}} \quad ∴\ V_2 = 1638\,\mathrm{mL} ≒ 1640\,\mathrm{mL}$$

答　1640 mL

⑭ ボイル・シャルルの法則 ◀テスト必出

次の各問いに答えよ。

- □ (1) 27℃，$2.0×10^5$ Pa で 4.0 L の窒素は，0℃，$1.0×10^5$ Pa（標準状態）で何 L か。

- □ (2) 0℃，$1.0×10^5$ Pa（標準状態）で 5.0 L の酸素を 2.0 L の容器に入れて 77℃ に保つと，圧力は何 Pa か。

- □ (3) 127℃，$3.03×10^5$ Pa で 6.00 L の水素を，4.00 L の容器に入れてある温度に保つと，圧力は $9.09×10^5$ Pa であった。温度を何℃に保ったか。

応用問題 ･････････････････････････････ 解答 ➡ 別冊 *p.5*

できたらチェック○

⑮ 次の各問いに答えよ。ただし標準状態：0℃，$1.01×10^5$ Pa とする。

- □ (1) 0℃で 3.0 L の気体の圧力を 2 倍にしたところ，体積が 2.0 L になった。このときの温度は何℃か。

- □ (2) 標準状態で，窒素 7.0 g は何 L の体積を占めるか。また，圧力を一定に保って 137℃ に加熱すると，その体積は何 L となるか。（原子量；N = 14）

　📖ガイド　(1) P_1 を P_0，P_2 を $2P_0$ として式に代入。

- □ **⑯** ◀差がつく　一定量の気体を温度 T_1〔K〕または T_2〔K〕に保ったまま，圧力 P を変えたときの気体の体積 V〔L〕と圧力 P〔Pa〕との関係を表すグラフとして最も適当なものを，次のア～オから選べ。ただし，$T_1 > T_2$ とする。

4 気体の状態方程式

テストに出る重要ポイント

○ **気体の状態方程式**

$$PV = nRT \quad (気体定数\ R = 8.31 \times 10^3\,\mathrm{Pa \cdot L/(mol \cdot K)})$$

P：圧力〔Pa〕　　V：体積〔L〕　　n：物質量〔mol〕　　T：絶対温度〔K〕

▶気体定数 R は，圧力や体積の単位を変えると，その値も変わる。

例 P〔Pa〕，V〔m³〕 ➡ $R = 8.31\,\mathrm{Pa \cdot m^3/(mol \cdot K)} = 8.31\,\mathrm{J/(mol \cdot K)}$

例 P〔atm〕，V〔L〕 ➡ $R = 0.0821\,\mathrm{atm \cdot L/(mol \cdot K)}$

○ **気体の状態方程式から分子量を求める**

$$PV = \frac{w}{M}RT \quad または \quad M = \frac{wRT}{PV}$$

w：質量〔g〕　　M：モル質量〔g/mol〕（分子量の値は，モル質量の数値と同じ）

基本問題 .... 解答 ➡ 別冊 *p.5*

例題研究▶ **3.** 次の各問いに答えよ。（原子量；N＝**14**，アボガドロ定数；
N_A＝**6.0×10²³/mol**，気体定数；R＝**8.3×10³Pa・L/(mol・K)**）

(1) 27℃，2.0×10^5 Pa で 500 mL の窒素中の分子の数を求めよ。

(2) 47℃，3.0×10^5 Pa で 600 mL の窒素の質量を求めよ。

着眼 (1) まず，$PV=nRT$ から窒素の物質量を求める。さらに，アボガドロ定数から
分子の数を求める。

(2) $PV = \dfrac{w}{M}RT$ を利用する。

解き方 (1) $P = 2.0 \times 10^5$ Pa，$V = 0.500$ L，

$T = (27 + 273)\,\mathrm{K} = 300\,\mathrm{K}$ を $PV = nRT$ に代入して，

$2.0 \times 10^5\,\mathrm{Pa} \times 0.50\,\mathrm{L} = n \times 8.3 \times 10^3\,\mathrm{Pa \cdot L/(mol \cdot K)} \times 300\,\mathrm{K}$

∴ $n \fallingdotseq 4.0 \times 10^{-2}\,\mathrm{mol}$

分子の数は，$6.0 \times 10^{23}\,\mathrm{/mol} \times 4.0 \times 10^{-2}\,\mathrm{mol} = 2.4 \times 10^{22}$

(2) $P = 3.0 \times 10^5$ Pa，$V = 0.600$ L，$T = (47 + 273)\,\mathrm{K} = 320\,\mathrm{K}$，

$M = (14 \times 2)\,\mathrm{g/mol} = 28\,\mathrm{g/mol}$ を $PV = \dfrac{w}{M}RT$ に代入して，

$3.0 \times 10^5\,\mathrm{Pa} \times 0.60\,\mathrm{L} = \dfrac{w}{28\,\mathrm{g/mol}} \times 8.3 \times 10^3\,\mathrm{Pa \cdot L/(mol \cdot K)} \times 320\,\mathrm{K}$

∴ $w \fallingdotseq 1.9$ g

答 (1) 2.4×10^{22} 個　　(2) 1.9 g

□ **17** 気体中の分子数

15℃，$1.8×10^5$ Pa で 3.0 L の気体中に含まれる分子の数を求めよ。（アボガドロ定数；$N_A=6.0×10^{23}$/mol，気体定数；$R=8.3×10^3$ Pa·L/(mol·K)）

18 気体の状態方程式 ◀テスト必出

次の各問いに答えよ。（気体定数；$R=8.3×10^3$ Pa·L/(mol·K)）

□ ⑴ 窒素3.0 mol を 27℃，$2.0×10^5$ Pa の状態に保つと，体積は何 L になるか。

□ ⑵ 酸素2.0 mol を容積5.0 L の密閉容器に入れ，77℃に保つと，圧力は何 Pa になるか。

19 気体の質量と分子量 ◀テスト必出

次の各問いに答えよ。（原子量；O＝16，気体定数；$R=8.3×10^3$ Pa·L/(mol·K)）

□ ⑴ 27℃，$5.0×10^5$ Pa で 10 L の酸素の質量は何 g か。

□ ⑵ ある気体を1.6 g とり，400 mL の容器内に入れて温度を127℃に保ったところ，気体の圧力は$3.0×10^5$ Pa を示した。この気体の分子量を求めよ。

📖ガイド　⑵気体定数の単位に合わせて，体積を L 単位に変換する。

応用問題 ●●● 解答 ➡ 別冊 *p.6*

20 ◀差がつく 気体の状態方程式 $PV=nRT$ において，次の⑴～⑶の関係を表すグラフをあとのア～オより選べ。

□ ⑴　n，T が一定のときの PV と P　　□ ⑵　n，V が一定のときの P と T

□ ⑶　P，V が一定のときの n と T

📖ガイド　気体の状態方程式をもとに，比例か反比例か一定値かを判断する。

□ **21**　ある液体物質を約10 mL とり，容積500 mL のフラスコに入れ，小さな穴をあけたアルミ箔でふたをして，100℃の湯浴中で完全に蒸発させた後放冷すると，フラスコ内に残った液体の質量は1.2 g であった。この液体物質の分子量を求めよ。ただし，大気圧は$1.0×10^5$ Pa，気体定数 $R=8.3×10^3$ Pa·L/(mol·K) とする。

5 混合気体の圧力

◉ **混合気体の圧力**

① **ドルトンの分圧の法則** 混合気体において，全圧＝分圧の和の関係が成り立つ。 $P = P_1 + P_2 + \cdots\cdots$

▶全圧…混合気体が示す圧力。

▶分圧…混合気体の成分気体の圧力。

② 混合気体における成分気体の分圧比

分圧比 ＝ 物質量比（同温・同体積） 分圧比 ＝ 体積比（同温・同圧）

◉ **実在気体と理想気体**

	実在気体	理想気体
気体の状態方程式	完全にはあてはまらない	完全にあてはまる
分子間力	ある(低温・高圧で影響)	ない
分子の体積	ある(高圧で影響)	ない

基本問題 ………………………………………………… 解答 ➡ 別冊 *p.7*

例題研究▶ **4.** 3.0×10^5 Pa の窒素が入った容積 2.0 L の容器 A と，1.0×10^5 Pa の酸素が入った容積 3.0 L の容器 B を連結し，コック C を開けて混合気体とした。次の各問いに答えよ。

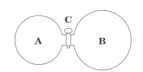

(1) 混合気体中の窒素，酸素の分圧を求めよ。

(2) 混合気体の全圧を求めよ。

着眼 (1) 混合気体の体積が，2.0＋3.0＝5.0 L になったことに着目する。

(2) 窒素と酸素の分圧の和が，混合気体の全圧となる。

解き方 (1) 窒素，酸素の分圧を P_N，P_O とすると，ボイルの法則より，

3.0×10^5 Pa $\times 2.0$ L $= P_N \times 5.0$ L ∴ $P_N = 1.2 \times 10^5$ Pa

1.0×10^5 Pa $\times 3.0$ L $= P_O \times 5.0$ L ∴ $P_O = 6.0 \times 10^4$ Pa

(2) 全圧は分圧の和であるから，

$(1.2 + 0.60) \times 10^5$ Pa $= 1.8 \times 10^5$ Pa

答 (1) 窒素；1.2×10^5 Pa，酸素；6.0×10^4 Pa (2) 1.8×10^5 Pa

22 混合気体 ◀テスト必出

窒素 0.70 g とメタン CH₄ 0.80 g を 5.0 L の容器に入れ，27℃ とした。（原子量；H = 1.0，C = 12，N = 14，気体定数；$R = 8.3 \times 10^3$ Pa・L/(mol・K)）

□ ⑴ 窒素とメタンの分圧比を求めよ。　　□ ⑵ 全圧は何 Pa か。

□ ⑶ 窒素の分圧は何 Pa か。

□ **23** 理想気体と実在気体

次のア〜エの文のうち，誤っているものを **2** つ選べ。

ア　理想気体は，気体の状態方程式に完全にしたがう。

イ　理想気体の分子には体積や質量がない。

ウ　実在気体は，温度が高いほうが理想気体に近い。

エ　実在気体は，圧力が高いほうが理想気体に近い。

応用問題 ●●●●●●●●●●●●●●●●●●●●●●●●●●●●●●●●● 解答 ➡ 別冊 *p.7*

24 ◀差がつく 水素 0.10 g，窒素 0.70 g，酸素 0.80 g を，27℃ で 500 mL の容器に入れた。次の各問いに答えよ。（原子量；H = 1.0，N = 14，O = 16，気体定数；$R = 8.3 \times 10^3$ Pa・L/(mol・K)）

□ ⑴ 混合気体の平均分子量を求めよ。

□ ⑵ 混合気体の全圧を求めよ。

□ **25**　2.0 L の密閉容器に同物質量の一酸化炭素と酸素を入れ，20℃ にすると，混合気体の全圧は 6.0×10^5 Pa であった。この混合気体に点火して一酸化炭素を燃やし，20℃ にすると，全圧は何 Pa か。また，このときの二酸化炭素の分圧は何 Pa か。ただし，一酸化炭素はすべて燃えて二酸化炭素になったものとする。

□ **26** ◀差がつく 右図は，理想気体，窒素，二酸化炭素について，温度 T を一定にして，圧力 P を変えながら，1 mol の体積 V を測定し，$\dfrac{PV}{RT}$ の値を求めたときのグラフである。A，B，C はどれにあてはまるか。

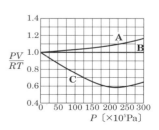

6 金属結晶

○ **金属結合**…多数の金属原子が，自由に動ける**自由電子**を共有することによってできる結合。

➡ 金属元素の原子間の結合。

▶価電子が自由電子となっている。

○ **金属結晶**…金属原子が金属結合により，規則正しく配列した結晶。

▶性質…**金属光沢**がある。**展性・延性**に富む。電気や熱をよく通す。
　　　　└たたくとうすく広がる性質┘　└引っぱると長くのびる性質┘
➡ これらの性質は，いずれも自由電子による。

○ **金属結晶の構造**…金属結晶の多くは，次の3種類のいずれかである。

	体心立方格子	面心立方格子	六方最密構造
単位格子	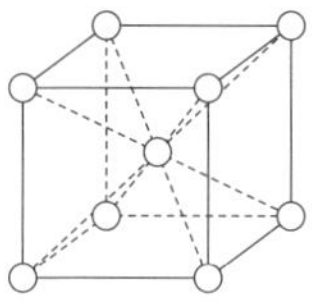	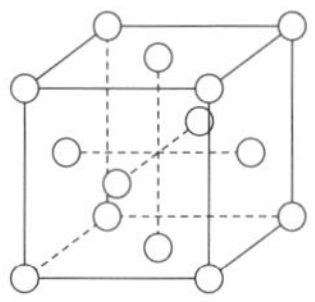	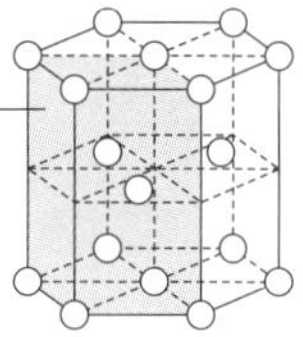 単位格子
配位数	8	12	12
単位格子中の原子数	$1+\dfrac{1}{8}\times8=2$ 中心 頂点	$\dfrac{1}{2}\times6+\dfrac{1}{8}\times8=4$ 面 頂点	$\left\{\dfrac{1}{6}\times12+\dfrac{1}{2}\times2\right.$ 頂点 上下面 $\left.+1\times3\right\}\div3=2$ 中間部
充填率	68%	74%	74%
例	Li, Na, K	Al, Ni, Cu	Mg, Zn

▶配位数…1つの原子に接している原子の数。

▶原子の詰まりぐあい（充填率）は，

体心立方格子＜面心立方格子＝六方最密構造

▶単位格子の一辺をl〔cm〕，金属原子の原子半径をr〔cm〕とすると，

体心立方格子 ➡ $(4r)^2=3l^2$ ➡ $r=\dfrac{\sqrt{3}}{4}l$

面心立方格子 ➡ $(4r)^2=2l^2$ ➡ $r=\dfrac{\sqrt{2}}{4}l$

基本問題

できたら
チェック

□ **27** 体心立方格子と面心立方格子 ◀テスト必出

次のア～エの文のうち，誤っているものを選べ。

ア 体心立方格子と面心立方格子では，1つの原子に接する原子の数が等しい。

イ 体心立方格子と面心立方格子は，ともに単位格子の中にすき間がある。

ウ 面心立方格子のほうが体心立方格子よりも単位格子中の原子数が多い。

エ 同じ体積で比べると，体心立方格子よりも面心立方格子のほうが，原子が密に詰め込まれている。

例題研究▶ 5. ある金属の結晶構造は面心立方格子であり，単位格子の一辺は 3.5×10^{-8} cm，密度は 8.9 g/cm³ である。次の各問いに答えよ。（アボガドロ定数；$N_A = 6.0 \times 10^{23}$/mol，$\sqrt{2} = 1.4$）

(1) 単位格子中の原子の数は何個か。

(2) この金属原子の原子半径を求めよ。

(3) この金属の原子量を求めよ。

着眼 (1) 頂点の原子は8つ，面の中心の原子は2つの単位格子にまたがっている。

(2) 単位格子の面の対角線の長さは，原子半径の4倍に等しい。

(3) まず，単位格子の質量を求める。

解き方 (1) 単位格子の頂点に8個，面の中心に6個あるから，

┌2つの単位格子にまたがっている。

$$\frac{1}{8} \times 8 + \frac{1}{2} \times 6 = 4$$

└8つの単位格子にまたがっている。

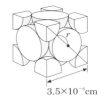

3.5×10^{-8}cm

(2) 金属原子の原子半径を r〔cm〕とすると，右図より，

$$4r = 3.5 \times 10^{-8}\,\text{cm} \times \sqrt{2}$$

よって，$r = \dfrac{3.5 \times 10^{-8}\,\text{cm} \times \sqrt{2}}{4} \fallingdotseq 1.2 \times 10^{-8}\,\text{cm}$

(3) 単位格子の体積は，$(3.5 \times 10^{-8})^3$ cm³ である。

単位格子の質量は，

$$8.9\,\text{g/cm}^3 \times (3.5 \times 10^{-8})^3\,\text{cm}^3 = 3.81\cdots \times 10^{-22}\,\text{g}$$

これが原子4個の質量に等しいから，金属のモル質量は，

$$\frac{3.81 \times 10^{-22}\,\text{g}}{4} \times 6.0 \times 10^{23}/\text{mol} \fallingdotseq 57\,\text{g/mol}$$

答 (1) 4個 (2) 1.2×10^{-8} cm (3) 57

28　次の文章のア〜カに入る数式および数値を書け。ただし，体心立方格子・面心立方格子のいずれの場合の金属結晶も密度は d，原子半径は r，アボガドロ数は N_A とし，原子は最も近くにあるものどうしが接しているものとする。

　金属の結晶が体心立方格子をとる場合，単位格子の一辺の長さは（　ア　）である。このとき，単位格子あたりの原子の数は（　イ　）個であるので，この金属のモル質量は，（　ウ　）となる。また，金属の結晶が面心立方格子をとる場合は，単位格子の一辺の長さは（　エ　）である。単位格子あたりの原子の数は（　オ　）個であるので，この金属のモル質量は（　カ　）となる。

29　◀差がつく　同じ金属元素の結晶格子が，次のア〜ウのように変化した。あとの各問いに答えよ。
　　ア　体心立方格子から面心立方格子　　イ　面心立方格子から体心立方格子
　　ウ　面心立方格子から六方最密構造
(1)　密度が小さくなったのはどれか。　(2)　密度が変わらなかったのはどれか。
　📖ガイド　充填率(または配位数)の違いに着目する。

30　2種類の金属 A，B があり，A は体心立方格子，B は面心立方格子の結晶構造をもつ。A，B の単位格子の一辺をそれぞれ a〔nm〕，b〔nm〕，原子量をそれぞれ M_A，M_B とするとき，金属 A，B の密度の比を求めよ。

31　◀差がつく　次の文章の（　　　　）内に適する語句，数値を入れよ。($\sqrt{3} = 1.73$，原子量；Na ＝ 23)

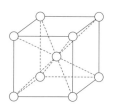

　ナトリウムの結晶構造は，右図に示すような（　①　）格子であり，1つのナトリウム原子に隣接するナトリウム原子の数は（　②　）個，単位格子中のナトリウム原子の数は（　③　）個である。単位格子の一辺の長さを0.43 nm とし，結晶中のナトリウム原子を互いに隣接する球であるとすると，ナトリウム原子の半径は（　④　）nm，1 cm³ 中に含まれるナトリウム原子の数は（　⑤　）個となる。また，ナトリウムの結晶の密度を0.97 g/cm³ とすれば，ナトリウム原子1個の質量は（　⑥　）g となるから，アボガドロ定数は（　⑦　）/mol と計算される。
　📖ガイド　アボガドロ数個のナトリウム原子の質量は23g である。

7 イオン結晶

◗ **イオン結合**…陽イオンと陰イオンが静電気的な引力によって引きあってできる結合。➡ 金属元素の原子と非金属元素の原子間の結合に多い。
（クーロン力）

▶一般に，金属元素は陽イオンになりやすく，非金属元素は陰イオンになりやすい。

▶イオンには，CO_3^{2-}，OH^-，SO_4^{2-}，NH_4^+ などのような多原子イオンもある。

▶ NH_4Cl は例外で，非金属元素からなる NH_4^+ と Cl^- がイオン結合によって結びついている。➡ 金属＋非金属の組み合わせではない。

◗ **イオン結晶**…イオン結合によってできている結晶。陽イオンと陰イオンが規則正しく立体的に配列している。

〔性質〕
・結晶の状態では電気を通さないが，加熱融解すると電気を通す。
・イオン結晶の水溶液は電気を通す。
・融点は比較的高い。
（NaCl で801℃）
・硬くてもろい。

	塩化ナトリウム NaCl	塩化セシウム CsCl	硫化亜鉛 ZnS
単位格子	Na⁺ Cl⁻ 0.564nm	Cl⁻ Cs⁺ 0.412nm	Zn²⁺ S²⁻ 0.540nm
単位格子中に含まれる原子数	Na^+；$\frac{1}{4}\times12+1$ $=4$（個） Cl^-；$\frac{1}{8}\times8+\frac{1}{2}\times6$ $=4$（個）	Cs^+；1（個） Cl^-；$\frac{1}{8}\times8=1$（個）	Zn^{2+}；$1\times4=4$（個） S^{2-}；$\frac{1}{8}\times8+\frac{1}{2}\times6$ $=4$（個）
配位数	6	8	4

解答 ➡ 別冊 *p.10*

できたら チェック○

基本問題

□ **32** イオン結合 ◀テスト必出

次のア～キの物質のうち，原子間の結合がイオン結合であるものをすべて選べ。

ア　CO_2　　　イ　CaO　　　ウ　N_2　　　エ　CCl_4

オ　KCl　　　カ　H_2O　　　キ　$MgBr_2$

□ **33** イオン結晶

次のア～オの文のうち，イオン結晶にあてはまらないものをすべて選べ。

ア　金属元素と非金属元素の化合物に多い。

イ　融点が非常に低い。

ウ　水に溶ける結晶では，その水溶液は電気を通す。

エ　結晶の状態では電気を通さないが，加熱融解すると電気を通す。

オ　展性・延性に富む結晶である。

34 単位格子と密度 ◀テスト必出

右図は塩化ナトリウムの単位格子である。次の各問
いに答えよ。（原子量：Na = 23，Cl = 35.5，アボガド
ロ定数；$N_A = 6.0 \times 10^{23}$ /mol）

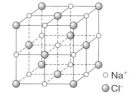

○ Na⁺
● Cl⁻

□ (1)　Na^+ に接している Cl^- は何個か。

□ (2)　単位格子中の Na^+ と Cl^- はそれぞれ何個か。

□ (3)　単位格子の一辺の長さが 5.6×10^{-8} cm のとき，この結晶の密度は何 g/cm³か。

35 CsCl, ZnS の単位格子

右図のイオン結晶について，次の各問い
に答えよ。

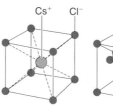

Cs⁺　　Cl⁻　　　　　Zn²⁺　　S²⁻

CsCl の単位格子　　　ZnS の単位格子

□ (1)　塩化セシウム CsCl の単位格子中に含ま
れるセシウムイオン Cs^+，塩化物イオン
Cl^- の数はそれぞれ何個か。

□ (2)　塩化セシウム CsCl の単位格子中に含ま
れる塩化物イオン Cl^- は何個のセシウムイオン Cs^+ と接しているか。

□ (3) 硫化亜鉛 ZnS の単位格子中に含まれる亜鉛イオン Zn^{2+}，硫化物イオン S^{2-} の数はそれぞれ何個か。

□ (4) 硫化亜鉛 ZnS の単位格子中に含まれる亜鉛イオン Zn^{2+} は何個の硫化物イオン S^{2-} と接しているか。

応用問題 ●● 解答 → 別冊 *p.11*

できたらチェック

□ **36** 次のア〜オの化合物の結晶のうち，どちらもイオン結合からなるものの組み合わせをすべて選べ。

ア NaCl，HCl　　イ $CaCl_2$，KI　　ウ CS_2，I_2

エ SiO_2，CuO　　オ NH_4Cl，Al_2O_3

📖 ガイド　金属元素と非金属元素の化合物を選ぶ。NH_4^+ に注意。

37 右図は，陽イオン A(●)と陰イオン B(○)からなる化合物の結晶の単位格子を示したものである。次の各問いに答えよ。

① 　② 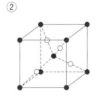　③

□ (1)　①〜③のそれぞれの単位格子中の陽イオン A と陰イオン B の数を求めよ。

□ (2)　①〜③のそれぞれの組成式を A，B を用いて表せ。

📖 ガイド　格子の頂点のイオンは 8 つ，辺の中央のイオンは 4 つ，面の中央のイオンは 2 つの単位格子にまたがっている。

38 ◀差がつく▶ 右図は金属 M と塩素 Cl の化合物のイオン結晶の単位格子で，格子の中心の● が金属 M のイオン，頂点の○ が塩化物イオン Cl^- である。単位格子の一辺の長さ a が 0.40 nm，結晶の密度が 4.0 g/cm³ であるとき，次の各問いに答えよ。（原子量；Cl = 36，アボガドロ定数；$N_A = 6.0 \times 10^{23}$ /mol）

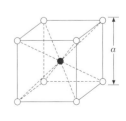

□ (1)　単位格子中の金属 M のイオン，Cl^- はそれぞれ何個か。

□ (2)　この化合物の組成式を示せ。ただし，金属 M の元素記号を M とする。

□ (3)　金属 M の原子量を有効数字 2 桁で求めよ。

8 その他の結晶と非晶質

- 🔾 **共有結合の結晶**…多数の原子が共有結合してできた結晶 ➡ 融点が非常に高く，硬い。電気を通さない。

  例 ダイヤモンド，黒鉛，ケイ素 Si，二酸化ケイ素 SiO_2

  ① **ダイヤモンド**…正四面体を基本単位とする立体網目構造。無色透明。
  └C原子の4個の価電子が共有結合をして形成。
  非常に硬い。電気を通さない。

  ② **黒鉛**…正六角形を基本単位とする平面層状構造。各層間は分子間力
  └C原子の4個の価電子のうち3個が共有結合をして形成。
  でつながっている。黒色不透明。軟らかい。電気を通す。

- 🔾 **分子結晶**…分子が分子間力によって規則的に並んだ結晶。 ➡ 軟らかく，
  └例：ドライアイス CO_2，ヨウ素 I_2
  融点が低い。

- 🔾 **非晶質(アモルファス)**…粒子の配列が規則的でない固体。一定の融点
  └例：アモルファスシリコン，アモルファス合金
  を示さない。

- 🔾 **結晶の種類のまとめ**

種類	イオン結晶	分子結晶	共有結合の結晶	金属結晶
おもな成分元素	金属元素 非金属元素	非金属元素	非金属元素	金属元素
結合	イオン結合	分子間力 (原子間は共有結合)	共有結合	金属結合
融点	高 い	低 い	非常に高い	高いものが多い
電気伝導性	なし(液体；あり)	な し	なし(黒鉛；あり)	あ り
物理的性質	硬い，もろい	もろくこわれやすい	非常に硬い	光 沢 展性・延性

できたらチェック✓ **基本問題** •••••••••••••••••••••••••••••• 解答 ➡ 別冊 *p.12*

□ **㊟ ダイヤモンドと黒鉛**

ダイヤモンドと黒鉛に関する記述として正しいものを，次のア～ウから1つ選べ。

ア ダイヤモンドは共有結合の結晶であるが，黒鉛は金属結合の結晶である。

イ 結晶内のある原子に最も近接している原子の個数は，黒鉛のほうがダイヤモンドよりも1つ少ない。

ウ　ダイヤモンドが電気を通さないのに対して，黒鉛が電気の良導体であるの
　　は，共有結合している炭素原子の価電子数に関して，黒鉛のほうがダイヤモ
　　ンドよりも1つ多いためである。

☐ **40** さまざまな結晶の特徴　◀テスト必出▶
次の表の①〜⑬に適する語句を，あとのア〜スからそれぞれ選べ。

結晶の種類	イオン結晶	金属結晶	共有結合の結晶	分子結晶
成分元素	①	②	③	非金属元素
融点	④	高いものが多い	⑤	⑥
電気伝導性	⑦	⑧	なし(黒鉛はあり)	⑨
物理的性質	⑩	⑪	⑫	⑬

ア　高い　　イ　電気を通す　　ウ　軟らかくてもろい　　エ　非金属元素
オ　硬くてもろい　　カ　金属元素と非金属元素　　キ　金属元素
ク　液体や水溶液は電気を通す　　ケ　電気を通さない
コ　光沢や展性・延性をもつ　　サ　非常に硬い　　シ　非常に高い
ス　低い

応用問題 ･････････････････････････ 解答 ➡ 別冊 *p.12*

41 できたらチェック ◀差がつく▶ 次に示した(1)〜(6)の物質について，結晶の種類をア〜エから
1つずつ選び，含んでいる結合をオ〜クからすべて選べ。
☐ (1)　NaOH　　☐ (2)　CaCl₂　　☐ (3)　NH₄Cl　　☐ (4)　H₂O
☐ (5)　Na₂CO₃　　☐ (6)　CCl₄
　　ア　イオン結晶　　イ　分子結晶　　ウ　共有結合の結晶
　　エ　金属結晶　　オ　イオン結合　　カ　分子間力　　キ　共有結合
　　ク　金属結合

42 次の(1)〜(3)の記述について，正しいものは正，誤っているものは誤と答えよ。
☐ (1)　ドライアイスはCO₂の分子からなる結晶で，昇華しやすくもろい。
☐ (2)　金属が展性・延性などの金属特有の性質をもつのは，自由電子による共有結
　　合をしているからである。
☐ (3)　一定の融点をもつ非晶質(アモルファス)がある。

9 溶解と溶解度

○ **溶解**…液体にほかの物質が溶け，均一な混合物ができる現象。
 └溶媒　　　　　　　　　　└溶質　　　　　　　　　　└溶液
　① **イオン結晶**…水中では電離している。水分子との間にはたらく静電
　　気的な引力によって，水分子がイオンをとり囲んでいる(**水和**)。
　② **分子からなる物質**
　　▶**極性分子**…極性分子の溶媒に溶けやすい。水中では水和している。
　　　　　　　　　　　　　　　　　　└水など
　　▶**無極性分子**…無極性分子の溶媒に溶けやすい。
　　　　　　　　　　└ベンゼンなど

○ **気体の溶解度**
　① **温度と溶解度**…温度が高いほど，溶解度は小さい(圧力一定)。
　② **圧力(分圧)と溶解度**…温度が一定のとき，**一定量の液体に溶ける気**
　　体の質量・物質量は圧力に比例する。 ➡ **ヘンリーの法則**
　　▶溶ける気体の体積は，標準状態に換算すると，圧力に比例する。
　　▶溶ける気体の体積は，それぞれの圧力では一定である。

○ **固体の溶解度**…一般に，溶媒100 gに溶け
　る溶質のg数で表す。
　▶**溶解度曲線**…温度による溶解度の変化
　　を表したグラフ(右図)。

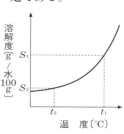

○ **水和水を含まない結晶の析出量**
　① **冷却による析出**…飽和水溶液 w〔g〕を
　　冷却したときに析出する結晶 x〔g〕
　　➡ (**100＋はじめの温度の溶解度**)：**溶解度の差**＝w：x
　　　　　　　　　　　└S_1　　　　　　　　　　└S_1-S_2
　② **溶媒の蒸発による析出**…飽和水溶液から水 w〔g〕を蒸発させたとき
　　に析出する結晶 x〔g〕 ➡ **100**：**溶解度**＝w：x

○ **水和水を含む結晶の溶解量・析出量**
　① **溶解量の計算**…水 w〔g〕に溶けうる結晶(水和物)x〔g〕
　　➡ (**$w＋x$**)：結晶 x〔g〕中の無水物の質量＝(**100＋溶解度**)：**溶解度**
　② **冷却による析出量の計算**…飽和水溶液 w〔g〕を冷却したときに析出
　　する結晶(水和物)x〔g〕
　　➡ (**$w－x$**)：冷却後の飽和水溶液中の無水物の質量
　　　　　　　　　　　＝(**100＋冷却後の溶解度**)：**冷却後の溶解度**

できたらチェック。

基本問題

解答 ➡ 別冊 p.13

□ **43** 溶解

次のア～エの文のうち，誤っているものはどれか。

ア　水溶液中のイオンは水和している。

イ　水溶液中の溶質分子は水和している。

ウ　水は極性分子なので，アンモニアなどの極性分子を溶かしやすい。

エ　ナフタレンは無極性分子なので，水にもベンゼンにもよく溶ける。

44 気体の溶解度　テスト必出

メタン CH_4 は，**0℃**，**1.0×10^5 Pa** のもとで，水 **1.0 L** に **56 mL** 溶ける。**0℃**，**3.0×10^5 Pa** のもとで，水 **2.0 L** に溶けるメタンについて，次の⑴～⑶を求めよ。

（原子量；H＝1.0，C＝12，0℃，1.0×10^5 Pa における気体 1 mol の体積；22.4 L）

□ ⑴　質量

□ ⑵　0℃，1.0×10^5 Pa に換算した体積

□ ⑶　0℃，3.0×10^5 Pa のもとでの体積

例題研究》 **6.** 右図は，硝酸カリウムの溶解度曲線である。**40℃**の硝酸カリウムの飽和水溶液 **300 g** を **10℃**まで冷却すると，何 **g** の結晶が析出するか。

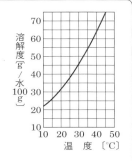

着眼　40℃のときの溶解度は64である。40℃の飽和水溶液164 gを冷却したときをもとに考える。

解き方　まず，水が100 gのときの析出量を考える。水100 gに溶ける硝酸カリウムは，40℃で64 g，10℃で22 gであるから，40℃の飽和水溶液164 g（100＋はじめの温度の溶解度）を冷却したときに析出する硝酸カリウムの質量は，

$64\,\text{g}-22\,\text{g}=42\,\text{g}$（溶解度の差）

ここで，飽和水溶液300 gを冷却したときに析出する硝酸カリウムを x〔g〕とすると，

$164\,\text{g} : 42\,\text{g}=300\,\text{g} : x$　　∴　$x\fallingdotseq 77\,\text{g}$

答　77 g

45 固体の溶解度と析出量　◀テスト必出

水100gに対する塩化カリウムの溶解度は，60℃で46，20℃で34である。次の各問いに答えよ。

□(1) 60℃の水200gに塩化カリウムを溶かせるだけ溶かした水溶液を，20℃まで冷却すると，何gの塩化カリウムの結晶が析出するか。

□(2) (1)の20℃の水溶液の水を20g蒸発させると，さらに何gの塩化カリウムの結晶が析出するか。

□(3) 60℃の塩化カリウム飽和水溶液200gを20℃まで冷却すると，何gの塩化カリウムの結晶が析出するか。

□ **46** 水和水を含む結晶の溶解量

水100gに対する硫酸銅(Ⅱ)無水物 $CuSO_4$ の溶解度は，20℃で20である。20℃で水100gに溶ける硫酸銅(Ⅱ)五水和物 $CuSO_4 \cdot 5H_2O$ の結晶の質量を求めよ。(式量：$CuSO_4 = 160$，$CuSO_4 \cdot 5H_2O = 250$)

応用問題 ●●●●●●●●●●●●●●●●●●●●●●●●●●●●●●●● 解答 ➡ 別冊 *p.14*

47 温度一定のもとで，一定量の水に溶解する窒素の量と圧力の関係について，次の各問いに答えよ。

□(1) 窒素の量を物質量で表すとき，窒素の量と圧力の関係はどうなるか。右のア〜エから選べ。

□(2) 窒素の量を溶解したときの圧力での体積で表すとき，窒素の量と圧力の関係はどうなるか。右のア〜エから選べ。

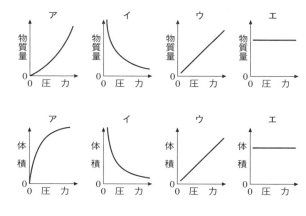

48 ◀差がつく　右の表は $1.0×10^5$ Pa で水 1.0 L に溶ける酸素と窒素の体積を標準状態に換算して示したものである。酸素と窒素の体積比が 2：3 である混合気体が水と接しているとき，次の各問いに答えよ。ただし，水の蒸気圧は無視してよい。（原子量；N＝14，O＝16）

温度	酸素	窒素
5℃	0.043 L	0.021 L
40℃	0.023 L	0.012 L

□ (1)　40℃，$2.0×10^5$ Pa でこの混合気体が水と接しているときの水中の窒素のモル濃度〔mol/L〕はいくらか。

□ (2)　5℃，$2.0×10^5$ Pa でこの混合気体が飽和している水 1.0 L を 40℃に温めたとき，発生する気体の質量〔g〕はいくらか。

□ **49**　0℃の水 100 g に $1.01×10^5$ Pa において溶ける窒素，酸素の質量は，それぞれ $2.94×10^{-3}$ g，$6.95×10^{-3}$ g である。0℃の水に溶ける空気の窒素と酸素の物質量比 $\dfrac{N_2}{O_2}$ を求めよ。ただし，空気を窒素と酸素の体積比が 4：1 の混合気体とする。（原子量；N＝14.0，O＝16.0）

📖 ガイド　溶ける気体の物質量は，分圧に比例する。

50 ◀差がつく　水 100 g に対する硝酸カリウムの溶解度は，80℃で170，10℃で22である。次の各問いに答えよ。

□ (1)　80℃の飽和水溶液 100 g を 10℃まで冷却すると，何 g の結晶が析出するか。

□ (2)　80℃の飽和水溶液 100 g を 10℃まで冷却した後，温度を 10℃に保ったままで 10 g の水を蒸発させた。全部で何 g の結晶が析出するか。

□ (3)　80℃の飽和水溶液を 10℃まで冷却すると，37 g の結晶が析出した。はじめの飽和水溶液は何 g か。

📖 ガイド　(1)(3)飽和水溶液(100＋170)gを冷却したときの析出量を基準にする。
　　　　　(2)水10gに溶けていた硝酸カリウムがさらに析出する。

□ **51** ◀差がつく　水 100 g に対する無水硫酸銅(Ⅱ)$CuSO_4$ の溶解度は，20℃で20，60℃で40である。60℃における硫酸銅(Ⅱ)の飽和水溶液 100 g を 20℃まで冷却するとき，析出する硫酸銅(Ⅱ)五水和物 $CuSO_4·5H_2O$ は何 g か。（原子量；H＝1.0，O＝16，S＝32，Cu＝64）

📖 ガイド　析出する五水和物を x〔g〕とすると，その中に含まれる硫酸銅は $\dfrac{160}{250}x$〔g〕である。

10 溶液の濃度

● **質量モル濃度** 　質量モル濃度〔mol/kg〕$= \dfrac{\text{溶質の物質量〔mol〕}}{\text{溶媒の質量〔kg〕}}$

● **濃度の換算**

例 質量パーセント濃度98%，密度1.8g/cm³の濃硫酸(モル質量98g/mol)を，①モル濃度〔mol/L〕，②質量モル濃度〔mol/kg〕に変換

① 溶液1L(=1000cm³)中の溶質の物質量〔mol〕を求める。

$$1.8\,\text{g/cm}^3 \times 1000\,\text{cm}^3 \times \dfrac{98}{100} \times \dfrac{1}{98\,\text{g/mol}} = 18\,\text{mol} \quad \therefore \underline{18\,\text{mol/L}}$$

② 溶液1Lについて，溶質の物質量〔mol〕÷溶媒の質量〔kg〕を求める。

$$\text{溶媒の質量} = 1000\,\text{cm}^3 \times 1.8\,\text{g/cm}^3 \times \dfrac{2}{100} = 36\,\text{g} = 0.036\,\text{kg}$$

$$18\,\text{mol} \div 0.036\,\text{kg} = \underline{5.0 \times 10^2\,\text{mol/kg}}$$

基本問題 .... 解答 ➡ 別冊 *p.15*

例題研究 ⟩⟩ 7. 水酸化ナトリウム8.0gを水に溶かして100mLとした水溶液がある。この水溶液の密度を**1.1g/cm³**として，次の(1)～(3)を求めよ。(式量；NaOH=40)

(1) 質量パーセント濃度　　(2) モル濃度　　(3) 質量モル濃度

着眼 (1) 「溶液の質量」に対する「溶質の質量」の割合をパーセント(%)で表す。
(2) 「水溶液1L」中の水酸化ナトリウムの物質量を求める。
(3) 「水1kg」に溶けている水酸化ナトリウムの物質量を求める。

解き方 (1) 水溶液100mL(=100cm³)の質量は，1.1g/cm³×100cm³=110g

よって，質量パーセント濃度は，$\dfrac{8.0\,\text{g}}{110\,\text{g}} \times 100 = 7.27\cdots\%$ より7.3%

(2) 水酸化ナトリウム8.0gの物質量は，$\dfrac{8.0\,\text{g}}{40\,\text{g/mol}} = 0.20\,\text{mol}$

よって，モル濃度は，$\dfrac{0.20\,\text{mol}}{0.10\,\text{L}} = 2.0\,\text{mol/L}$

(3) 水溶液100mL中の水の質量は，110g−8.0g=102g

よって，質量モル濃度は，$\dfrac{0.20\,\text{mol}}{0.102\,\text{kg}} = 1.96\cdots\,\text{mol/kg} \fallingdotseq 2.0\,\text{mol/kg}$

答 (1) 7.3%　　(2) 2.0mol/L　　(3) 2.0mol/kg

□ **52** 水溶液のつくり方

次のア〜エのうち，**0.10 mol/L** の NaOH 水溶液をつくるときの方法として適当なものはどれか。ただし，水の密度は **1.0 g/mL** とし，NaOH 水溶液の密度はそれより大きいものとする。（式量；NaOH = 40）

ア　水 1 L（1000 mL）に NaOH を 4.0 g 加える。

イ　水 996 g に NaOH を 4.0 g 加える。

ウ　NaOH 4.0 g に水を加えて 1 L とする。

エ　水 996 mL に NaOH を 4.0 g 加える。

53 濃度の換算　◀ テスト必出

質量パーセント濃度が **25 %** の塩化ナトリウム水溶液（密度；**1.2 g/cm³**）について，次の(1)，(2)を求めよ。（式量；NaCl = 58.5）

□ (1)　モル濃度　　　　　　　　□ (2)　質量モル濃度

応用問題 ………………………………………… 解答 ➡ 別冊 *p.16*

54 シュウ酸の結晶（$(COOH)_2 \cdot 2H_2O$）**6.3 g** を水に溶かして **100 mL** とした水溶液がある。この水溶液の密度を **1.02 g/cm³** として，次の(1)〜(3)を求めよ。（分子量；$(COOH)_2$ = 90，H_2O = 18）

□ (1)　質量パーセント濃度　　□ (2)　モル濃度　　□ (3)　質量モル濃度

55 ◀ 差がつく　質量パーセント濃度が **20.0 %** の塩化ナトリウム水溶液の密度は **1.15 g/cm³** である。次の各問いに答えよ。（原子量；Na = 23.0，Cl = 35.5）

□ (1)　この水溶液 300 mL をつくるのに，塩化ナトリウムは何 g 必要か。

□ (2)　この水溶液のモル濃度を求めよ。　　□ (3)　この水溶液の質量モル濃度を求めよ。

56 ◀ 差がつく　次の各問いに答えよ。（原子量；H = 1.0，N = 14.0，O = 16.0，S = 32.0，Cl = 35.5，Ag = 108.0）

□ (1)　密度が **1.20 g/cm³** の希硫酸の質量パーセント濃度は **28.0 %** である。この希硫酸のモル濃度を求めよ。

□ (2)　**1.50 mol/L** の硝酸銀水溶液の密度は **1.10 g/cm³** である。この硝酸銀水溶液の質量パーセント濃度を求めよ。

□ (3)　**2.00 mol/L** の塩酸 **500 mL** をつくるには，質量パーセント濃度が **30.0 %** の塩酸（密度；**1.10 g/cm³**）は何 mL 必要か。

11 希薄溶液の性質

○ **蒸気圧降下と沸点上昇・凝固点降下**

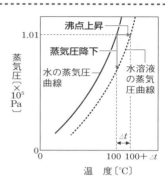

① **蒸気圧降下**…溶液が示す蒸気圧が, 同温の溶媒が示す蒸気圧より低くなる現象。

② **沸点上昇**…溶質が不揮発性の溶液で, 沸点が溶媒より高くなる現象。

③ **凝固点降下**…溶液の凝固点が溶媒の凝固点より低くなる現象。

④ **過冷却**…溶媒や溶液の温度が凝固点より低くなっても凝固しない現象。凝固が始まると温度が上昇し, 凝固点にもどる。

○ **沸点上昇度・凝固点降下度**…質量モル濃度に比例。電解質溶液ではイオンの質量モル濃度に比例。
└─1mol/kg の NaCl 水溶液の場合は2mol/kg

$\Delta t = Km$

Δt：沸点上昇度・凝固点降下度〔K〕

m：質量モル濃度〔mol/kg〕 ➡ 電解質ではイオンの濃度。

K：モル沸点上昇・モル凝固点降下〔K・kg/mol〕 ➡ 溶媒1kgに溶質1molを溶かした溶液の沸点上昇度・凝固点降下度。

○ **浸透と浸透圧**

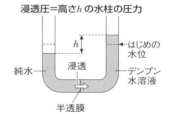

① **半透膜**…溶媒粒子は通すが, 溶質粒子は通さない膜。

例 ぼうこう膜, セロハン

② **浸透**…溶媒が半透膜を通って移動する現象。

➡ 濃度の小さい溶液から大きい溶液へ移動。

③ **浸透圧**…浸透する圧力。➡ 液面を等しくしようとする圧力。

④ **ファントホッフの法則**…浸透圧はモル濃度と絶対温度に比例。

$$\Pi = cRT \qquad \Pi V = nRT \qquad \Pi V = \frac{w}{M}RT$$

（気体定数 $R = 8.31 \times 10^3 \, \text{Pa} \cdot \text{L}/(\text{mol} \cdot \text{K})$）

Π：浸透圧〔Pa〕 c：モル濃度〔mol/L〕 T：絶対温度〔K〕 V：溶液の体積〔L〕

n：溶質の物質量〔mol〕 w：溶質の質量〔g〕 M：溶質のモル質量〔g/mol〕

基本問題 ●●● 解答 ➡ 別冊 *p.17*

57 蒸気圧降下と沸点上昇 ❮テスト必出❯

　水100gに，次のア〜ウの物質をそれぞれ5g溶かした水溶液について，あと
の各問いに答えよ。

チェックできたら

　　ア　グルコース(分子量；180)　　　　イ　尿素(分子量；60)
　　ウ　スクロース(分子量；342)

□(1)　同温で，蒸気圧が最も高いものはどれか。

□(2)　沸点が最も高いものはどれか。

58 蒸気圧曲線と沸点

　右図は，次のア〜ウの液体の蒸気圧曲線である。
あとの各問いに答えよ。

　　ア　水　　　イ　1mol/kg 塩化ナトリウム水溶液
　　ウ　1mol/kg スクロース水溶液

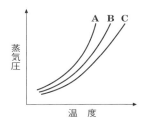

□(1)　A〜Cは，それぞれどの液体の蒸気圧曲線か。

□(2)　沸点が最も高いのは，ア〜ウのどの液体か。

□ **59** 電解質水溶液と凝固点降下

　次のア〜ウの物質の水溶液を，凝固点が高い順に並べよ。ただし，水溶液の濃
度はいずれも0.050mol/kgとする。

　　ア　塩化ナトリウム　　　　イ　塩化マグネシウム　　　ウ　スクロース

例題研究❯ 8. 水200gに尿素6.0gを溶かした水溶液の沸点は何℃か。ただ
し，水のモル沸点上昇を0.52K·kg/mol，尿素の分子量を60とする。

着眼 沸点上昇度は質量モル濃度に比例する。

解き方 尿素の物質量は，$\dfrac{6.0\,g}{60\,g/mol}=0.10\,mol$

この水溶液の質量モル濃度 m は，$m=\dfrac{0.10\,mol}{0.20\,kg}=0.50\,mol/kg$

$\Delta t = Km$ より，$\Delta t = 0.52\,K\cdot kg/mol \times 0.50\,mol/kg = 0.26\,K$

よって，沸点は，$100+0.26=100.26$℃

答　100.26℃

60 沸点上昇と凝固点降下　◀テスト必出

水のモル沸点上昇を **0.515 K·kg/mol**，モル凝固点降下を **1.86 K·kg/mol** として，次の(1)，(2)の水溶液の沸点および凝固点を求めよ。

□ (1)　水 100 g にグルコース(分子量；180)を 9.0 g 溶かした水溶液。

□ (2)　水 200 g に塩化ナトリウム(式量；58.5)を 11.7 g 溶かした水溶液。

61 冷却曲線

右図は，ある水溶液を徐々に冷却したときの，時間と温度の関係を示したグラフである。

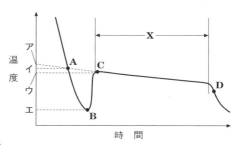

□ (1)　この水溶液の凝固点を示しているのは，ア〜エのどれか。

□ (2)　凝固の開始は，A 〜 D のどこか。

□ (3)　X の部分で，温度が徐々に下がるのはなぜか。

62 浸透の方向

右図のように，2 種類の溶液 A，B の間に半透膜をおいた。溶液 A，B を次の(1)，(2)のような組み合わせにしたとき，浸透は A → B，B → A のどちらの方向に起こるか。(分子量；尿素 = 60，グルコース = 180，スクロース = 342)

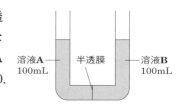

溶液A 100mL　半透膜　溶液B 100mL

□ (1)　A：水に 6 g のグルコースを溶かして 100 mL にした水溶液　　B：純水

□ (2)　A：水に 6 g の尿素を溶かして 100 mL にした水溶液

B：水に 6 g のスクロースを溶かして 100 mL にした水溶液

□ **63** 浸透圧　◀テスト必出

9.0 g のグルコース $C_6H_{12}O_6$ (分子量；180)を水に溶かし，**300 mL** とした水溶液の27℃における浸透圧は何 **Pa** か。(気体定数；$R = 8.3 \times 10^3 \, Pa·L/(mol·K)$)

応用問題 ●●●●●●●●●●●●●●●●●●●●●●●●●●●●●●●●●●●●●● 解答 ➡ 別冊 *p.18*

できたらチェック◯

□ **64**　水 200 g にスクロース $C_{12}H_{22}O_{11}$ を 4.00 g 溶かした溶液の凝固点と同じ凝固点のグルコース $C_6H_{12}O_6$ の水溶液をつくるには，水 500 g にグルコースを何 g 溶かせばよいか。(原子量；H = 1.0，C = 12，O = 16)

65 ◀差がつく▶ ビーカー A，B，C に，それぞれ
無水硫酸銅（Ⅱ）**3.20 g**，塩化ナトリウム**1.46 g**，グ
ルコース**5.40 g** を入れ，水を**100 g** ずつ加えて **3 種**
類の溶液を調製した。その後，ビーカーを右図のよ
うな密閉した容器中におき，長時間放置した。次の
各問いに答えよ。（式量・分子量；$CuSO_4 = 160$，$NaCl = 58.5$，$C_6H_{12}O_6 = 180$）

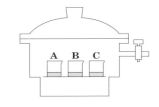

□ ⑴ 調製直後の 3 種類の水溶液のうちで，沸点の最も高いものはどれか。

□ ⑵ 長時間放置した後，水溶液の質量が最も減少したものはどれか。

□ **66** 次のア～オの文のうち，正しいものをすべて選べ。

　ア　水にエタノールを溶かした溶液の沸点は100℃以上になる。

　イ　水にエチレングリコールを溶かした溶液は，不凍液として車に用いられる
　　　が，これは凝固点降下を利用したものである。

　ウ　スクロース水溶液の一部を凝固させると，氷は溶液と同濃度のスクロース
　　　を含む。

　エ　防虫剤のショウノウと p–ジクロロベンゼンは，どちらも昇華性の固体で
　　　あるが，混合すると融点が下がり，液体になってしまう。

　オ　降雪時に NaCl や $CaCl_2$ を道路に散布するのは，雪を固めるためである。

□ **67** ◀差がつく▶ 二硫化炭素**100 g** に硫黄**1.50 g** を溶かした溶液の沸点は
46.40℃であった。純粋な二硫化炭素の沸点を**46.26℃**，二硫化炭素のモル沸点
上昇を**2.40 K·kg/mol** として，溶液中の硫黄の分子量と分子式を求めよ。（原子
量；S = 32）

　📖ガイド　質量モル濃度を分子量 M を用いて表す。その後，$\Delta t = Km$ に代入する。

68 ◀差がつく▶ ヒトの血液の浸透圧は，**37℃**で約**7.6×10^5 Pa** である。次の各
問いに答えよ。（原子量；H = 1.0，C = 12，O = 16，Na = 23，Cl = 35.5，気体定
数；$R = 8.3 \times 10^3$ Pa·L/(mol·K)）

□ ⑴ 37℃でヒトの血液と同じ浸透圧のグルコース $C_6H_{12}O_6$ 水溶液を1.0 L つくり
　　たい。グルコース $C_6H_{12}O_6$ は何 g 必要か。

□ ⑵ 37℃でヒトの血液と同じ浸透圧の生理食塩水を1.0 L つくりたい。塩化ナト
　　リウムは何 g 必要か。

12 コロイド溶液

● **コロイド**…直径が10^{-9}〜10^{-7}m 程度の粒子(コロイド粒子)が分散している状態または物質。

粒子の直径〔m〕

10^{-10}	10^{-9}	10^{-8}	10^{-7}	10^{-6}

真の溶液 ｜ コロイド溶液 ｜ ・

半透膜の目の大きさ　　ろ紙の目の大きさ　　大きな粒子(沈殿など)

● **コロイド溶液の性質**
　　└コロイド粒子が分散している溶液

① **チンダル現象**…光の通路が明るく見える現象。➡ **コロイド粒子が光を散乱する**ことによる。

② **ブラウン運動**…コロイド粒子の**不規則な運動**。➡ 分散媒のコロイド粒子への衝突によって起こる。
　　　　　　　　　　　　　　　　　　　　　　　　└水分子など

③ **電気泳動**…電圧により，コロイド粒子が一方の極に移動する現象。

④ **透析**…半透膜によりコロイド粒子を精製する操作。
　　　　　└セロハンなど

⑤ **凝析**…少量の電解質を加えたときにコロイド粒子が沈殿する現象。
　　➡ コロイド粒子の電荷と反対の種類で，**価数の大きいイオンほど凝析力が大きい**。
　　　　　　　　　　└分散質

⑥ **塩析**…多量の電解質を加えたときにコロイド粒子が沈殿する現象。

● **コロイドの種類**

① **疎水コロイド**…凝析するコロイド。➡ 少量の電解質で沈殿。
　　　　　　　└無機物質のコロイドに多い。水に混じりにくい。

② **親水コロイド**…塩析するコロイド。➡ 多量の電解質で沈殿。
　　　　　　　└有機物質のコロイドに多い。水に混じりやすい。

③ **保護コロイド**…疎水コロイドに加えた親水コロイド。➡ 凝析しにくくなる。　　例 墨汁に含まれるにかわ

基本問題 •• 解答 ➡ 別冊 *p.19*

69 コロイド粒子

次のア〜エの文のうち，誤っているものはどれか。

ア　コロイド粒子は，直径が10^{-9}〜10^{-7}m 程度の粒子である。

イ　コロイド粒子は，ろ紙を通過しない。

ウ　コロイド粒子は，イオンやふつうの分子より大きい。

エ　コロイド粒子は，沈殿するほどは大きくない。

70　コロイド溶液の性質　◀テスト必出

　次の(1)～(4)の記述と最も関係のある語句を，あとのア～エから選べ。

□(1)　コロイド粒子は，たえず不規則な運動をしている。

□(2)　デンプン水溶液に横から光を当てると，光の通路が明るく光って見える。

□(3)　コロイド溶液に電極を入れ，直流電源につなぐと，コロイド粒子が一方の極に集まる。

□(4)　イオンなどを含むコロイド溶液をセロハン袋に入れ，流水中に浸した。

　　ア　チンダル現象　　イ　ブラウン運動　　ウ　電気泳動　　エ　透析

□**71**　コロイド溶液の種類

　次のア～カの溶液を，①疎水コロイド，②親水コロイド，③真の溶液に分類せよ。

　　ア　砂糖水　　　　　イ　デンプン水溶液　　　ウ　セッケン水

　　エ　うすい泥水　　　オ　食塩水　　　　　　　カ　硫黄のコロイド

できたらチェック○　**応用問題** ‥‥‥‥‥‥‥‥‥‥‥‥‥‥‥‥‥‥‥‥‥ 解答 ⇒ 別冊 *p.20*

□**72**　塩化鉄(Ⅲ)水溶液を沸騰水に入れると，コロイドが生じた。このコロイド溶液をセロハン袋に入れて純水に浸したとき，セロハン袋の中から純水に移動するものを，次のア～ウからすべて選べ。

　　ア　水素イオン　　　　イ　塩化物イオン　　　ウ　水酸化鉄(Ⅲ)

□**73**　粘土のコロイド溶液中に電極を挿入すると，コロイド粒子は陽極側に移動する。粘土のコロイドを凝析させるとき，最も効果的な塩を，次のア～オから選べ。

　　ア　$NaCl$　　イ　K_2SO_4　　ウ　$AlCl_3$　　エ　Na_3PO_4　　オ　$CaCl_2$

74　◀差がつく　次の(1)～(5)の記述と最も関係のある語句を，あとのア～キから選べ。

□(1)　河口で三角州ができる。　　　□(2)　昼間に雲のすき間からさす光が見える。

□(3)　豆乳ににがり($MgCl_2$を含む)を入れると，固まって豆腐になる。

□(4)　煙突から出る煙を少なくするため，煙道に高い電圧をかける。

□(5)　墨汁には炭素のほかに，にかわが含まれている。

　　ア　電気泳動　　イ　保護コロイド　　ウ　ブラウン運動　　エ　塩析

　　オ　凝析　　　　カ　透析　　　　　　キ　チンダル現象

13 化学反応と熱

- **エンタルピー H**…物質がもつ化学エネルギーを表す量のひとつ。
  - ▶ **反応エンタルピー**…一定圧力のもとで化学反応に伴い出入りする熱量。
    - ➡ エンタルピー変化 ΔH で表せる。

      反応エンタルピー ΔH
      ＝（生成物がもつエンタルピー）－（反応物がもつエンタルピー）

- **発熱反応と吸熱反応**…系の熱を外界へ放出する反応を発熱反応，外界の熱を系に吸収する反応を吸熱反応という。

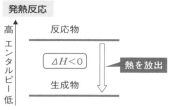

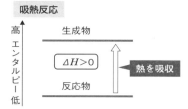

反応物のエンタルピー＞生成物のエンタルピー   反応物のエンタルピー＜生成物のエンタルピー

- **エントロピー S**…乱雑さを定義した量。乱雑さの変化は ΔS で表す。
  - ➡ 反応が自発的に進むかどうかは，ΔH と ΔS の兼ね合いで決まる。

- **エンタルピー変化を付した反応式**…着目する物質の係数を 1 とし，反応にともなう熱の出入りを表した反応式。
  - 例 1 mol の水素が完全燃焼して 286 kJ の熱量を放出することを表す反応式（水素の燃焼エンタルピーは 286 kJ/mol）

$$\underset{\text{←H}_2 \text{の係数1}}{H_2(気)} + \underset{\text{←分数を用いてもよい}}{\frac{1}{2}O_2(気)} \xrightarrow{\text{←物質の状態を書く}} H_2O(液) \quad \underset{\text{反応式に付するとき単位は kJ→}}{\Delta H = -286\,\text{kJ}}$$

発熱反応は「－」，吸熱反応は「＋」

- **反応エンタルピー ΔH の種類**
  ① **燃焼エンタルピー**…物質 1 mol が完全燃焼するときの ΔH
  ② **生成エンタルピー**…化合物 1 mol がその成分元素の単体から生成するときの ΔH
  ③ **溶解エンタルピー**…溶質 1 mol が多量の溶媒に溶解するときの ΔH
  ④ **中和エンタルピー**…酸と塩基の中和により水 1 mol が生成するときの ΔH

基本問題 ·········· 解答 ➡ 別冊 p.21

75 反応エンタルピーの種類

次の化学反応式で表される反応エンタルピーは，何とよばれるか。また，その反応は発熱反応，吸熱反応のいずれか。

□ (1) $Al(固) + \dfrac{3}{4} O_2(気) \longrightarrow \dfrac{1}{2} Al_2O_3(固)$ $\Delta H = -837\,kJ$

□ (2) $2Al(固) + \dfrac{3}{2} O_2(気) \longrightarrow Al_2O_3(固)$ $\Delta H = -1674\,kJ$

□ (3) $KNO_3(固) + aq \longrightarrow KNO_3\,aq$ $\Delta H = 35\,kJ$

□ (4) $NaOH\,aq + \dfrac{1}{2} H_2SO_4\,aq \longrightarrow \dfrac{1}{2} Na_2SO_4\,aq + H_2O(液)$ $\Delta H = -56.5\,kJ$

例題研究〉 9. プロパン C_3H_8 の燃焼エンタルピーは $-2219\,kJ/mol$ である。プロパンの燃焼反応を，エンタルピー変化を付した反応式で表せ。

着眼 燃焼エンタルピー ➡ 物質 1 mol が完全燃焼するときの反応エンタルピー。

解き方 プロパンの燃焼エンタルピーは，プロパン 1 mol が完全燃焼するときに外界へ放出する熱量である。完全燃焼は $O_2(気)$ との反応で，生成物は $CO_2(気)$ と $H_2O(液)$ であるから，エンタルピー変化を付したプロパンの燃焼反応の反応式は，次のようになる。

$C_3H_8(気) + 5O_2(気) \longrightarrow 3CO_2(気) + 4H_2O(液)$ $\Delta H = -2219\,kJ$
 └プロパンの係数を1とする。   反応式に付するとき単位は kJ┘

答 $C_3H_8(気) + 5O_2(気) \longrightarrow 3CO_2(気) + 4H_2O(液)$ $\Delta H = -2219\,kJ$

---

76 エンタルピー変化を付した反応式① ◀テスト必出

次の記述をエンタルピー変化を付した反応式で表せ。

□ (1) エタン C_2H_6 の燃焼エンタルピーは，$-1560\,kJ/mol$ である。

□ (2) アンモニアの生成エンタルピーは，$-39\,kJ/mol$ である。

□ (3) エチレン C_2H_4 の生成エンタルピーは，$52.5\,kJ/mol$ である。

77 エンタルピー変化を付した反応式② ◀テスト必出

次の変化をエンタルピー変化を付した反応式で表せ。

□ (1) 硫黄 S（原子量；32.0）16.0 g が燃焼すると，149 kJ の熱を放出する。

□ (2) H_2SO_4（分子量；98）9.8 g を多量の水に溶かすと，9.5 kJ の熱を放出する。

□ (3) 塩化アンモニウム 0.10 mol を多量の水に溶かすと，1.5 kJ の熱を吸収する。

□ (4) 塩酸と NaOH 水溶液の中和で水 1 mol が生成するとき，56 kJ の熱を放出する。

□ **78** さまざまな反応エンタルピー

次のア～オのうち，誤っているものをすべて選べ。

ア　燃焼エンタルピーは，1 mol の物質が完全燃焼するときに放出する熱量で，負の値をもつ。

イ　生成エンタルピーは，1 mol の物質がその成分元素の単体から生成するときに放出する熱量で，負の値をもつ。

ウ　中和エンタルピーは，1 mol の酸と 1 mol の塩基が反応したときに出入りする熱量で，正または負の値をもつ。

エ　溶解エンタルピーは，1 mol の物質が多量の溶媒に溶けるときに出入りする熱量で，正または負の値をもつ。

オ　融解や蒸発のような状態変化にともなう熱の出入りも，エンタルピー変化で表すことができる。

例題研究▶　**10.** 発泡ポリスチレン製の断熱容器に 25℃の水 500 g を入れ，そこに固体の水酸化ナトリウム 0.50 mol を加え，すばやく溶解させた。すると，溶液の温度は右図のような変化を示した。図中の点 A で溶解がはじまり，点 B で溶解が完了した。この結果から，NaOH（固）の溶解エンタルピー〔kJ/mol〕を求めよ。ただし，水溶液の比熱は 4.2 J/(g・K) とする。（式量：NaOH＝40）

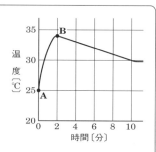

着眼 逃げた熱の補正を，放冷を示すグラフの直線部分を時間 0 まで延長して行う。さらに，次の関係から熱量を求める。

（熱量）＝（物質の質量）×（比熱）×（温度変化）

解き方 放冷を示すグラフの直線部分の延長線と時間 0 との交点を C とすると，C の温度は 35℃。つまり，逃げた熱の補正をすると，温度は 35℃まで上昇していることがわかる。

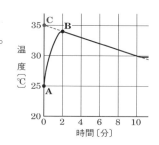

（熱量）〔J〕＝（物質の質量）〔g〕
　　　　　×（比熱）〔J/(g・K)〕×（温度変化）〔K〕

以上の関係式から，次ページのように系から放出された熱量が求まる。

$Q = (500\,\mathrm{g} + 40\,\mathrm{g/mol} \times 0.50\,\mathrm{mol}) \times 4.2\,\mathrm{J/(g \cdot K)} \times (35-25)\,\mathrm{K} = 21840\,\mathrm{J}$

$\fallingdotseq 21.8\,\mathrm{kJ}$

溶液(外界)の温度が上昇したことから，NaOH(固)の溶解は発熱反応であり，$\Delta H < 0$ となる。よって，溶解エンタルピーは，

$\Delta H = -\dfrac{21.8\,\mathrm{kJ}}{0.50\,\mathrm{mol}} = -43.6\,\mathrm{kJ/mol} \fallingdotseq -44\,\mathrm{kJ/mol}$

答　$-44\,\mathrm{kJ/mol}$

応用問題 解答 ➡ 別冊 *p.22*

79 H₂O(液)の生成エンタルピーは，$-286\,\mathrm{kJ/mol}$ である。次の(1)〜(3)の各問いに答えよ。(分子量；$H_2O = 18$)

□ (1)　$3.0\,\mathrm{g}$ の水が生成するときに放出する熱量は何 kJ か。

□ (2)　水素の燃焼エンタルピーは何 kJ/mol か。ただし，H_2 は燃焼して H_2O(液)になるものとする。

□ (3)　標準状態で $1.12\,\mathrm{L}$ の水素が燃焼するときに放出する熱量は何 kJ か。

□ **80** **差がつく** 体積比で H₂ 44.8 %，CO 44.8 %，N₂ 10.4 %の混合気体 100 L (標準状態)を完全燃焼させたときに放出された熱量は，何 kJ か。ただし，水素と一酸化炭素の燃焼エンタルピーは，それぞれ $-286\,\mathrm{kJ/mol}$，$-283\,\mathrm{kJ/mol}$ であり，窒素は反応しなかったものとする。

□ **81** **差がつく** メタンとエタンの燃焼エンタルピーは，それぞれ $-890\,\mathrm{kJ/mol}$，$-1560\,\mathrm{kJ/mol}$ である。標準状態で $44.8\,\mathrm{L}$ を占めるメタンとエタンの混合気体を完全に燃焼させたところ，$2785\,\mathrm{kJ}$ の熱が放出された。この混合気体中には，物質量で何%のメタンが含まれているか。

□ **82** 発泡ポリスチレン容器に $0.50\,\mathrm{mol/L}$ の水酸化ナトリウム水溶液 $100\,\mathrm{mL}$ を入れ，25℃に保った。そこへ，同じ温度の $0.50\,\mathrm{mol/L}$ の塩酸 $100\,\mathrm{mL}$ を一度に加えかき混ぜた。このとき，水溶液の温度は最大何℃上昇するか。ただし，水酸化ナトリウム水溶液と塩酸による中和エンタルピーを $-57\,\mathrm{kJ/mol}$，この水溶液 $1.0\,\mathrm{g}$ の温度を $1.0℃$ 上げるのに必要な熱量は $4.2\,\mathrm{J}$，水溶液の密度は $1.0\,\mathrm{g/cm^3}$ とする。

📖 *ガイド*　まず中和により何 mol の水が生じるか考え，さらに系が放出した熱量を求める。

14 ヘスの法則

● **ヘスの法則（総熱量保存の法則）**…物質の最初の状態と最後の状態が決まれば，途中の反応経路や方法に関係なく，反応エンタルピーの総和は一定である。

経路1 黒鉛が燃えて CO_2 になる。

C（黒鉛）$+ O_2$（気）

$\longrightarrow CO_2$（気）

$\Delta H_1 = -394\,kJ$

エネルギー図

C（黒鉛）$+ O_2$（気）

$\Delta H_2 = -111\,kJ$

$\Delta H_1 = -394\,kJ$

CO（気）$+ \frac{1}{2} O_2$（気）

$\Delta H_3 = -283\,kJ$

高 ← エンタルピー → 低

CO_2（気）

$\Delta H_1 = \Delta H_2 + \Delta H_3$

経路2 黒鉛がいったん CO になり，さらに燃えて CO_2 になる。

$$\begin{cases} C（黒鉛） + \dfrac{1}{2} O_2（気） \longrightarrow CO（気） \quad \Delta H_2 = -111\,kJ \\ CO（気） + \dfrac{1}{2} O_2（気） \longrightarrow CO_2（気） \quad \Delta H_3 = -283\,kJ \end{cases}$$

$$\Delta H_1 = \Delta H_2 + \Delta H_3 = -111\,kJ + (-283\,kJ) = -394\,kJ$$

● **生成エンタルピーと反応エンタルピーの関係**…次の関係が成り立つ。

反応エンタルピー＝（生成物の生成エンタルピーの総和）－
　　　　　　　　　　　　（反応物の生成エンタルピーの総和）

例 CH_4（気）$+ 2O_2$（気）$\longrightarrow CO_2$（気）$+ 2H_2O$（液） $\Delta H = Q\,(kJ)$

$Q = \{(-394\,kJ) + (-286\,kJ) \times 2\} - (-75\,kJ) = -891\,kJ$

CO_2（気）の　　H_2O（液）の　　　　CH_4（気）の
生成エンタルピー　生成エンタルピー　　生成エンタルピー

▶ 単体（上の 例 では O_2）の生成エンタルピーは 0 とする。

● **結合エネルギー**…分子内の共有結合を切るのに必要なエネルギーで，結合 1 mol あたりの熱量で示される。気体状の分子が気体状の原子になるときに必要とするエネルギー。

例 $H-H$ の結合エネルギー；436 kJ/mol

➡ H_2（気）$\longrightarrow 2H$（気） $\Delta H = 436\,kJ$

● **結合エネルギーとヘスの法則**…結合エネルギーから反応エンタルピーを求めることができる。

反応エンタルピー＝（反応物の結合エネルギーの総和）－
　　　　　　　　　　　　（生成物の結合エネルギーの総和）

基本問題 •• 解答 ➡ 別冊 *p.22*

例題研究 11. ①〜③の式で表される反応エンタルピーを用いて,メタン CH_4 の生成エンタルピーを求めよ。

$$C(黒鉛) + O_2(気) \longrightarrow CO_2(気) \qquad\qquad \Delta H_1 = -394\,kJ \ \cdots\cdots①$$

$$H_2(気) + \frac{1}{2}O_2(気) \longrightarrow H_2O(液) \qquad \Delta H_2 = -286\,kJ \ \cdots\cdots②$$

$$CH_4(気) + 2O_2(気) \longrightarrow CO_2(気) + 2H_2O(液) \quad \Delta H_3 = -891\,kJ \ \cdots\cdots③$$

(着眼) ①求める反応エンタルピーを付した反応式を書く。
②求める反応エンタルピーを付した反応式中の各物質に注目し,各物質の化学式
を含む反応式を,係数を一致させながら組み合わせる。

(解き方) メタンの生成エンタルピーを付した反応式は,次のようになる。

$$C(黒鉛) + 2H_2(気) \longrightarrow CH_4(気) \quad \Delta H_4 = Q\,[kJ] \qquad\qquad \cdots\cdots④$$

④式の左辺の C(黒鉛)の係数は 1,H_2(気)の係数は 2 であり,右辺の CH_4(気)の係数は 1 であるので,①式+②式×2−③式 とする(③式の減算は,③式の逆向きの反応を組み合わせることを意味する)。

$$C(黒鉛) + O_2(気) \longrightarrow CO_2(気) \qquad\qquad \Delta H_1 = -394\,kJ$$

$$2H_2(気) + O_2(気) \longrightarrow 2H_2O(液) \qquad\qquad \Delta H_2' = -286\,kJ \times 2$$

$$CO_2(気) + 2H_2O(液) \longrightarrow CH_4(気) + 2O_2(気) \quad \Delta H_3' = 891\,kJ$$

$$C(黒鉛) + 2H_2(気) \longrightarrow CH_4(気) \qquad\qquad \Delta H_4 = -75\,kJ$$

(答) $-75\,kJ/mol$

〔別解〕反応エンタルピー =(生成物の生成エンタルピーの総和)−(反応物の生成エンタルピーの総和)の関係を用いる。ΔH_1 は CO_2(気)の生成エンタルピー,ΔH_2 は H_2O(液)の生成エンタルピー,ΔH_4 は CH_4(気)の生成エンタルピーを表しているので,ΔH_3 について次の式が成り立つ。

$$\Delta H_3 = (\Delta H_1 + \Delta H_2 \times 2) - \Delta H_4$$

$$-891\,kJ = \{-394\,kJ + (-286\,kJ) \times 2\} - Q \qquad \therefore \quad Q = -75\,kJ$$

(答) $-75\,kJ/mol$

〔別解〕エネルギー図を用いる。

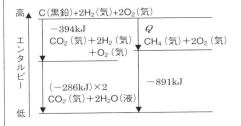

左図より,

$$-394\,kJ + (-286\,kJ) \times 2$$
$$= Q + (-891\,kJ)$$

$$\therefore \quad Q = -75\,kJ$$

(答) $-75\,kJ/mol$

83 ヘスの法則とエネルギー図

水酸化ナトリウムの固体 **1 mol** を水に溶かすと，(a)**44.5 kJ** の熱を放出し，生じた水酸化ナトリウム水溶液を塩酸と反応させると，(b)**56.5 kJ** の熱を放出する。これらのエンタルピー変化から，水酸化ナトリウムの固体 **1 mol** を塩酸の中に直接入れて反応させたときの反応エンタルピーは，①( )の法則より，②( )kJ と求められる。

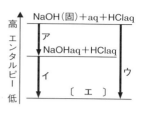

- □ (1) 文中の①，②に適する語句，数値を答えよ。
- □ (2) (a)，(b)に相当するのは図のア～ウのどれか。
- □ (3) 図のエにあてはまる化学式を用いた式を答えよ。

□ 84 ヘスの法則 ◀テスト必出

次のように表される反応エンタルピーを付した化学反応式を用いて，CH_3OH（液）および C_2H_5OH（液）の生成エンタルピーを求めよ。

$$C（黒鉛）+ O_2（気） \longrightarrow CO_2（気） \quad \Delta H = -394 \, kJ$$

$$H_2（気）+ \frac{1}{2} O_2（気） \longrightarrow H_2O（液） \quad \Delta H = -286 \, kJ$$

$$CH_3OH（液）+ \frac{3}{2} O_2（気） \longrightarrow CO_2（気）+ 2H_2O（液） \quad \Delta H = -726 \, kJ$$

$$C_2H_5OH（液）+ 3O_2（気） \longrightarrow 2CO_2（気）+ 3H_2O（液） \quad \Delta H = -1368 \, kJ$$

例題研究 **12.** H–H，Cl–Cl および H–Cl の結合エネルギーはそれぞれ **436 kJ/mol**，**243 kJ/mol** および **432 kJ/mol** である。HCl の生成エンタルピーを求めよ。

着眼 反応エンタルピー
＝（反応物の結合エネルギーの総和）－（生成物の結合エネルギーの総和）

解き方 HCl の生成エンタルピーを付した反応式は，次のようになる。

$$\frac{1}{2} H_2（気）+ \frac{1}{2} Cl_2（気） \longrightarrow HCl（気） \quad \Delta H = Q〔kJ〕 \qquad \cdots\cdots①$$

反応エンタルピー＝（反応物の結合エネルギーの総和）－（生成物の結合エネルギーの総和） より，

$$Q = 436 \, kJ \times \frac{1}{2} + 243 \, kJ \times \frac{1}{2} - 432 \, kJ = -92.5 \fallingdotseq -93 \, kJ \qquad 答 \quad -93 \, kJ/mol$$

〔別解〕 例題研究11と同様に，反応式の組み合わせやエネルギー図からも求められる。

85 結合エネルギー①

　エタン分子 C_2H_6 中の C－H，C－C の結合エネルギーは，それ
ぞれ **409 kJ/mol**，**368 kJ/mol** である。エタン C_2H_6 が原子の状
態に分解するときの，エンタルピー変化を付した反応式を書け。
ただし，エタンの構造式は右図のように表される。

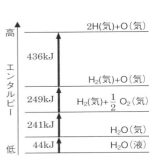

86 結合エネルギー②

　アンモニアの生成エンタルピーは **−45.9 kJ/mol** である。また，結合エネル
ギーは H－H が **436 kJ/mol**，N≡N が **942 kJ/mol** である。N－H の結合エネル
ギーを求めよ。

87 結合エネルギーとエネルギー図

　右のエネルギー図を用いて，次の各問いに答えよ。

(1)　H－H，O＝O，H－O の結合エネルギーはそれ
　　ぞれ何 kJ/mol か。

(2)　水の蒸発エンタルピーを，エンタルピー変化を
　　付した反応式で表せ。

(3)　水素の燃焼エンタルピーを，エンタルピー変化
　　を付した反応式で表せ。

	2H(気)＋O(気)
436kJ	
	H₂(気)＋O(気)
249kJ	H₂(気)＋½O₂(気)
241kJ	H₂O(気)
44kJ	H₂O(液)

高　←エンタルピー→　低

応用問題
（できたらチェック）

解答 ➡ 別冊 *p.24*

88 《差がつく》　黒鉛（グラファイト）**12.0 g** が不完全燃焼して，一酸化炭
素 **7.00 g** と二酸化炭素 **33.0 g** を生成した。このとき放出された熱量は何 **kJ** か。
ただし，黒鉛および一酸化炭素の燃焼エンタルピーは，それぞれ **−394 kJ/mol**
および **−283 kJ/mol** である。（原子量；C ＝ 12.0，O ＝ 16.0）

89　次式で表される反応エンタルピーを用いて，標準状態で **5.60 L** のエタン
C_2H_6 が燃焼したときのエンタルピー変化を求めよ。（原子量；H ＝ 1.0，C ＝ 12）

$$2C(黒鉛)＋3H_2(気) \longrightarrow C_2H_6(気) \quad \Delta H = -84\,kJ$$

$$C(黒鉛)＋O_2(気) \longrightarrow CO_2(気) \quad \Delta H = -394\,kJ$$

$$H_2(気)＋\frac{1}{2}O_2(気) \longrightarrow H_2O(液) \quad \Delta H = -286\,kJ$$

15 化学反応と光

○ **光とエネルギー**…光がもつエネルギーは**波長の長さに反比例**し，波長が短いほど粒子のもつエネルギーは大きくなる。

○ **光の種類と波長**…光は**電磁波**の一種で，波長によって区別される。

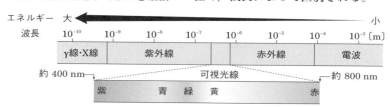

エネルギー　大 ←──────────────────────── 小
波長　10^{-10}　10^{-9}　10^{-8}　10^{-7}　10^{-6}　10^{-5}　10^{-4}　10^{-3}〔m〕

γ線・X線	紫外線	赤外線	電波

約 400 nm──　　　　　　可視光線　　　　　──約 800 nm

| 紫 | 青 | 緑 | 黄 | 赤 |

○ **化学発光**…化学反応の前後における物質のもつエネルギーの差が光となって放出される現象。➡ 系のエンタルピーは減少する。

① **ルミノール反応**…ルミノールが酸化されるときに青く発光する。

② **ケミカルライト**…シュウ酸ジフェニルが酸化されるときに放出されるエネルギーを蛍光物質が受け取り，発光する。

○ **光化学反応**…物質が光エネルギーを吸収して起こる化学反応。

➡ 系のエンタルピーは増加する。

① **光合成**…緑色植物が葉緑体で光を吸収し，CO_2 と H_2O からグルコース $C_6H_{12}O_6$ などの糖類と O_2 を生成する反応。

$$6CO_2(気) + 6H_2O(液) \longrightarrow C_6H_{12}O_6(固) + 6O_2(気)$$
$$\Delta H = 2803 \, kJ$$

② **光触媒**…光を当てると触媒になるもの。酸化チタン(Ⅳ)TiO_2 が代表的。ビルの外壁などで有機化合物(汚れ)を分解する触媒となる。

基本問題

解答 ➡ 別冊 *p.25*

□ **90** 光とエネルギー・化学反応と光

次のa〜cの文中の（　）内に適する語句を入れよ。

a　光がもつエネルギーの大きさは波長の長さに（ ① ）し，光の波長が短いほど粒子のもつエネルギーの大きさは（ ② ）なる。

b　紫外線などの光の吸収によって起こる化学反応を（ ③ ）という。

c　化学反応が起こるときに光が放出される現象を（ ④ ）という。

91 光とエネルギー

　次の@〜@の電磁波について，あとの各問いに答えよ。

　@　X線　　　@　電波　　　@　可視光線　　　@　赤外線　　　@　紫外線

□ (1)　@〜@を波長の短いものから順に並べよ。

□ (2)　@〜@のうち，粒子のもつエネルギーが最も大きいものはどれか。

□ (3)　人間の目に見える光は@〜@のどれか。また，その光の波長のおよその範囲
　　として最も適当なものは次のア〜エのどれか。

　　ア　80 nm から 400 nm　　　イ　400 nm から 800 nm
　　ウ　80 μm から 400 μm　　　エ　400 μm から 800 μm

応用問題 ·· 解答 ➡ 別冊 *p.25*

92　次のア〜オのうち，誤りを含むものをすべて選べ。

　ア　植物は，光エネルギーを吸収して，二酸化炭素と水からグルコースやデン
　　プンなどの糖類を合成する。

　イ　水素と塩素の混合気体を暗所で反応させると，光エネルギーを放出して，
　　塩化水素が生成する。

　ウ　ケミカルライトは，シュウ酸ジフェニルが過酸化水素で酸化されるときに
　　放出したエネルギーを，蛍光物質が受け取り，発光する。

　エ　ルミノールは，過酸化水素により酸化されるときに光エネルギーを放出し，
　　青く光って見える。

　オ　光触媒に用いられる酸化チタン(IV)は，化学反応により放出される光エネ
　　ルギーにより有機化合物を分解する。

93　次の反応式は，植物の光合成において，二酸化炭素と水からグルコースを
合成する反応のエンタルピー変化を表したものである。あとの各問いに答えよ。
(原子量；H = 1.0，C = 12，O = 16)

$$6CO_2(気) + 6H_2O(液) \longrightarrow C_6H_{12}O_6(固) + (\ ①\ )\ (\ ②\ )$$

$$\Delta H = 2803\ kJ$$

□ (1)　空欄①には適する係数を，②には適する化学式を入れよ。ただし，②には物
　　質の状態を付記せよ。

□ (2)　この反応により 18.0 g のグルコースが生成したとき，植物はエネルギーを吸
　　収したか，放出したか。また，そのエネルギーの大きさは何 kJ か。

16 電池

◉ **電池の原理としくみ**

① **電池の原理**…酸化還元反応によって発生するエネルギーを電気エネルギーとしてとり出す装置が電池である。

② **しくみ**…2種類の金属を電解質水溶液に入れる。イオン化傾向の,

　　大きいほうの金属 ➡ 負極；金属が電子を失い, 陽イオンとなって溶ける。 →酸化反応

　　小さいほうの金属 ➡ 正極；陽イオンが電子を受け取って析出する。 →還元反応

◉ **ダニエル電池**

$\cdots(-)\underset{\text{負極}}{Zn} \mid \underset{\text{電解液}}{ZnSO_4\,aq \mid CuSO_4\,aq} \mid \underset{\text{正極}}{Cu}(+)$

① **負極**…$Zn \longrightarrow Zn^{2+} + 2e^-$

② **正極**…$Cu^{2+} + 2e^- \longrightarrow Cu$

③ **全体**…$Zn + Cu^{2+} \longrightarrow Zn^{2+} + Cu$

〔ダニエル電池〕

◉ **鉛蓄電池**…$(-)Pb \mid H_2SO_4\,aq \mid PbO_2(+)$

① **負極**…$Pb + SO_4^{2-} \longrightarrow PbSO_4 + 2e^-$

② **正極**…$PbO_2 + 4H^+ + SO_4^{2-} + 2e^- \longrightarrow PbSO_4 + 2H_2O$

③ **全体**…$Pb + 2H_2SO_4 + PbO_2 \underset{\text{充電}}{\overset{\text{放電}}{\rightleftharpoons}} 2PbSO_4 + 2H_2O$

④ **放電(充電)**…両極の質量が増加(減少), 電解液の密度が減少(増加)。

◉ **燃料電池**

（リン酸形燃料電池）

$(-)H_2 \mid H_3PO_4\,aq \mid O_2(+)$

① **負極**… $H_2 \longrightarrow 2H^+ + 2e^-$

② **正極**… $O_2 + 4H^+ + 4e^- \longrightarrow 2H_2O$

③ **全体**… $2H_2 + O_2 \longrightarrow 2H_2O$

（アルカリ形燃料電池）

$(-)H_2 \mid KOH\,aq \mid O_2(+)$

$H_2 + 2OH^- \longrightarrow 2H_2O + 2e^-$

$O_2 + 2H_2O + 4e^- \longrightarrow 4OH^-$

$2H_2 + O_2 \longrightarrow 2H_2O$

◉ **一次電池と二次電池**

① **一次電池**…充電による再使用ができない電池。

　　例 マンガン乾電池, リチウム電池, 銀電池, 空気電池など →酸化銀電池 →空気亜鉛電池

② **二次電池(蓄電池)**…充電による再使用ができる電池。

　　例 鉛蓄電池, ニッケル-水素電池, リチウムイオン電池など

できたら
チェック○
基本問題 •• 解答 ➡ 別冊 *p.25*

□ **94** 電池の構成

次の(1)～(5)の構成で表される実用電池の名称を答えよ。

- □ (1) 負極活物質；Zn　　　電解質；KOH　　　正極活物質；MnO_2
- □ (2) 負極活物質；Zn　　　電解質；$ZnCl_2$, NH_4Cl　　正極活物質；MnO_2
- □ (3) 負極活物質；Pb　　　電解質；H_2SO_4　　正極活物質；PbO_2
- □ (4) 負極活物質；H_2　　　電解質；H_3PO_4　　正極活物質；O_2
- □ (5) 負極活物質；C_6Li_x　　電解質；Li の塩　　正極活物質；$Li_{(1-x)}CoO_2$

□ **95** 電池のしくみ

次のア～エから，誤っているものをすべて選べ。

ア　2種類の金属 **A**，**B** を用いた電池では，イオン化傾向が **A＞B** のとき，正極になるのは **A** である。

イ　ダニエル電池において，亜鉛板上では酸化反応が起こり，銅板上では還元反応が起こる。

ウ　鉛蓄電池において，しばらく放電すると希硫酸の濃度が減少するが，充電すると希硫酸の濃度が増大し，起電力がもとに戻る。

エ　燃料電池は，水が水素と酸素に分解するときに生じるエネルギーをとり出したものである。

□ **96** ダニエル電池 ◀ テスト必出

右図はダニエル電池の概略図である。次の各問いに答えよ。（原子量；Cu = 63.5，Zn = 65）

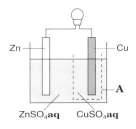

- □ (1) 正極と負極はそれぞれどの金属か。
- □ (2) 正極，負極それぞれで起こる反応を電子 e⁻ を含む反応式で表せ。
- □ (3) 正極では酸化反応，還元反応のどちらが起こるか答えよ。
- □ (4) 放電により電子 1.0 mol が流れたとき，負極の質量は何 g 変化するか。また，その変化は増加か，減少か。
- □ (5) 図中の **A** に，ガラス製の容器筒を使うと電流は流れるか。

97 鉛蓄電池　◀テスト必出▶

鉛蓄電池についての次の文中のア〜オには適する語句を，カ，キには適する化学式を書け。ただし，同じものを入れてもかまわない。

鉛蓄電池は，（ ア ）極の酸化鉛(IV)と（ イ ）極の鉛を導線でつなぎ，電解液の（ ウ ）中に浸したものである。この電池で（ ア ）極では（ エ ）が生成し，（ イ ）極では（ オ ）が生成する。この両極の反応を1つにまとめた化学反応式は，次のようになる。

$Pb + 2H_2SO_4 + （ カ ） \longrightarrow （ キ ） + 2H_2O$

98 燃料電池

燃料として水素を用いた燃料電池について，次の各問いに答えよ。ただし，反応式は係数が最も簡単な整数比となるように書け。

□(1)　電解質として H_3PO_4 を用いた燃料電池の負極，正極それぞれで起こる反応を電子 e^- を含む反応式で答えよ。

□(2)　電解質として KOH を用いた燃料電池の負極，正極それぞれで起こる反応を電子 e^- を含む反応式で答えよ。

□(3)　燃料電池全体で起こる反応を化学反応式で答えよ。

応用問題 ･･････････････ 解答 ➡ 別冊 *p.26*

99 次の(1)〜(3)の各問いにそれぞれのア〜エで答えよ。

□(1)　次のア〜エは，2種類の金属と電解質水溶液を用いてつくった電池の構成を示している。最も大きな起電力が得られるものはどれか。

ア　$(-)Zn ｜ H_2SO_4 aq ｜ Cu(+)$
イ　$(-)Zn ｜ H_2SO_4 aq ｜ Pb(+)$
ウ　$(-)Zn ｜ H_2SO_4 aq ｜ Ag(+)$
エ　$(-)Cu ｜ H_2SO_4 aq ｜ Ag(+)$

□(2)　ダニエル電池の起電力は，溶液の濃度によって変化する。次のア〜エのうち，最も大きな起電力が得られるのはどれか。

ア　Zn^{2+}，Cu^{2+} の濃度を両方とも大きくする。
イ　Zn^{2+} の濃度を大きくし，Cu^{2+} の濃度を小さくする。
ウ　Zn^{2+} の濃度を小さくし，Cu^{2+} の濃度を大きくする。
エ　Zn^{2+}，Cu^{2+} の濃度を両方とも小さくする。

□ (3)　鉛蓄電池を充電するとき，次のア～エのうち，正しいものはどれか。

　　ア　溶液の密度は変わらない。

　　イ　硫酸が減少するから，溶液の密度は小さくなる。

　　ウ　硫酸が増加するから，溶液の密度は大きくなる。

　　エ　鉛イオンが増加するから，溶液の密度は大きくなる。

📖ガイド　(2)放電によって，Zn が Zn^{2+} となり，Cu^{2+} が Cu となることに着目する。

　　　(3)充電によって，溶液中では H_2O が減り，H_2SO_4 が増える。

100 《差がつく》 次のア～オの電池について，あとの(1)～(7)にあてはまるものをすべて選べ。

　　ア　ダニエル電池　　　　イ　鉛蓄電池　　　ウ　リチウムイオン電池

　　エ　マンガン乾電池　　　オ　燃料電池

□ (1)　負極が亜鉛である。

□ (2)　両極の活物質が気体である。

□ (3)　電解液の溶媒に有機化合物が用いられている。

□ (4)　放電によって，両極とも重くなる。

□ (5)　放電によって，H_2O のみが生じる。

□ (6)　放電によって，正極に銅が析出する。

□ (7)　二次電池である。

101 次の文章を読み，あとの各問いに答えよ。

　リチウムイオン電池の負極は，黒鉛 C の層状構造の層間にリチウムイオン Li^+ が入ったもの，正極は，CoO_2 の組成からなる層状構造の層間に Li^+ が入ったものであり，Li^+ が各電極の層間を移動することで放電や充電を行うことができる。

　いま，負極の C 原子 6 個あたりに x 個($x \leq 1$)の Li^+ が入った状態で放電し，負極の Li^+ がすべて正極へ移動したとすると，放電時の負極の反応は次のようになる。

　　　負極；$C_6Li_x \longrightarrow （ ① ）C + xLi^+ + （ ② ）e^-$

　放電後，正極では $LiCoO_2$ が生成したとすると，放電時の正極の反応は次のようになる。

　　　正極；$（ ③ ）[⑤] + xLi^+ + （ ④ ）e^- \longrightarrow LiCoO_2$

□ (1)　空欄①～④には係数，⑤には化学式を入れよ。係数が 1 の場合は 1 を記せ。

□ (2)　このリチウムイオン電池を放電したときの全体の化学反応式を書け。

17 電気分解

テストに出る重要ポイント

● **電気分解**…電解質水溶液などに直流電流を通じて，酸化還元反応を起こさせること。

① **陰極**…最も**還元**されやすい陽イオンや分子が電子を受け取る。

② **陽極**…最も**酸化**されやすい陰イオンや分子が電子を失う。

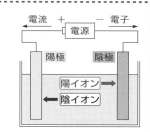

● 電気分解による電極での反応

電極		水溶液中のイオン	反応例（＿＿はおもな生成物）	
陰極		Cu^{2+}, Ag^+ ←イオン化傾向 小	$Ag^+ + e^- \longrightarrow \underline{Ag}$ ←金属の単体	還元されやすい
		H^+　　　←水溶液が酸性	$2H^+ + 2e^- \longrightarrow \underline{H_2}$	
		K^+, Na^+ ←イオン化傾向 大	$2H_2O + 2e^- \longrightarrow \underline{H_2} + 2OH^-$	
陽極	Cu, Ag	（イオンにかかわらず）	$Cu \longrightarrow Cu^{2+} + 2e^-$ ←電極が溶解	酸化されやすい
	Pt, C	Cl^-, I^- ←ハロゲン化物イオン	$2Cl^- \longrightarrow \underline{Cl_2} + 2e^-$ ←ハロゲン単体	
		OH^-　←水溶液が塩基性	$4OH^- \longrightarrow 2H_2O + \underline{O_2} + 4e^-$	
		SO_4^{2-}, NO_3^- ←その他	$2H_2O \longrightarrow \underline{O_2} + 4H^+ + 4e^-$	

● **電気分解の量的関係**…電気分解で変化する物質の**物質量**は，通じた電気量に比例する（**ファラデーの法則**）。

① 通じた電気量の計算 ➡ 電気量〔C〕＝電流〔A〕×時間〔s〕

② **ファラデー定数** F〔C/mol〕…電子 1 mol がもつ電気量の絶対値。
　$F=9.65×10^4\,C/mol$

③ 流れた電子の物質量〔mol〕＝$\dfrac{電流〔A〕×時間〔s〕}{9.65×10^4\,C/mol}$

● **電気分解の工業的利用**

① **水酸化ナトリウム NaOH の製造**…陽イオン交換膜を用いて NaCl 水溶液を電気分解する（**イオン交換膜法**）。

② **アルミニウム Al の製錬**…加熱した氷晶石に Al_2O_3 を溶かして電気分解する（**溶融塩電解**）。

　陰極(C)；$Al^{3+} + 3e^- \longrightarrow Al$
　陽極(C)；$C + O^{2-} \longrightarrow CO + 2e^-$ （$C + 2O^{2-} \longrightarrow CO_2 + 4e^-$）

基本問題 ••• 解答 ➡ 別冊 *p.27*

102 水溶液の電気分解生成物 ◀テスト必出▶

次の水溶液を電気分解したとき，各極で生じる物質は何か。ただし，（ ）内は使用する電極とし，金属イオンが生じる場合はその名称を書け。

- □ (1) $CuCl_2$(C)
- □ (2) $AgNO_3$(Pt)
- □ (3) Na_2SO_4(Pt)
- □ (4) KOH(Pt)
- □ (5) $CuSO_4$(Cu)

103 水溶液の電気分解と溶融塩電解

次の(1)，(2)の各極で起こる反応を，電子 e^- を含む反応式で表せ。

- □ (1) 陽極に炭素，陰極に鉄を用いて，塩化ナトリウム水溶液を電気分解した。
- □ (2) 炭素電極を用いて，塩化ナトリウムを加熱融解した液体を電気分解した。

例題研究▶ **13.** 硫酸銅(Ⅱ)水溶液を白金電極を用いて**2.50 A** で**32分10秒**間電気分解した。次の(1)～(3)の各問いに答えよ。（原子量；Cu = 63.5, ファラデー定数 = 9.65×10^4 C/mol）

(1) 流れた電気量は何 C か。　　(2) 陰極に析出した銅の質量は何 g か。

(3) 陽極に発生した酸素は標準状態で何 L か。

着眼 (1) 電気量〔C〕＝電流〔A〕×時間〔s〕

(2)(3) 電子の物質量〔mol〕＝ $\dfrac{\text{電気量〔C〕}}{\text{ファラデー定数〔C/mol〕}}$

解き方 (1) 流れた電気量は，$2.50\,\text{A} \times (60 \times 32 + 10)\,\text{s} = 4825\,\text{C} \fallingdotseq 4.83 \times 10^3\,\text{C}$

(2) 電極は Pt なので電極の溶解は起こらない。陰極には Cu^{2+}，陽極には SO_4^{2-} が引きつけられるので，陰極では Cu^{2+} が還元されて銅の単体が生じ，陽極では水が酸化されて酸素が発生する。

陰極；$Cu^{2+} + 2e^- \longrightarrow Cu$ ……①

陽極；$2H_2O \longrightarrow O_2 + 4H^+ + 4e^-$ ……②

流れた電子の物質量は，$\dfrac{4825\,\text{C}}{9.65 \times 10^4\,\text{C/mol}} = 0.0500\,\text{mol}$

①式の係数比より，電子 2 mol が流れると銅 1 mol が生じるので，

$63.5\,\text{g/mol} \times 0.0500\,\text{mol} \times \dfrac{1}{2} \fallingdotseq 1.59\,\text{g}$

(3) ②式の係数比より，電子 4 mol が流れると酸素 1 mol が発生するので，

$22.4\,\text{L/mol} \times 0.0500\,\text{mol} \times \dfrac{1}{4} = 0.280\,\text{L}$

答 (1) 4.83×10^3 C　(2) 1.59 g　(3) 0.280 L

104 電気分解における生成量

次のア〜オの水溶液を，（　）に示す電極を用いて同じ時間，同じ電流で電気分解したときの変化量について，あとの(1)，(2)にあてはまるものを選べ。

ア　$AgNO_3$(Pt)　　　　イ　NaCl(陽極；C，陰極；Fe)
ウ　$CuSO_4$(Pt)　　　　エ　H_2SO_4(Pt)　　　　オ　$CuCl_2$(C)

☐ (1)　両極で析出または発生する物質の総物質量が最も大きい。

☐ (2)　発生する気体の総体積(同温・同圧)が最も大きい。

105 ファラデーの法則

硝酸銀水溶液を白金電極を用いて電気分解したところ，陰極に銀が**5.40 g**析出した。次の各問いに答えよ。(原子量；Ag = 108，ファラデー定数 = 9.65×10^4 C/mol)

☐ (1)　流れた電気量は何 C か。

☐ (2)　陽極に発生した気体は何か。また，その体積は標準状態で何 L か。

☐ (3)　10.0 A の電流で電気分解したとすると，要した時間は何秒か。

応用問題 ·· 解答 ➡ 別冊 *p.28*

106　**◀ 差がつく**　右図は食塩水の電気分解の電解槽を模式的に示したものである。次の文章を読み，あとの各問いに答えよ。(分子量；H_2O = 18.0，ファラデー定数 = 9.65×10^4 C/mol)

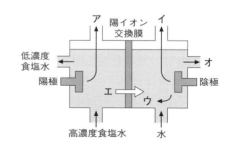

陽極と陰極は陽イオン交換膜で仕切られており，陽極で生成した（　ア　）と陰極で生成した（　イ　）および（　ウ　）とは，互いに混ざりあうことはない。また，（　エ　）のみが選択的に陽イオン交換膜を通り抜けるため，電気分解により陰極側の室では（　ウ　）と（　エ　）の濃度が高くなる。この電気分解では，石綿などでつくった隔膜を用いた場合と比べて純度の高い（　オ　）水溶液が得られる。

（できたらチェック☑）

☐ (1)　ア〜オにあてはまる物質名を答えよ。

☐ (2)　図の陰極室へ毎分10.0 kg ずつ水を供給して，質量モル濃度が5.00 mol/kgである（　オ　）水溶液を連続的に得るために，何 A の電流で電気分解を行えばよいか。ただし，電流効率は100 % とする。

107 **◀差がつく** 硫酸銅（Ⅱ）
水溶液と塩化ナトリウム水溶液
を別々の容器にとり，右図のよ
うにつないで電気分解すると，
A極に**2.54g**の物質が析出した。
次の各問いに答えよ。（原子量；
Na＝23，Cu＝63.5，ファラデー
定数＝$9.65×10^4$C/mol）

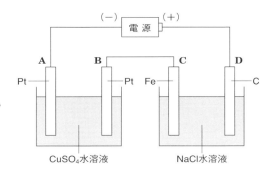

□ (1)　流れた電気量は何Cか。

□ (2)　この電気分解に要した時間が30分とすると，流れた電流は平均何Aか。

□ (3)　**B，C，D**極それぞれに生成した物質は何か。また，金属の場合はその質量
　　〔g〕，気体の場合はその体積を標準状態における体積〔L〕で答えよ。なお，気
　　体は水に溶けないとする。

　📖**ガイド**　2つの電解槽が直列につながれているので，各極に同じ電気量が流れる。

108　右図のような電解槽を並列につないだ装置にお
いて，**1.00A**で**$1.93×10^4$秒間**電気分解したところ，
電極アで**1.27g**の金属が析出した。各電解槽には一定
の電流が流れたものとして，次の各問いに答えよ。
（原子量；Cu＝63.5，ファラデー定数＝$9.65×10^4$C/mol，
気体定数$R＝8.31×10^3$Pa・L/(mol・K)）

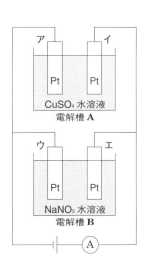

□ (1)　電極ア～電極エでどのような変化が起こってい
　　るか。電子$\mathbf{e}^-$を含む反応式で示せ。

□ (2)　電極ア，電極ウに流れた電流の大きさをそれぞ
　　れ求めよ。

□ (3)　電極ア～電極エで発生する気体の体積の合計は，
　　27℃，$1.00×10^5$Paにおいて何Lか。

□ (4)　電気分解後，電解槽Aの水溶液の体積は500mLであった。そのうちの
　　40.0mLを取り出して，濃度未知の水酸化ナトリウム水溶液で中和したところ，
　　100mLを要した。この水酸化ナトリウム水溶液の濃度は何mol/Lか。

　📖**ガイド**　(2)電解槽A，Bは並列につながれているので，AとBに流れる電流の和が1.00A。

18 反応の速さと反応のしくみ

◉ **反応速度**

① **表し方**…単位時間あたりの物質の変化量で表す。反応速度を v とすると，

$$v = \frac{反応物の濃度の減少量}{反応時間} \quad または \quad v = \frac{生成物の濃度の増加量}{反応時間}$$

② **速度式**…反応速度を v，速度定数を k，反応物のモル濃度を [A]，[B] とすると，$v = k[\text{A}]^{\alpha}[\text{B}]^{\beta}$ （α, β は実験値）

◉ **反応速度と反応のしくみ**

① **反応速度を変える条件**…濃度，温度，触媒，固体の表面積，光など。

② **反応速度と濃度**…反応速度は，反応物の濃度が大きいほど大きい。
　➡ 反応は，反応物の粒子(分子など)が互いに衝突することによって起こる。濃度が大きいほど衝突する回数が多くなり，反応速度が大きくなる。

③ **反応速度と温度**…反応速度は，温度が高いほど大きい。
　➡ 温度が高いほど活性化エネルギー(下記)以上のエネルギーをもつ粒子が増加する。

④ **活性化エネルギー**…反応が起こるのに必要なエネルギー。
　➡ 反応物は**遷移状態(活性化状態)**を経て生成物になる。
　　　└エネルギーが高い状態。
　▶活性化エネルギーは，遷移状態にするために必要なエネルギーである。

⑤ **反応速度と触媒**…反応速度は，触媒によって変化する。
　➡ 触媒は活性化エネルギーを小さくすることによって，反応速度を大きくする。反応エンタルピーの大きさには影響を与えない。

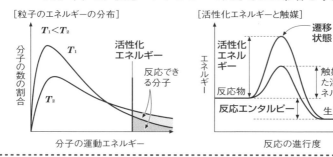

[粒子のエネルギーの分布]

[活性化エネルギーと触媒]

基本問題 ••• 解答 ➡ 別冊 *p.29*

109 反応速度の求め方

できたら○チェック

$2HI \longrightarrow H_2 + I_2$ の反応において，反応開始後3分間でヨウ化水素の濃度が$0.80 \, \text{mol/L}$ から$0.50 \, \text{mol/L}$ に変化した。次の各問いに答えよ。

☐ (1)　ヨウ化水素の分解速度は何 mol/(L·s)か。

☐ (2)　水素の生成速度は何 mol/(L·s)か。

110 反応の速さ　◀テスト必出

$0.54 \, \text{mol/L}$ の過酸化水素水$100 \, \text{mL}$ に触媒を少量加え，$2H_2O_2 \longrightarrow 2H_2O + O_2$ の反応を起こしたところ，反応時間10秒で過酸化水素のモル濃度が$0.23 \, \text{mol/L}$ に減少した。次の各問いに答えよ。

☐ (1)　この反応の速度を過酸化水素の分解速度〔mol/(L·s)〕で表せ。

☐ (2)　10秒間で発生した酸素は何 mol か。

例題研究》　14. 右図は，次の反応の進行度

とエネルギーの状態を表したものである。

$$SO_2 + \frac{1}{2}O_2 \longrightarrow SO_3$$

以下の各問いに答えよ。

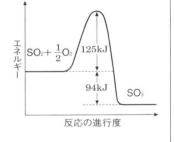

(1)　次の値を求めよ。

　　① 活性化エネルギー〔kJ〕

　　② 反応エンタルピー〔kJ〕

(2)　この反応で触媒を用いたとき，次の値はどうなるか。

　　① 活性化エネルギー　　　② 反応エンタルピー　　　③ 反応速度

[着眼]　活性化エネルギーは，反応が起こるのに要するエネルギーである。また，反応エ
　　　ンタルピーは反応前の物質と反応後の物質がもつエネルギーの差である。

[解き方](1)活性化エネルギーは，反応の途中で最も高いエネルギーをもつ状
　　　態(遷移状態)にするために要するエネルギーである。反応エンタルピー
　　　は，反応物と生成物のエネルギーの差であるから，−94kJ である。

(2)　触媒は，活性化エネルギーを小さくすることによって反応速度を大きく
　　　する。反応エンタルピーは，物質間のエネルギー差であるから変化しない。

　　　　　答 (1)① 125kJ　② −94kJ

　　　　　　　(2)① 小さくなる。　② 変化しない。　③ 大きくなる。

□ **111** 反応速度と濃度・温度・触媒 ◀テスト必出

次のア～オの文のうち，誤りを含むものはどれか。

ア　温度を高くすると反応速度が大きくなるのは，活性化エネルギー以上のエネルギーをもつ粒子の数が増加することがおもな原因である。

イ　反応物の濃度が大きくなると，単位時間あたりの反応物の衝突回数が増加し，反応速度は大きくなる。

ウ　触媒を加えると活性化エネルギーが小さくなり，反応速度が大きくなる。

エ　触媒は，反応速度と反応エンタルピーの両方に変化をおよぼす。

オ　活性化エネルギーとは，反応物のエネルギーと遷移状態のエネルギーの差である。

□ **112** 反応速度式

化学反応式 A＋B ⟶ C で表される反応の反応速度 v は，速度定数 k を用いて $v = k[A]^x[B]^y$ と表すことができる。次の(i)，(ii)をもとに x，y の値を求めよ。

(i)　Bの濃度は変えずにAの濃度を2倍にすると，反応速度は4倍になった。

(ii)　Aの濃度は変えずにBの濃度を2倍にすると，反応速度は8倍になった。

応用問題 ⋯⋯⋯⋯⋯⋯⋯⋯⋯⋯⋯⋯⋯⋯⋯ 解答 ➡ 別冊 *p.30*

□ **113** ◀差がつく　過酸化水素 H_2O_2 を Fe^{3+} を触媒として分解した。反応前の過酸化水素の濃度は 0.542 mol/L，反応開始から2分経過したときの過酸化水素の濃度は 0.456 mol/L であった。次の各問いに答えよ。

□ (1)　反応開始から2分間における，過酸化水素の平均の濃度は何 mol/L か。

□ (2)　反応開始から2分間における，過酸化水素の分解反応の平均の速さは何 mol/(L·min) か。

□ (3)　この反応の速度式を $v = k[H_2O_2]$ として，速度定数 k を求めよ。

📖ガイド　(3)過酸化水素の濃度は，(1)で求めた平均の濃度を用いる。

□ **114** 次の(1)～(4)の文と最も関係がある反応の条件を，あとのア～エから選べ。

□ (1)　過酸化水素水に酸化マンガン(Ⅳ)を加えると，容易に酸素が発生する。

□ (2)　硝酸は褐色のびんに保存する。

□ (3)　線香は空気中より，酸素中のほうが激しく燃える。

□ (4) 希硝酸に銅を入れた試験管を湯に入れると，気体の発生が激しくなる。

　ア 濃度　　　イ 温度　　　ウ 触媒　　　エ 光

115 ◆差がつく 次の気体反応を考える。

$$2A_2B \longrightarrow 2A_2 + B_2$$

右図は反応の進行にそったエネルギーの
変化を示す。また，この反応では，温度
を10℃上げるごとに反応速度が2倍に
なることがわかっている。次の各問いに
答えよ。

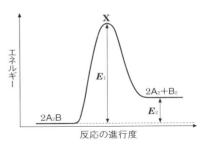

□ (1) 図において，E_1，E_2は何を表すか。また，Xの状態を何というか。

□ (2) A_2B分子の解離反応は，発熱反応と吸熱反応のどちらか。

□ (3) 20℃において20分で反応が終了するとすれば，50℃では何分で反応が終了
するか。小数で答えよ。

□ (4) 触媒を加えると，反応速度が大きくなった。このとき，E_1，E_2はそれぞれど
のように変化したか。次のア〜ウからそれぞれ選べ。

　ア 大きくなった。　　　イ 小さくなった。　　　ウ 変化しなかった。

📖ガイド　(2)反応式の右辺の状態のほうがエネルギーが高い。
　　　　　(3)30℃では反応速度が2倍なので，10分で反応が終了する。

□ **116** 化学反応について説明した次のア〜オの文のうち，下線部が誤っているも
のをすべて選べ。

　ア 触媒を加えて反応が速くなるのは，<u>活性化エネルギーがより小さい経路を</u>
　　<u>通って反応が進むからである。</u>

　イ 温度を上げて反応が速くなるのは，<u>活性化エネルギーがより小さくなるか</u>
　　<u>らである。</u>

　ウ 濃度を小さくして反応が遅くなるのは，<u>反応する分子どうしの単位時間あ</u>
　　<u>たりの衝突回数が減るからである。</u>

　エ 活性化エネルギーがきわめて大きい場合は，<u>発熱反応であっても常温では</u>
　　<u>反応が進行しない。</u>

　オ 反応 $H_2 + I_2 \longrightarrow 2HI$ において，<u>活性化エネルギーはH_2とI_2の結合エネル</u>
　　<u>ギーの和より大きい。</u>

📖ガイド　活性化エネルギーは，反応が起こるために必要なエネルギーであり，遷移状態と反
　　　　　応物とのエネルギー差である。

19 化学平衡

◉ 可逆反応と化学平衡

① **可逆反応**…正・逆どちらの方向にも進む反応。➡ 化学反応式では「⇌」を用いて表す。 例 $H_2 + I_2 \rightleftharpoons 2HI$

▶**正反応**…化学反応式の**右向き**に進む反応。

▶**逆反応**…化学反応式の**左向き**に進む反応。

② **不可逆反応**…一方向だけに進む反応。
└気体や沈殿が生じる反応など。

③ **化学平衡の状態**……可逆反応において，正反応と逆反応の反応速度
└単に「平衡状態」ともいう。
が**等しくなった状態**。➡ 見かけ上，反応が停止した状態。

▶気液平衡では「蒸発する速さ＝凝縮する速さ」，溶解平衡では「溶解する速さ＝析出する速さ」となっている。

◉ 化学平衡の法則(質量作用の法則)

① **平衡定数(濃度平衡定数)** 物質 A，B，C，D 間の可逆反応

$aA + bB \rightleftharpoons cC + dD$ (a, b, c, d は係数)が平衡状態にあるとき，

$$\frac{[C]^c[D]^d}{[A]^a[B]^b} = K \quad (K；平衡定数)$$
└K_c とも書き，濃度平衡定数ともいう。

▶平衡定数 K は，温度が一定のとき，**濃度に関係なく一定**。

▶平衡定数 K は，温度を高くすると発熱反応では小さくなり，吸熱反応では大きくなる。

② **圧平衡定数** 気体 A，B，C，D 間の可逆反応 $aA + bB \rightleftharpoons cC + dD$

(a, b, c, d は係数)が平衡状態にあるとき，A〜D の分圧を P_A,
P_B, P_C, P_D とすると，

$$\frac{P_C{}^c P_D{}^d}{P_A{}^a P_B{}^b} = K_p \quad (K_p；圧平衡定数)$$
└温度が一定のとき一定の値をとる。

③ **濃度平衡定数と圧平衡定数との関係**

気体 A について，気体の状態方程式より，$P_A V = n_A RT$

よって，$P_A = \dfrac{n_A}{V} RT = [A]RT$

同様に P_B, P_C, P_D を求め，圧平衡定数の式に代入すると，濃度平衡定数 K_c と圧平衡定数 K_p の関係を求めることができる。

➡ $\begin{cases} a+b=c+d \text{ のとき，} K_p = K_c \\ a+b \neq c+d \text{ のとき，} K_p = K_c (RT)^{(c+d)-(a+b)} \end{cases}$

基本問題・・・解答 ➡ 別冊 *p.31*

117 化学平衡の状態

$N_2 + 3H_2 \rightleftarrows 2NH_3$ で表される気体反応の平衡状態について正しく説明している文を，次のア〜エから選べ。

ア　窒素と水素とアンモニアの分子数の比が1：3：2になった状態。

イ　反応が停止した状態。

ウ　窒素と水素からアンモニアが生じる速さと，アンモニアが分解して窒素と水素が生じる速さが等しくなった状態。

エ　窒素と水素の分子数の和とアンモニアの分子数が等しくなった状態。

118 平衡定数を表す式

次の気体反応が平衡状態にあるとき，平衡定数 K を表す式を書け。

(1) $H_2 + I_2 \rightleftarrows 2HI$　　　　(2) $N_2 + 3H_2 \rightleftarrows 2NH_3$

例題研究》 　15．水素 2.00 mol とヨウ素 2.00 mol を体積 4.0 L の容器に入れ，800℃に保ったところ，次の反応が平衡状態となり，ヨウ化水素が 3.20 mol 生じた。

$$H_2 + I_2 \rightleftarrows 2HI$$

この反応の 800℃ における平衡定数を求めよ。

[着眼] 平衡時における各物質の物質量を求め，さらにモル濃度に換算してから平衡定数の式に代入する。

[解き方]　　　　　　　H_2　　　　$+$　　　I_2　　　$\rightleftarrows$　　　$2HI$

反応前　　2.00 mol　　　　　2.00 mol

変化量　 −1.60 mol　　　　 −1.60 mol　　　　　+3.20 mol

平衡時　　0.40 mol　　　　　0.40 mol　　　　　3.20 mol

平衡時の各成分の濃度を求めると，

$[H_2] = [I_2] = \dfrac{0.40\,mol}{4.0\,L} = 0.10\,mol/L$，　$[HI] = \dfrac{3.20\,mol}{4.0\,L} = 0.80\,mol/L$ より，

平衡定数 K は，

$$K = \frac{[HI]^2}{[H_2][I_2]} = \frac{(0.80\,mol/L)^2}{0.10\,mol/L \times 0.10\,mol/L} = 64$$

└─平衡定数の単位は各反応で異なる。

答 64

119 平衡定数の計算 ◀テスト必出

　20℃で酢酸3.0 mol とエタノール3.0 mol を混ぜると，次の反応式にしたがっ
て平衡状態となり，2.0 mol の酢酸エチルが生成する。

　　CH₃COOH + C₂H₅OH ⇄ CH₃COOC₂H₅ + H₂O

次の各問いに答えよ。

☐ (1)　この反応の20℃における平衡定数を求めよ。

☐ (2)　20℃で酢酸1.0 mol とエタノール1.0 mol を混ぜると，平衡状態で何 mol の
　　酢酸エチルが生成するか。

📖ガイド　溶液全体の体積を V〔L〕として，それぞれの物質の濃度を求める。

120 圧平衡定数の計算 ◀テスト必出

　N₂O₄ は N₂O₄ ⇄ 2NO₂ のように解離する。N₂O₄ を容器に入れ，圧力を 1.4×10^5 Pa に保つと，その40%が解離して平衡に達した。次の各問いに答えよ。

☐ (1)　平衡状態での N₂O₄ と NO₂ の分圧を求めよ。

☐ (2)　この温度での圧平衡定数を求めよ。

応用問題 ●●●●●●●●●●●●●●●●●●●●●●●●●●●●●●●● 解答 ➡ 別冊 *p.32*

121　次の文を読み，あとの各問いに答えよ。

　容積一定の密閉容器の中に水素1.00 mol とヨウ素
1.00 mol を入れて温度を600 Kに保ち，各物質の物
質量および反応の速さの時間変化を調べたところ，
図1，図2の結果が得られた。

☐ (1)　図1の **A** にあてはまる物質名を書け。

☐ (2)　この反応の600 Kにおける平衡定数を求めよ。

☐ (3)　図2の **B**，**C** にあてはまる語をそれぞれ漢字1
　　字で書け。

☐ (4)　この反応の見かけの速さと時間の関係を表すグ
　　ラフを，図2中に実線で示せ。

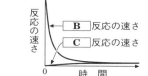

📖ガイド　(3)時間とともに，B 反応の速さは小さく，C 反応の速さは大きくなっている。

122　次の文章を読み，あとの各問いに答えよ。

　ある気体(分子式を AB とする)は，気体 **A**(分子式を A₂ とする)と気体 **B**(分子
式を B₂ とする)に分解して，次ページの化学平衡に達する。

$$2AB(気体) \rightleftharpoons A_2(気体) + B_2(気体)$$

体積 V〔L〕の密閉容器に AB を 1.0 mol 入れ，一定温度で放置すると，x〔mol〕だけ分解され平衡に達した。

- □ (1) $V = 10$ L，平衡定数 $K = 0.25$ であったとき，平衡状態で容器内に存在する AB，A_2 および B_2 はそれぞれ何 mol か。

- □ (2) (1)の容器に，さらに A_2 を 0.25 mol 加えて，同じ温度で再び平衡に達したとき，加えた A_2 は減少していた。再び平衡に達したときの容器内に存在する AB，A_2 および B_2 は，それぞれ何 mol か。

123 ❮差がつく❯ 次の文を読み，あとの各問いに答えよ。

気体 A（分子量；28.0），B（分子量；2.00）および C（分子量；32.0）の間に，次のような平衡が成り立っている。

$$A(気) + 2B(気) \rightleftharpoons C(気)$$

1.0 L の容器に気体 A 21.84 g と気体 B 2.72 g を封入し，160℃ に保つと，気体 C が生成されて平衡に達し，0.24 g の気体 B が残っていることが確認された。

- □ (1) この平衡状態における気体 C の物質量は何 mol か。
- □ (2) この温度における，この反応の平衡定数を求めよ。

124 一酸化炭素を生成する反応は可逆反応であり，次のように示される。

$$CO_2(気) + C(黒鉛) \rightleftharpoons 2CO(気)$$

CO_2 0.10 mol を容積 5.0 L の容器にとり，黒鉛を加えて 973 K で反応させると全圧が 2.1×10^5 Pa となったところで平衡に達した。次の各問いに答えよ。
（気体定数；$R = 8.31 \times 10^3$ Pa·L/(mol·K)）

- □ (1) 平衡状態における CO の物質量は何 mol か。
- □ (2) この反応の 973 K における圧平衡定数を求めよ。

📖ガイド (1)気体の状態方程式を用いて，平衡時の気体の全物質量を求める。
(2)炭素は固体なので，平衡定数には関係しない。

125 NO_2 は，常温では N_2O_4 との平衡状態（$2NO_2 \rightleftharpoons N_2O_4$）にある。

- □ (1) 20℃ で，NO_2 の分圧が 40 kPa，N_2O_4 の分圧が 50 kPa のときの圧平衡定数を，有効数字 1 桁で求めよ。
- □ (2) 20℃，200 kPa のもとでの，単位体積中の NO_2 と N_2O_4 の物質量比を，1 桁の最も簡単な整数比で答えよ。

📖ガイド (2)物質量比と分圧比が等しいことを利用。圧平衡定数と全圧から各気体の分圧を求める。

20 化学平衡の移動

○ **ルシャトリエの原理**…平衡状態において，濃度・温度・圧力などの条
└平衡移動の原理ともいう。
件を変化させると，その変化を打ち消す方向に平衡が移動する。

① **濃度の変化と平衡の移動**

▶濃度を大きくしたとき…**濃度が小さくなる方向**に平衡が移動。

➡ その物質が**反応**する。

▶濃度を小さくしたとき…**濃度が大きくなる方向**に平衡が移動。

➡ その物質が**生成**する。

② **温度の変化と平衡の移動**

▶温度を高くしたとき…**温度が低くなる方向**に平衡が移動。

➡ **吸熱反応**($\Delta H>0$)が進む。

▶温度を低くしたとき…**温度が高くなる方向**に平衡が移動。

➡ **発熱反応**($\Delta H<0$)が進む。

③ **圧力の変化と平衡の移動**

▶圧力を高くしたとき…**圧力が低くなる方向**に平衡が移動。

➡ 気体分子の数が**減少**する反応が進む。

▶圧力を低くしたとき…**圧力が高くなる方向**に平衡が移動。

➡ 気体分子の数が**増加**する反応が進む。

④ **触媒と平衡の移動**…触媒は平衡の移動とは無関係である。

基本問題 ●●●●●●●●●●●●●●●●●●●●●●●●●●●●●●● 解答 ➡ 別冊 *p.34*

126 化学平衡の移動 ◀テスト必出

次の反応が平衡状態にあるとき，(1)〜(5)の操作を行うと，平衡はどのようにな
るか。あとのア〜ウから選べ。

$$H_2(気) \ + \ I_2(気) \ \rightleftharpoons \ 2HI(気) \qquad \Delta H = -9.0 \,kJ$$

☐ (1) I_2 を加える。　　　　　　　☐ (2) HI を凝縮させる。

☐ (3) 温度を高くする。　　　　　　☐ (4) 触媒を加える。

☐ (5) 圧力を小さくする。

　　ア　右に移動する。　　　　イ　左に移動する。　　　　ウ　移動しない。

127 平衡移動とグラフ

　気体 A，B，C の間の可逆反応は，次の
反応式で表される。

　　$aA + bB \rightleftarrows cC$　$\Delta H = Q$〔kJ〕

右図は，この可逆反応が平衡状態に達した
ときの，圧力・温度と，気体全体に対する
気体 C の体積の割合〔%〕の関係を示してい

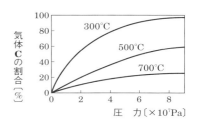

る。次の(1)，(2)の（　）に等号または不等号を入れよ。

□ (1)　$a + b$（　）c　　　　□ (2)　Q（　）0

応用問題 ························· 解答 ➡ 別冊 *p.34*

128 次の(1)～(7)の反応が平衡状態にあるとき，〔　〕内のような変化を与えると，平衡はどのように移動するか。

□ (1)　$N_2(気) + O_2(気) \rightleftarrows 2NO(気)$　$\Delta H = 180 kJ$〔加圧する〕

□ (2)　$C(固) + H_2O(気) \rightleftarrows CO(気) + H_2(気)$　$\Delta H = 132 kJ$〔減圧する〕

□ (3)　$CO(気) + 2H_2(気) \rightleftarrows CH_3OH(気)$　$\Delta H = -105 kJ$〔温度を下げる〕

□ (4)　$2SO_2(気) + O_2(気) \rightleftarrows 2SO_3(気)$　$\Delta H = -192 kJ$〔触媒を加える〕

□ (5)　$N_2O_4(気) \rightleftarrows 2NO_2(気)$　$\Delta H = 57 kJ$〔温度を上げる〕

□ (6)　$N_2(気) + 3H_2(気) \rightleftarrows 2NH_3(気)$〔全圧を一定に保ち，Ar を加える〕

□ (7)　$N_2(気) + 3H_2(気) \rightleftarrows 2NH_3(気)$〔体積を一定に保ち，Ar を加える〕

129 **◀差がつく** 次の(1)～(3)の反応式に示す右辺の生成物について，温度 T_1，$T_2(T_1 < T_2)$における平衡状態での体積の割合〔%〕（縦軸）と圧力（横軸）の関係を表すグラフを，あとのア～カから選べ。

□ (1)　$2SO_2(気) + O_2(気) \rightleftarrows 2SO_3(気)$　$\Delta H = -192 kJ$

□ (2)　$N_2(気) + O_2(気) \rightleftarrows 2NO$　$\Delta H = 180 kJ$

□ (3)　$C(固) + CO_2(気) \rightleftarrows 2CO(気)$　$\Delta H = 172 kJ$

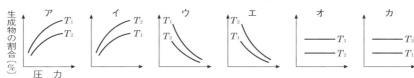

21 電離平衡と電離定数

★ テストに出る重要ポイント

○ **電離定数**…電離による化学平衡を電離平衡といい，その平衡定数を電離定数という。➡ 酸の電離定数；K_a　塩基の電離定数；K_b
└酸(acid)　　　　　　　　　　　　　└塩基(base)

○ **水のイオン積 K_w**…水や水溶液中の$[H^+]$と$[OH^-]$の積。

$$K_w = [H^+][OH^-] = 1.0 \times 10^{-14} \, mol^2/L^2 \ (25℃)$$

○ **pH(水素イオン指数)**… $pH = -\log_{10}[H^+]$

➡ $[H^+] = a \times 10^{-n} \, mol/L$ のとき，

$$pH = -\log_{10}[H^+] = -\log_{10}(a \times 10^{-n}) = n - \log_{10}a$$

○ **弱酸の電離度と電離定数**…$c\,[mol/L]$の酢酸水溶液の電離度をαとすると，

$$CH_3COOH \rightleftharpoons CH_3COO^- + H^+$$

電離平衡時の
濃度$[mol/L]$　　　　$c(1-\alpha)$　　　　$c\alpha$　　　　$c\alpha$

酢酸の電離定数をK_aとすると，

$$K_a = \frac{[CH_3COO^-][H^+]}{[CH_3COOH]} = \frac{c\alpha \times c\alpha}{c(1-\alpha)} = \frac{c\alpha^2}{1-\alpha}$$

➡ 弱酸では$\alpha \ll 1$なので，$1-\alpha \fallingdotseq 1$と近似できる。したがって，

$$K_a = c\alpha^2, \ \alpha = \sqrt{\frac{K_a}{c}}, \ [H^+] = c\alpha = \sqrt{cK_a}$$
└$K_a=c\alpha^2$を変形。　　└$\alpha=\sqrt{\frac{K_a}{c}}$を代入。

○ **弱塩基の電離度と電離定数**…アンモニアの電離平衡と電離定数K_bは，

$$NH_3 + H_2O \rightleftharpoons NH_4^+ + OH^- \qquad K_b = \frac{[NH_4^+][OH^-]}{[NH_3]}$$
└$[H_2O]$は一定とみなしてK_bに含める。

➡ $c\,[mol/L]$，電離度αの弱塩基も弱酸と同様に考えられるので，

$$K_b = c\alpha^2, \ \alpha = \sqrt{\frac{K_b}{c}}, \ [OH^-] = \sqrt{cK_b}$$

○ **電離平衡の移動**…ルシャトリエの原理にしたがう。

$$CH_3COOH \rightleftharpoons CH_3COO^- + H^+$$

の電離平衡において，

▶酸を加える。H^+が増加するので，平衡は左に移動。
└HCl, H_2SO_4など
▶塩基を加える。H^+が反応し減少するので，平衡は右に移動。
└NaOH, KOHなど
▶酢酸の塩を加える。CH_3COO^-が増加するので，平衡は左に移動。
└CH_3COONa, CH_3COOKなど

基本問題 .... 解答 ⟹ 別冊 *p.35*

130 電離平衡の移動 ◄ テスト必出

酢酸は，水溶液中では次のように電離し，平衡状態にある。

$$CH_3COOH \rightleftharpoons CH_3COO^- + H^+$$

この状態で(1)～(4)の操作を行うと，平衡はどのように移動するか。あとのア～ウから選べ。

□ (1) HCl を吹き込む。　　　　□ (2) NaOH を加える。

□ (3) CH₃COONa を加える。　□ (4) 水を加える。

　ア　右に移動する。　　　イ　左に移動する。　　　ウ　移動しない。

例題研究》　**16.** 0.10 mol/L の酢酸水溶液において，次の(1)～(3)の値を求めよ。(酢酸の電離定数；$K_a = 2.7 \times 10^{-5}$ mol/L，$\sqrt{2.7} = 1.6$，$\log_{10} 2 = 0.30$)

(1) 電離度　　　(2) 水素イオン濃度　　　(3) pH(小数第 1 位まで)

[着眼] (1) まずは，濃度を c [mol/L]，電離度を α として，電離平衡時の各成分のモル濃度を整理し，電離定数 K_a を表す。次に，$\alpha \ll 1$ による近似を用いて，α を求める。

　　　(2) $[H^+] = c\alpha$ に各値を代入する。

　　　(3) pH $= -\log_{10} [H^+]$ である。

[解き方] (1)　酢酸のモル濃度を c [mol/L]，電離度を α とすると，

	CH₃COOH	$\rightleftharpoons$	CH₃COO⁻	+	H⁺
電離前	c		0		0
変化量	$-c\alpha$		$+c\alpha$		$+c\alpha$
平衡時	$c(1-\alpha)$		$c\alpha$		$c\alpha$

酢酸の電離定数 K_a は，

$$K_a = \frac{[CH_3COO^-][H^+]}{[CH_3COOH]} = \frac{c\alpha \times c\alpha}{c(1-\alpha)} = \frac{c\alpha^2}{1-\alpha}$$

0.10 mol/L 程度の酢酸水溶液では $\alpha \ll 1$ より，$1 - \alpha \fallingdotseq 1$ と近似できる。したがって，$K_a = c\alpha^2$，$\alpha > 0$ より，

$$\alpha = \sqrt{\frac{K_a}{c}} = \sqrt{\frac{2.7 \times 10^{-5} \, \text{mol/L}}{0.10 \, \text{mol/L}}} = \sqrt{2.7 \times 10^{-4}} = 1.6 \times 10^{-2}$$

(2)　$[H^+] = c\alpha = 0.10 \, \text{mol/L} \times 1.6 \times 10^{-2} = 1.6 \times 10^{-3} \, \text{mol/L}$

(3)　pH $= -\log_{10} [H^+] = -\log_{10} (1.6 \times 10^{-3}) = -\log_{10} (2^4 \times 10^{-4})$

$$= 4 - 4 \times \log_{10} 2 = 2.8$$

答 (1) 1.6×10^{-2}　　(2) 1.6×10^{-3} mol/L　　(3) 2.8

131 電離平衡と酸の強弱

次の文章を読んで，**A**，**B** には式，**a ～ c** には数値，ア～ウには語句を入れよ。
($\sqrt{2.7} = 1.6$, $\log_{10} 1.6 = 0.2$)

酢酸の電離平衡は次のように表される。

CH₃COOH $\rightleftarrows$ CH₃COO⁻ + H⁺

酢酸の濃度を c〔mol/L〕，電離度を α とすると，電離定数 K_a は，c，α を用いて，$K_a = ($ **A** $)$〔mol/L〕と表される。α は（ **a** ）に比較して非常に小さいので，近似的に $K_a = ($ **B** $)$〔mol/L〕と表すことができる。（ ア ）が一定であれば電離定数は一定であるので，アが一定のとき酢酸の電離度 α は（ イ ）に依存して変化する。

いま，ある温度における酢酸の電離定数が 2.7×10^{-5} mol/L であるとき，0.10 mol/L 酢酸水溶液の電離度は（ **b** ）となり，pH は（ **c** ）となる。

また，フッ化水素 HF の電離定数は 25℃ で 1.1×10^{-3} mol/L であるので，酢酸とフッ化水素を比較すると（ ウ ）のほうが強い酸である。

132 弱塩基の電離　◀テスト必出

1.0×10^{-2} mol/L のアンモニア水において，次の(1)～(3)の値を求めよ。（アンモニアの電離定数；$K_b = 2.3 \times 10^{-5}$ mol/L，水のイオン積；$K_w = 1.0 \times 10^{-14}$ mol²/L²，$\sqrt{23} = 4.8$, $\log_{10} 2 = 0.30$, $\log_{10} 3 = 0.48$)

□(1)　電離度　　　□(2)　[OH⁻]　　　□(3)　pH（小数第 1 位まで）

応用問題 ••• 解答 ➡ 別冊 *p.36*

できたらチェック

133 ◀差がつく　ある温度の 0.36 mol/L のギ酸 HCOOH 水溶液の電離度は 0.025 である。次の各問いに答えよ。（$\log_{10} 3 = 0.48$）

□(1)　この温度でのギ酸の電離定数を求めよ。

□(2)　この水溶液の pH を小数第 2 位まで求めよ。

□(3)　この水溶液を，水で 80 倍にうすめた水溶液の pH を小数第 2 位まで求めよ。

📖ガイド　(3) 濃度が小さい水溶液の電離度は 1 に比べて無視できないほど大きくなる。

134 ◀差がつく　0.10 mol/L の酢酸水溶液の pH が 3.0，0.10 mol/L のアンモニア水の pH が 11.7 のとき，酢酸の電離定数とアンモニアの電離定数をそれぞれ求めよ。（水のイオン積；$K_w = 1.0 \times 10^{-14}$ mol²/L²，$\log_{10} 2.0 = 0.30$）

📖ガイド　pH=11.7＝12.0－0.3＝12.0－$\log_{10}$2.0 と変形できる。水のイオン積にも着目。

22 電解質水溶液の平衡

○ **緩衝液と pH**

① **緩衝液**…少量の酸や塩基を加えても pH がほとんど変化しない溶液。

➡「弱酸＋弱酸の塩」および「弱塩基＋弱塩基の塩」の溶液。

② **pH の求め方**…弱酸または弱塩基の電離定数の式に代入する。

例 酢酸水溶液に CH_3COONa を加えた溶液

$CH_3COOH \rightleftharpoons CH_3COO^- + H^+$（ごく一部が電離）

$CH_3COONa \longrightarrow CH_3COO^- + Na^+$（ほぼ完全に電離）

$\begin{cases} [CH_3COOH]…CH_3COOH \text{ がまったく電離していないとする。} \\ [CH_3COO^-] …\text{すべて } CH_3COONa \text{ の電離により生じたとする。} \end{cases}$

○ **塩の加水分解と pH**

① **塩の加水分解**…弱酸または弱塩基からなる塩の水溶液で，**弱酸・弱塩基の成分イオンが水と反応して，もとの弱酸・弱塩基を生じる**反応。（たとえば CH_3COONa や NH_4Cl）➡ OH^-，H^+ が生成し，塩基性や酸性を示す。

▶弱酸と強塩基からなる塩 ➡ 加水分解して**塩基性**を示す。

▶強酸と弱塩基からなる塩 ➡ 加水分解して**酸性**を示す。

▶強酸と強塩基からなる塩 ➡ 加水分解せず，ほぼ**中性**を示す。

② **pH の求め方**…加水分解反応の平衡定数 K_h を用いて求める。

▶塩を構成する弱酸または弱塩基の電離定数を K_a，水のイオン積を K_w とすると，$K_h = \dfrac{K_w}{K_a}$

○ **2 価の弱酸の電離と pH**

① **$[H^+]$，pH の求め方**…第 1 段階の電離定数を K_1，第 2 段階の電離定数を K_2 とすると，$K_1 \gg K_2$ なので，K_1 の式のみで求める。

② **第 2 段階のイオンの濃度**…$K_1 \times K_2$（全体の電離定数）を利用して求める。

○ **溶解度積と沈殿**

① **溶解度積**…難溶性の塩の溶解平衡 $AB(固) \rightleftharpoons A^+ + B^-$ において，溶解度積 $K_{sp} = [A^+][B^-]$

② **溶解度積と沈殿**…A^+ を含む溶液と B^- を含む溶液を混合したとき，混合液中の A^+ と B^- の濃度の積について，$[A^+][B^-] > K_{sp}$（沈殿を生じないと仮定したときの値）のときは**沈殿を生じる**が，$[A^+][B^-] \leq K_{sp}$ のときは**沈殿を生じない**。

解答 ➡ 別冊 *p.37*

できたら チェック

基本問題 ●●

□ **135** 緩衝液

次のア～カの混合水溶液のうち，緩衝液として不適当なものをすべて選べ。

ア　ギ酸とギ酸カリウムの混合水溶液

イ　塩酸と塩化ナトリウムの混合水溶液

ウ　酢酸と酢酸ナトリウムの混合水溶液

エ　アンモニアと塩化アンモニウムの混合水溶液

オ　硝酸と硝酸ナトリウムの混合水溶液

カ　ホウ酸とホウ酸カリウムの混合水溶液

例題研究⟩ 　**17.** $0.10\,mol/L$ の酢酸水溶液 $300\,mL$ に $0.10\,mol/L$ の酢酸ナトリウム水溶液 $200\,mL$ を混合した水溶液の pH を小数第 1 位まで求めよ。

（酢酸の電離定数；$K_a = 2.8 \times 10^{-5}\,mol/L$, $\log_{10} 4.2 = 0.62$）

着眼　酢酸水溶液中の CH_3COOH ➡ ほとんど電離しない。
酢酸ナトリウム水溶液中の CH_3COONa ➡ 完全に電離する。

解き方　混合水溶液中の CH_3COOH は，すべて酢酸水溶液中に含まれていたものと考えてよいから，

$$[CH_3COOH] = 0.10\,mol/L \times \frac{300}{300+200} = 0.060\,mol/L$$

また，混合水溶液中の CH_3COO^- は，すべて酢酸ナトリウムの電離により生じたものと考えてよいから，

$$[CH_3COO^-] = 0.10\,mol/L \times \frac{200}{300+200} = 0.040\,mol/L$$

混合水溶液中でも，CH_3COOH の電離平衡が成り立っているので，

$$K_a = \frac{[CH_3COO^-][H^+]}{[CH_3COOH]} = \frac{0.040\,mol/L \times [H^+]}{0.060\,mol/L} = 2.8 \times 10^{-5}\,mol/L$$

$$\therefore \quad [H^+] = 4.2 \times 10^{-5}\,mol/L$$

$$pH = -\log_{10}(4.2 \times 10^{-5}) = 5 - 0.62 = 4.38$$

答 4.4

□ **136** 緩衝液の pH 【テスト必出】

$0.20\,mol/L$ の酢酸水溶液 $500\,mL$ に $0.10\,mol$ の酢酸ナトリウムの結晶を加えた水溶液の pH を小数第 1 位まで求めよ。ただし，結晶の溶解により，水溶液の体積は変化しなかったものとする。（酢酸の電離定数；$K_a = 2.7 \times 10^{-5}\,mol/L$, $\log_{10} 2.7 = 0.43$）

137 塩の加水分解とイオンの濃度 ◀テスト必出

　酢酸ナトリウム水溶液について，次の各問いに答えよ。

☐(1)　この水溶液は，酸性，塩基性，ほぼ中性のどれか。

☐(2)　次のア～エのイオンを，水溶液中での濃度が小さい順に並べよ。

　　ア　CH_3COO^-　　　　イ　Na^+　　　　ウ　H^+　　　　エ　OH^-

138 塩の加水分解と pH ◀テスト必出

　次の文章を読んで，あとの各問いに答えよ。(酢酸の電離定数；$K_a = 2.7 \times 10^{-5}$ mol/L，水のイオン積；$K_w = 1.0 \times 10^{-14}$ mol^2/L^2，$\log_{10} 3 = 0.48$)

　酢酸ナトリウムを水に溶かすと，完全に CH_3COO^- と Na^+ に電離し，生じた CH_3COO^- の一部は水と反応して，次の平衡が成り立つ。

　　$CH_3COO^- + H_2O \rightleftarrows$ （ ① ） + （ ② ）

この平衡の電離定数は，$K_h = \dfrac{(\text{③}) \times (\text{④})}{[CH_3COO^-]}$ であり，

酢酸の電離定数は，$K_a = \dfrac{[CH_3COO^-] \times (\text{⑤})}{(\text{⑥})}$ であるから，

K_h は，K_a と水のイオン積 K_w を用いて次のように表される。

　　$K_h = (\text{⑦})$

☐(1)　文章中の（　）内に適する化学式，記号，式を入れよ。

☐(2)　0.10 mol/L の酢酸ナトリウム水溶液の pH を小数第 1 位まで求めよ。

139 2価の酸の電離

　0.10 mol/L の硫化水素水について，次の(1)，(2)の値を求めよ。ただし，H_2S の第 1 段階の電離($H_2S \rightleftarrows H^+ + HS^-$) の平衡定数は $K_1 = 1.0 \times 10^{-7}$ mol/L，第 2 段階の電離($HS^- \rightleftarrows H^+ + S^{2-}$) の平衡定数は $K_2 = 1.3 \times 10^{-14}$ mol/L とする。

☐(1)　pH(小数第 1 位まで)　　　　☐(2)　$[S^{2-}]$

140 溶解度積 ◀テスト必出

　塩化銀の飽和溶液のモル濃度は 1.3×10^{-5} mol/L である。次の各問いに答えよ。

☐(1)　塩化銀の溶解度積を求めよ。

☐(2)　1.0×10^{-3} mol/L の塩化ナトリウム水溶液に 1.0×10^{-3} mol/L の硝酸銀水溶液を同じ体積だけ加えたとき，塩化銀の沈殿が生じるか。

応用問題

解答 → 別冊 *p.38*

141 **◀差がつく** 次の文章の( )内に適する数値を入れよ。(酢酸の電離定数；$K_a = 2.7 \times 10^{-5}$ mol/L, $\sqrt{5.4} = 2.3$, $\log_{10} 3 = 0.48$)

0.20 mol/L の酢酸水溶液中における CH_3COO^- と H^+ の濃度は等しく，(①) mol/L である。

酢酸ナトリウムのように完全に電離して CH_3COO^- を生成する塩が①mol/L より十分高い濃度で共存する場合，H^+ の濃度は酢酸と酢酸ナトリウムの濃度比で決まる。たとえば，酢酸と酢酸ナトリウムの濃度がいずれも 0.20 mol/L となるように調製した混合水溶液では，H^+ の濃度が(②)mol/L で，pH は(③)である。また，pH を 5.0 に調製したければ，酢酸と酢酸ナトリウムの濃度比を 1：(④)にすればよい。

📖 **ガイド** ②は，$[CH_3COOH] = 0.20$ mol/L（酢酸の濃度で近似），$[CH_3COO^-] = 0.20$ mol/L（酢酸ナトリウムの濃度で近似）として考える。

142 **◀差がつく** 0.10 mol/L の酢酸水溶液が 25 mL ある。次の各問いに答えよ。(酢酸の電離定数；$K_a = 2.0 \times 10^{-5}$ mol/L, 水のイオン積；$K_w = 1.0 \times 10^{-14}$ mol²/L² $\log_{10} 2 = 0.30$, $\log_{10} 3 = 0.48$)

(1) この酢酸水溶液に，0.10 mol/L の水酸化ナトリウム水溶液を徐々に加えていったとき，次の水溶液の pH を小数第 1 位まで求めよ。
① 水酸化ナトリウム水溶液を加えていない水溶液。
② 水酸化ナトリウム水溶液を 15 mL 加えた混合水溶液。
③ 水酸化ナトリウム水溶液を 25 mL 加えた混合水溶液。

(2) (1)の①～③の水溶液のうち，緩衝液であるのはどれか。
📖 **ガイド** ②は酢酸と酢酸ナトリウムの混合水溶液。③は酢酸ナトリウムの水溶液。

143 アンモニアの電離定数を 2.3×10^{-5} mol/L として，次の各問いに答えよ。ただし，答えは小数第 1 位まで求めるものとする。($\sqrt{2.3} = 1.5$, $\log_{10} 2 = 0.30$, $\log_{10} 2.3 = 0.36$, $\log_{10} 3 = 0.48$, 水のイオン積；$K_w = 1.0 \times 10^{-14}$ mol²/L²)

(1) 0.10 mol/L のアンモニア水を 10 倍にうすめた水溶液の pH を求めよ。
(2) 0.10 mol/L のアンモニア水と，同じ濃度の塩化アンモニウム水溶液を同体積ずつ混合した混合水溶液の pH を求めよ。
(3) 0.10 mol/L の塩化アンモニウム水溶液の pH を求めよ。
📖 **ガイド** (2)この混合水溶液は緩衝液である。 (3)塩化アンモニウムは加水分解する。

例題研究 **18.** 硫化水素の第1段階，第2段階の電離定数を，それぞれ $K_1 = 1.0 \times 10^{-7}$ mol/L，$K_2 = 1.0 \times 10^{-14}$ mol/L として，次の各問いに答えよ。

(1) ある温度の水に硫化水素を飽和させると，0.10 mol/L の硫化水素水となり，pH は 3.0 であった。この水溶液中の $[S^{2-}]$ を求めよ。

(2) 0.010 mol/L の硫酸銅(Ⅱ)水溶液，0.010 mol/L の塩化マンガン(Ⅱ)の水溶液に，それぞれ硫化水素を吹きこんだ。$[S^{2-}]$ を(1)と同じにしたとき，金属の硫化物は沈殿するか。ただし，CuS，MnS の溶解度積 K_{sp} を，それぞれ 6.5×10^{-30} mol²/L²，1.0×10^{-16} mol²/L² とする。

着眼 (1) $H_2S \rightleftarrows 2H^+ + S^{2-}$ の電離定数を K とすると，$K = K_1 \times K_2$ となる。
(2) 混合した陽イオンと陰イオンの積が K_{sp} より大きいとき沈殿する。

解き方 (1) $H_2S \rightleftarrows H^+ + HS^-$，$HS^- \rightleftarrows H^+ + S^{2-}$ において，

$$K_1 = \frac{[H^+][HS^-]}{[H_2S]}, \quad K_2 = \frac{[H^+][S^{2-}]}{[HS^-]} \quad より，$$

$H_2S \rightleftarrows 2H^+ + S^{2-}$ の電離定数 K は，

$$K = K_1 \times K_2 = (1.0 \times 10^{-7} \text{ mol/L}) \times (1.0 \times 10^{-14} \text{ mol/L})$$
$$= 1.0 \times 10^{-21} \text{ mol}^2/\text{L}^2$$

pH = 3.0 より $[H^+] = 1.0 \times 10^{-3}$ mol/L，$\alpha \ll 1$ より $[H_2S] \fallingdotseq 0.10$ mol/L

よって，$K = \dfrac{[H^+]^2[S^{2-}]}{[H_2S]} = \dfrac{(1.0 \times 10^{-3} \text{ mol/L})^2 \times [S^{2-}]}{0.10 \text{ mol/L}} = 1.0 \times 10^{-21} \text{ mol}^2/\text{L}^2$

∴ $[S^{2-}] = 1.0 \times 10^{-16}$ mol/L

(2) 水溶液中のイオンの濃度の積 $[Cu^{2+}][S^{2-}]$，$[Mn^{2+}][S^{2-}]$ は，ともに，
0.010 mol/L × 1.0×10^{-16} mol/L = 1.0×10^{-18} mol²/L²
CuS；$[Cu^{2+}][S^{2-}] > 6.5 \times 10^{-30}$ mol²/L² より，沈殿する。
MnS；$[Mn^{2+}][S^{2-}] < 1.0 \times 10^{-16}$ mol²/L² より，沈殿しない。

答 (1) 1.0×10^{-16} mol/L (2) CuS；沈殿する，MnS；沈殿しない

144 炭酸カルシウム $CaCO_3$ は，水 100 g に 0.020 g 溶ける。溶解による体積の変化はないものとして，次の各問いに答えよ。(水の密度；1.0 g/cm³，原子量；C = 12，O = 16，Na = 23，Ca = 40)

□(1) 炭酸カルシウムの溶解度積 K_{sp} を求めよ。

□(2) 1.0×10^{-3} mol/L の石灰水 500 mL に炭酸ナトリウム Na_2CO_3 を何 g より多く加えると沈殿を生じるか。

ガイド $[Ca^{2+}]$ と $[CO_3^{2-}]$ の積が K_{sp} より大きくなると沈殿を生じる。

23　元素の分類と性質

テストに出る重要ポイント

- **典型元素**…周期表の **1，2，13〜18族**。同周期では原子番号が増すと価電子の数が増加。※18族を除き，族番号の下 1 桁が価電子の数。
- **遷移元素**… **3〜12族**。同周期では原子番号が増すと**内側の電子殻の電子の数が増加**。左右の元素も性質が類似。すべて金属元素。
- **金属元素**…陽性で，原子が陽イオンになりやすい。周期表の左下側の元素ほど陽性が強い。
- **非金属元素**…すべて典型元素。周期表の右上側（18族は除く）の元素ほど陰性が強く，原子が陰イオンになりやすい。

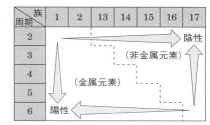

〔例外〕水素は非金属元素であるが，陽イオンになりやすい。

◎ 酸化物の性質

- **酸性酸化物**…陰性が強い元素の酸化物。➡ 非金属元素の酸化物　水と反応してオキソ酸を生じる。$SO_3 + H_2O \longrightarrow H_2SO_4$
- **塩基性酸化物**…陽性が強い元素の酸化物。➡ 金属元素の酸化物　水と反応して水酸化物を生じる。$Na_2O + H_2O \longrightarrow 2NaOH$

族	1	2	13	14	15	16	17
第3周期元素	Na	Mg	Al	Si	P	S	Cl
（陽性・陰性）	強　　　陽性　　　弱			陰性　　　　強			
酸化物	Na_2O　MgO 塩基性酸化物		Al_2O_3 両性酸化物	SiO_2	P_4O_{10}　SO_3　Cl_2O_7 酸性酸化物		
酸化物と水の反応生成物	$NaOH$　$Mg(OH)_2$ 塩基性		$Al(OH)_3$　H_2SiO_3 水に難溶		H_3PO_4　H_2SO_4　$HClO_4$ 酸性		

基本問題 ···································· 解答 ➡ 別冊 *p.40*

145 典型元素と遷移元素①

できたらチェック○

次の(1)〜(10)の元素のうち，非金属元素には **A**，典型元素の金属元素には **B**，遷移元素には **C** を記せ。

- □ (1)　H
- □ (2)　Fe
- □ (3)　Cl
- □ (4)　Na
- □ (5)　Mn
- □ (6)　Al
- □ (7)　Cu
- □ (8)　O
- □ (9)　Ar
- □ (10)　Ca

146 典型元素と遷移元素② ◀テスト必出

次の(1)～(6)の記述のうち，典型元素にあてはまるものには **A**，遷移元素にあてはまるものには **B** を記せ。

- □ (1) すべての非金属元素が属する。
- □ (2) 周期表の5族元素が属する。
- □ (3) すべて金属元素である。
- □ (4) 周期表第1～第3周期の元素が属する。
- □ (5) ハロゲン元素が属する。
- □ (6) 周期表で左右の元素の性質が類似。

147 酸化物の性質

次の物質を，酸性酸化物，塩基性酸化物，両性酸化物に分類せよ。

CO_2, 　K_2O, 　Al_2O_3, 　SO_3, 　Na_2O, 　NO_2, 　CaO, 　ZnO

応用問題 ●●● 解答 ➡ 別冊 *p.41*

できたらチェック○

148 次の(1)～(5)にあてはまるものを（　）内で答えよ。

- □ (1) 非金属元素で陽イオンになりやすい元素（元素記号）。
- □ (2) 最外殻電子が2個の貴ガス（元素記号）。
- □ (3) 原子番号の最も小さいアルカリ金属元素（原子番号と元素記号）。
- □ (4) 原子番号の最も小さい遷移元素（原子番号と元素記号）。
- □ (5) 第2周期の2族元素（原子番号と元素記号）。

📖ガイド　アルカリ金属は1族（ただし，水素は除く）。遷移元素は第4周期の3族から。

149 ◀差がつく　次の表は元素の周期表の一部を示し，**a**～**h** は仮の元素記号である。(1)～(7)にあてはまる元素を **a**～**h** で示せ。

族／周期	1	2	3	4	5	6	7	8	9	10	11	12	13	14	15	16	17	18
1																		
2	a																	h
3		c											e		f	g		
4	b		d															

- □ (1) イオン化エネルギーが最も小さい。
- □ (2) 単体は単原子分子である。
- □ (3) ハロゲン
- □ (4) 原子番号12
- □ (5) 遷移元素
- □ (6) 第2周期のアルカリ金属元素
- □ (7) 3価の陽イオンになりやすい。

150 次の記述のうち，正しいものには○，誤っているものには×を記せ。

- □ (1) 第3周期では，原子番号の大きい元素の酸化物ほど，塩基性が強い。
- □ (2) 第3周期の15族元素の酸化物が水と反応すると，オキソ酸を生じる。
- □ (3) 第3周期の2族元素の酸化物は，塩酸と反応して塩化物の塩を生じる。

24 水素と貴ガス

テストに出る重要ポイント

- **水素**…宇宙に最も多く存在する元素。➡ 地球上では水や有機物のおもな構成成分として存在。
  - ① **製法**…〔実験室〕(a) **水の電気分解**。$2H_2O \longrightarrow 2H_2 + O_2$
    - (b) 亜鉛や鉄に希硫酸を加える。$Zn + H_2SO_4 \longrightarrow ZnSO_4 + H_2$
    - 〔工業的〕石油に高温で水蒸気を作用。$CH_4 + H_2O \longrightarrow CO + 3H_2$
  - ② **性質**
    - (a) **無色・無臭**で水に溶けにくい。また，**最も密度の小さい気体**。
    - (b) 空気中で燃えて水となる。$2H_2 + O_2 \longrightarrow 2H_2O$
    - (c) 高温で還元剤 ➡ $CuO + H_2 \longrightarrow Cu + H_2O$
- **水素化合物**…多くの元素と化合物をつくる。

例

	14族	15族	16族	17族
第2周期	CH_4 メタン	NH_3 アンモニア	H_2O 水	HF フッ化水素
第3周期	SiH_4 シラン	PH_3 ホスフィン	H_2S 硫化水素	HCl 塩化水素

- **貴ガス(希ガス)**…18族；He，Ne，Ar，Kr，Xe，Rn
  - ① **存在**…空気中に微量含まれる。➡ Ar が最も多く 0.934％
  - ② **性質**…**単原子分子**。ほとんど化合しない。安定な電子配置，**価電子数 0**。沸点・融点が低い。➡ 常温ですべて気体(無色・無臭)。He は**沸点(−269℃)・融点(−272℃)が最も低い**。
  - ③ **用途**…He；気球の充塡(じゅうてん)ガス　Ne；ネオンサイン　Ar；電球封入ガス

基本問題

解答 ➡ 別冊 p.41

151 水素の製法と反応 〈テスト必出〉

できたらチェック。

次の(1)～(5)の反応を化学反応式で表せ。

□ (1) 亜鉛に希硫酸を加えた。　□ (2) 水に希硫酸を入れて電気分解した。

□ (3) 空気中で水素を燃焼した。

□ (4) 加熱した酸化銅(Ⅱ)CuO に水素を通じた。

□ (5) 水素と窒素からアンモニア NH_3 を合成した。

152 水素の性質

次の水素 H_2 の性質ア〜オのうち，誤っているものはどれか。

ア　無色・無臭の気体である。　　イ　密度が最も小さい気体である。

ウ　空気中で燃えて水となる。　　エ　高温で還元作用を示す。

オ　水によく溶け，酸性を示す。

153 貴ガス

次の文中の（　　）内に適する語句を入れよ。

貴ガスは周期表の（ ① ）族の元素で，原子の（ ② ）が安定しているため，その単体は（ ③ ）原子分子であり，また，他の元素と（ ④ ）をつくりにくい。すべての物質のなかで最も沸点・融点が低い（ ⑤ ）は，密度が小さく，反応しないことから気球用の気体に用いられる。また，貴ガスのうち，空気中に最も多く含まれる（ ⑥ ）は電球に封入するガスとして用いられる。

応用問題 （できたらチェック）解答 ➡ 別冊 *p.42*

154 次のア〜エの反応のうち，水素が発生しないものはどれか。

ア　鉄に希塩酸を加えた。

イ　ナトリウムの固体を水に加えた。

ウ　銅に希硫酸を加えた。

エ　水に水酸化ナトリウム水溶液を加えて電気分解した。

📖 ガイド　金属単体と酸や水との反応は，金属のイオン化傾向から考える。

155 ◀ 差がつく　次の記述①〜⑩のうち，水素に関するものは **A**，ヘリウムに関するものは **B**，水素とヘリウムの両方に共通のものは **C** と答えよ。

① 無色・無臭の気体である。　　② 空気中で燃える。

③ 化合物をつくりにくい。　　　④ 単原子分子である。

⑤ 空気より密度が小さい。　　　⑥ 還元性がある。

⑦ 非金属元素である。　　　　　⑧ 沸点が最も低い。

⑨ 原子は陽イオンになりやすい。

⑩ イオン化エネルギーが最も大きい。

25 ハロゲン

- **ハロゲン**…17族元素；F，Cl，Br，I，At
  - ▶原子…価電子 7 個 ➡ **1 価の陰イオン**になりやすい。
    └1個電子を受け取る。
- **ハロゲン単体**…原子番号の順に融点・沸点が高くなる。

	フッ素 F_2	塩素 Cl_2	臭素 Br_2	ヨウ素 I_2
常温の状態	淡黄色の気体	黄緑色の気体	赤褐色の液体	黒紫色の固体
酸化力	強 ＿＿＿＿＿＿＿＿＿＿＿＿＿＿＿＿＿＿ 弱			
水との反応	激しく反応①	少し溶ける②	わずかに溶ける	溶けない
H_2 との反応	冷暗所で爆発的に反応	光で爆発的に反応	高温で反応	高温で一部が反応

※① $2F_2 + 2H_2O \longrightarrow 4HF + O_2$　　② 一部反応；$Cl_2 + H_2O \rightleftharpoons HCl + HClO$

- **塩素 Cl_2**…〔製法〕(a) 酸化マンガン(Ⅳ)と濃塩酸を加熱。

  $$MnO_2 + 4HCl \longrightarrow MnCl_2 + 2H_2O + Cl_2$$

  ※ Cl_2 に混じっている塩化水素を水で除いた後，濃硫酸で乾燥させて捕集する。

  (b) さらし粉に塩酸。$CaCl(ClO) \cdot H_2O + 2HCl \longrightarrow CaCl_2 + 2H_2O + Cl_2$
  └高度さらし粉 $Ca(ClO)_2 \cdot 2H_2O$ の場合もある。

  〔性質〕刺激臭のある有毒な重い気体。強い酸化作用をもつ。➡ 水素や金属と激しく反応する。漂白・殺菌作用あり。

  〔検出〕ヨウ化カリウムデンプン紙を青変。

- **ヨウ素 I_2**…昇華性。デンプン水溶液を青変。➡ ヨウ素デンプン反応
  └青～青紫色
- **ハロゲン化水素**…いずれも無色・刺激臭の気体で，水によく溶ける。

  ① **フッ化水素 HF**…〔製法〕$CaF_2 + H_2SO_4 \longrightarrow CaSO_4 + 2HF$
  └ホタル石
  〔性質〕他のハロゲン化水素に比べて沸点が異常に高い。弱酸。
  他のハロゲン化水素は強酸。┘
  ガラスを溶かす。➡ $SiO_2 + 6HF \longrightarrow H_2SiF_6 + 2H_2O$

  ② **塩化水素 HCl**…〔製法〕$NaCl + H_2SO_4 \longrightarrow NaHSO_4 + HCl$
  〔性質〕水溶液は塩酸。NH_3 に触れると白煙。$HCl + NH_3 \longrightarrow NH_4Cl$
  これが白煙の正体。┘

基本問題 ··· 解答 ➡ 別冊 *p.42*

156 ハロゲン
できたらチェック○

ハロゲンについて，次の(1)～(4)の数値を示せ。

☐ (1) 周期表の族　　　　　　☐ (2) 原子の価電子の数

☐ (3) 安定な陰イオンの価数　☐ (4) 単体分子の構成原子数

157 ハロゲン単体 ◀テスト必出

次の(1)～(4)のそれぞれの（　）に，F_2，Cl_2，Br_2，I_2のいずれかを入れよ。

- □ (1) 沸点・融点の高さの順：（ ア ）＞（ イ ）＞（ ウ ）＞（ エ ）
- □ (2) 常温・常圧における状態

  黄緑色の気体：（ オ ）　赤褐色の液体：（ カ ）　黒紫色の固体：（ キ ）
- □ (3) 酸化力の強さ：（ ク ）＞（ ケ ）＞（ コ ）＞（ サ ）
- □ (4) 常温の水と激しく反応する：（ シ ）

  📖ガイド　ハロゲンの性質は，原子番号の順に変化する。

158 塩素の性質

次の記述①～⑤のうち，塩素の性質であるものには〇，塩素の性質ではないものには×を記せ。

- □ ① 黄緑色で刺激臭があり，また，有毒で空気より重い気体。
- □ ② 冷水と激しく反応して酸素を発生する。
- □ ③ 水素や金属と激しく反応して塩化物となる。
- □ ④ 強い還元性があり，漂白・殺菌作用を示す。
- □ ⑤ 湿ったヨウ化カリウムデンプン紙を青色にする。

159 ハロゲン化水素 ◀テスト必出

次の記述①～⑦のうち，HF の性質には **A**，HCl の性質には **B**，HF と HCl の両方に共通する性質には **C** を記せ。ただし，常温における性質とする。

- □ ① 無色で刺激臭のある気体。
- □ ② 水溶液は強い酸性を示す。
- □ ③ 水溶液は弱い酸性を示す。
- □ ④ ガラスを溶かす。
- □ ⑤ 水によく溶ける。
- □ ⑥ 冷却すると，容易に液体になる。
- □ ⑦ アンモニアに触れると白煙が生じる。

  📖ガイド　HF は他のハロゲン化水素と異なる性質をもつ。

160 ハロゲンの種々の反応

次の(1)～(4)の変化を化学反応式で表せ。

- □ (1) さらし粉に塩酸を加えた。
- □ (2) 加熱した銅を塩素ガス中に入れた。
- □ (3) 塩化ナトリウムと濃硫酸を加熱した。
- □ (4) 塩化水素とアンモニアを触れさせると白煙が生じた。

応用問題

解答 → 別冊 *p.43*

161 次のア～エの反応のうち，起こりにくいものはどれか。

ア　$2KBr + Cl_2 \longrightarrow 2KCl + Br_2$

イ　$2KI + Cl_2 \longrightarrow 2KCl + I_2$

ウ　$2KI + Br_2 \longrightarrow 2KBr + I_2$

エ　$2KF + Cl_2 \longrightarrow 2KCl + F_2$

📖ガイド　酸化力の強さは，$F_2 > Cl_2 > Br_2 > I_2$

162 ◀差がつく　右図のような装置で塩素を発生させ，捕集したい。これについて，次の(1)～(4)の問いに答えよ。

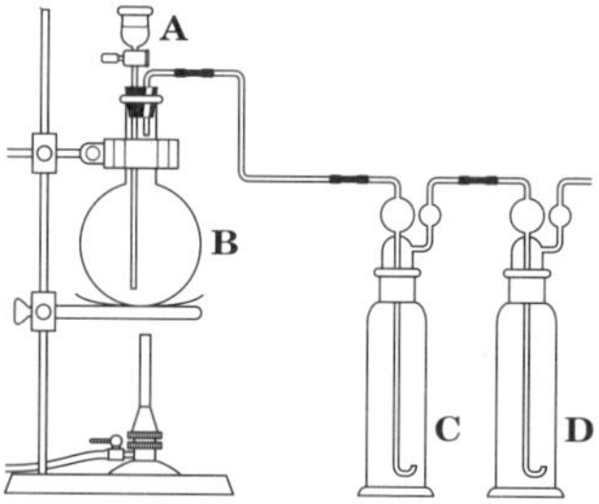

(1) 器具 **A**，**B**，**C**，**D** に入れる物質として最も適当なものを，次の物質群よりそれぞれ選べ。

〔物質群〕水，塩化ナトリウム，濃硫酸，濃塩酸，水酸化ナトリウム，酸化マンガン(Ⅳ)

(2) 器具 **B** 内における反応を，化学反応式で表せ。

(3) 器具 **C** および **D** 内の物質はそれぞれどのようなはたらきをするか。

(4) 発生した塩素は次のどの方法で捕集するか。

ア　水上置換　　　イ　上方置換　　　ウ　下方置換

📖ガイド　水に，塩化水素はよく溶け，塩素は少し溶ける。塩素は空気より重い気体である。

163 次の①～④の操作について，下の(1)～(3)にあてはまるものをそれぞれすべて選び，番号で答えよ。

①　さらし粉に希塩酸を加えた。

②　塩化ナトリウムに濃硫酸を加えて加熱した。

③　フッ化カルシウムに濃硫酸を加えて加熱した。

④　食塩水を電気分解した。

(1) 塩素が発生するのはどの操作か。

(2) 水に溶かしたとき，強い酸性を示す気体を発生するのはどの操作か。

(3) ガラスの容器で捕集できないのはどの操作か。

164 次の(1)～(6)にあてはまる物質を下の物質群よりそれぞれ選び，化学式で答えよ。

□ (1) 常温で赤褐色の液体である。

□ (2) ガラスを溶かすので，ポリエチレン容器に保存する。

□ (3) 水溶液は強い酸性を示し，また，アンモニアに触れると白煙を生じる。

□ (4) 水と激しく反応して酸素を発生する。

□ (5) 常温で黄緑色の重い気体である。

□ (6) デンプン水溶液と反応して青紫色を呈する。

　　〔物質群〕　フッ素，　塩素，　臭素，　ヨウ素，　フッ化水素，　塩化水素

165 **◀差がつく** ハロゲンには，原子番号の順にフッ素，塩素，臭素，ヨウ素さらにアスタチンがある。アスタチンに関する次の(1)～(5)の問いに答えよ。ただし，アスタチンの元素記号は At である。

□ (1) アスタチンの単体は，常温・常圧で，固体，液体，気体のいずれか。

□ (2) アスタチンの単体の分子式を記せ。

□ (3) アスタチンと水素の化合物の化学式を記せ。

□ (4) アスタチンと水素との化合物は，常温・常圧で，固体，液体，気体のいずれであると考えられるか。

□ (5) アスタチンと水素との化合物は，強酸性，弱酸性，中性のいずれであると考えられるか。

　　📖**ガイド**　ハロゲンは，原子番号が大きくなるほど融点・沸点が高くなることに着目して，アスタチンについて推定する。

□ **166** 次のア～クの記述のうち，正しいものを 2 つ選べ。

　　ア　ハロゲンは，いずれも天然に単体として産出する。

　　イ　ハロゲンの単体は，常温・常圧で気体か液体のどちらかである。

　　ウ　ハロゲンの単体は，いずれも二原子分子からなる。

　　エ　ハロゲン化水素の水溶液は，いずれも褐色のガラス容器に保管される。

　　オ　塩素の漂白作用は，その強い還元力による。

　　カ　塩素を水に溶かすと塩化水素と次亜塩素酸が生じる。

　　キ　塩化カリウムに臭素を作用させると，臭化カリウムと塩素が生じる。

　　ク　フッ化水素酸は，塩酸と同様に強酸である。

26 酸素と硫黄

★テストに出る重要ポイント

- **酸素と硫黄**…16族元素。価電子の数は6 ➡ **2価の陰イオン**になりやすい。
  <small>2個電子を受け取った状態。</small>
- **酸素 O_2**…〔存在・製法〕空気中に約21% ➡ **液体空気の分留**で得る。
  実験室；過酸化水素水に酸化マンガン(Ⅳ) ➡ $2H_2O_2 \longrightarrow 2H_2O + O_2$
  <small>─触媒</small>
  〔性質〕無色・無臭の気体。多くの元素と結びついて**酸化物**となる。
- **オゾン O_3**…〔所在・製法〕**オゾン層**。酸素中で**無声放電** ➡ $3O_2 \longrightarrow 2O_3$
  <small>火花を飛ばさないで行う放電</small>
  〔性質〕淡青色・特異臭。**酸化作用** ➡ ヨウ化カリウムデンプン紙を青変。
- **硫黄の同素体**…**斜方硫黄・単斜硫黄**；CS_2 に可溶。**ゴム状硫黄**；CS_2 に不溶。いずれも空気中で燃えて二酸化硫黄となる。➡ $S + O_2 \longrightarrow SO_2$
- **二酸化硫黄 SO_2**…〔製法〕$Cu + 2H_2SO_4 \longrightarrow CuSO_4 + 2H_2O + SO_2$（加熱）
  <small>─銅に熱濃硫酸を作用させる。</small>
  $2NaHSO_3 + H_2SO_4 \longrightarrow Na_2SO_4 + 2H_2O + 2SO_2$
  <small>─亜硫酸水素ナトリウムに希硫酸を加える。</small>
  〔性質〕無色・刺激臭の有毒な気体。**還元性**あり，水に溶けて弱い酸性。
- **硫化水素 H_2S**…〔製法〕$FeS + H_2SO_4 \longrightarrow FeSO_4 + H_2S$
  <small>─弱酸の塩＋強酸→弱酸が生成。</small>
  〔性質〕無色・**腐卵臭**の有毒な気体。**還元性**あり，水に溶けて弱い酸性。
  種々の金属イオンを沈殿させる。➡ $Cu^{2+} + S^{2-} \longrightarrow CuS \downarrow$
- **硫酸 H_2SO_4**…〔製法〕$2SO_2 + O_2 \longrightarrow 2SO_3$（触媒 V_2O_5）
  $SO_3 + H_2O \longrightarrow H_2SO_4$ 〕**接触法**
  〔性質〕**濃硫酸**；不揮発性の液体。**吸湿性**（乾燥剤）・**脱水作用**。加熱すると強い**酸化作用**。➡ Cu，Ag と反応。**希硫酸**；強い酸性。
  <small>熱濃硫酸</small>

基本問題 ●●●●●●●●●●●●●●●●●●●●●●●●●●●●● 解答 ➡ 別冊 *p.44*

167 酸素と硫黄

<small>できたらチェック</small> 次の(1)〜(4)は，いずれも16族元素の単体についての記述である。（　）内に適する語句を入れ，それぞれの記述が示す物質の名称を答えよ。

□(1) 空気中に約21%含まれ，工業的には（　）の分留で得られる。

□(2) 硫黄の同素体のうち常温で最も安定で，分子は（　）個の原子からなる。

□(3) 250℃近くに加熱した液体の硫黄を急冷すると得られ，分子は長い鎖状で，（　）性がある。

□(4) 酸素中で紫外線を当てたり（ ① ）を行ったりすると発生する淡青色・特異臭の気体で，（ ② ）作用が強く，湿らせたヨウ化カリウムデンプン紙を青変する。

□ **168** 硫黄の化合物 ◀テスト必出

次の文中の（　）内に適する語句を入れよ。

硫黄を空気中で燃やすと生成する気体は（　①　）といい，（　②　）作用をもつので紙などの漂白に用いられる。この気体を酸化バナジウム(V)を（　③　）として酸化すると（　④　）を生成し，この生成物を水と反応させると（　⑤　）を生じる。この一連の反応で表される硫酸の工業的製法を（　⑥　）法という。

硫黄の水素化合物である（　⑦　）は，無色・腐卵臭の気体で，水に溶けると一部電離して水素イオンを生じるため，弱い（　⑧　）性を示す。同時に生じる（　⑨　）イオンは，銅(Ⅱ)イオンと反応して黒色の（　⑩　）の沈殿を生じる。

169 酸素と硫黄の化合物の生成反応

次の(1)～(4)の操作で起こる反応を化学反応式で表せ。

□ (1)　過酸化水素水に酸化マンガン(Ⅳ)を加えた。

□ (2)　亜硫酸ナトリウムに希硫酸を加えた。

□ (3)　硫化鉄(Ⅱ)に希硫酸を加えた。　　□ (4)　銅に濃硫酸を加えて加熱した。

応用問題 ●●●●●●●●●●●●●●●●●●●●●●●●●●●● 解答 ➡ 別冊 *p.44*

170 ◀差がつく　次の①～⑨について，SO_2 にあてはまるものには **A**，H_2S にあてはまるものには **B**，どちらにもあてはまるものには **C** を記せ。

□ ①　無色の気体　　　　　　　　　　□ ②　有毒な気体

□ ③　腐卵臭の気体　　　　　　　　　□ ④　刺激臭の気体

□ ⑤　水に溶けて弱い酸性を示す。　　□ ⑥　還元性を示す。

□ ⑦　硫黄が燃えると生じる。　　　　□ ⑧　SO_2 と H_2S との反応の酸化剤

□ ⑨　$CuSO_4$ 水溶液に通じると黒色沈殿を生じる。

171 下の①～④の反応における硫酸の作用は，おもに次のどの性質によるか。

ア　強い酸性(希硫酸)　　イ　不揮発性　　ウ　脱水作用　　エ　酸化作用

□ ①　銅に硫酸を加えて加熱して二酸化硫黄を発生させた。

□ ②　亜鉛に硫酸を加えて水素を発生させた。

□ ③　塩化ナトリウムに硫酸を加えて加熱して塩化水素を発生させた。

□ ④　スクロース(ショ糖)に硫酸を滴下すると，黒色(炭素)となった。

　📖ガイド　強い酸性(希硫酸)は H^+ による性質である。

27 窒素とリン

★テストに出る重要ポイント

- **窒素とリン**…15族の非金属元素。価電子の数は 5 。
- **窒素 N_2**…〔存在・製法〕空気中に約78 % ➡ 液体空気の分留で得る。

  実験室；亜硝酸アンモニウムを加熱する。➡ $NH_4NO_2 \longrightarrow N_2 + 2H_2O$

  〔性質〕無色・無臭。常温で安定，高温・高圧では反応する。
  ┗自動車のエンジン内など
- **一酸化窒素 NO**…無色の気体。水に溶けにくい。空気中で NO_2 に変化。

  〔製法〕銅に希硝酸 ➡ $3Cu + 8HNO_3 \longrightarrow 3Cu(NO_3)_2 + 4H_2O + 2NO$
- **二酸化窒素 NO_2**…赤褐色・刺激臭・有毒な気体。水に溶けて硝酸を生成。

  〔製法〕銅に濃硝酸 ➡ $Cu + 4HNO_3 \longrightarrow Cu(NO_3)_2 + 2H_2O + 2NO_2$
- **アンモニア NH_3**

  〔製法〕工業的；ハーバー・ボッシュ法

  $$\longrightarrow N_2 + 3H_2 \longrightarrow 2NH_3（触媒；四酸化三鉄 Fe_3O_4）$$

  実験室；$2NH_4Cl + Ca(OH)_2 \xrightarrow{加熱} CaCl_2 + 2NH_3 + 2H_2O$
  ┗捕集時の乾燥剤；ソーダ石灰
  〔性質〕無色・刺激臭の気体。水によく溶け，弱塩基性。

  濃塩酸に触れると白煙。➡ $NH_3 + HCl \longrightarrow NH_4Cl$
- **硝酸 HNO_3**…〔製法〕$4NH_3 + 5O_2 \longrightarrow 4NO + 6H_2O（Pt 触媒）$｜オスト
  $2NO + O_2 \longrightarrow 2NO_2$ ｜ワルト法
  $3NO_2 + H_2O \longrightarrow 2HNO_3 + NO$

  〔性質〕光で分解。強酸。強い酸化作用。➡ Al, Fe, Ni と不動態。
  ┗褐色びんで保存。
- 黄リン…淡黄色ろう状固体。猛毒。➡ 水中に保存，CS_2 に可溶。
  自然発火のおそれあり。
  赤リン…赤褐色粉末。毒性少ない。自然発火しない。CS_2 に不溶。
- **十酸化四リン P_4O_{10}**…白色粉末，吸湿性あり ➡ 乾燥剤
- **リン酸 H_3PO_4**…無色の結晶，潮解性。$P_4O_{10} + 6H_2O \xrightarrow{加熱} 4H_3PO_4$
  ちょうかい

基本問題 ••••••••••••••••••••••••••••••••••• 解答 ➡ 別冊 *p.45*

172 N_2・NO・NO_2

次の記述①〜⑥は，N_2，NO，NO_2 のどれにあてはまるか。

- □ ① 赤褐色の気体。
- □ ② 空気に触れると赤褐色に変化する。
- □ ③ 空気中に約78 %存在。
- □ ④ 銅に希硝酸を加えると発生。
- □ ⑤ 水に溶けて酸性を示す。
- □ ⑥ 亜硝酸アンモニウムを加熱して生成。

173 アンモニアと硝酸 ◀テスト必出

□ (1) 次のア〜エのうち，アンモニアの性質でないものはどれか。

ア　無色・刺激臭のある気体。　　　イ　容易に液体になる。

ウ　水に溶け，弱い酸性を示す。　　エ　濃塩酸を近づけると白煙が生成。

□ (2) 次のア〜エのうち，濃硝酸の性質でないものはどれか。

ア　やや揮発性の液体。　　　　　　イ　鉄を溶かす。

ウ　銅を溶かす。　　　　　　　　　エ　金は溶かさない。

□ **174** リンとその化合物

次の文中の（　　）内に適する語句を入れよ。

リンの単体には黄リンや（　①　）などの（　②　）がある。黄リンは（　③　）色の固体であり，自然発火するため（　④　）中に保存する。黄リンも（　①　）も空気中で燃やすと（　⑤　）になる。これは吸湿性が強く，（　⑥　）として用いられ，また，（　⑤　）を水に加えて加熱すると（　⑦　）となる。

応用問題 ●●●●●●●●●●●●●●●●●●●●●●●●●●●●●●●●●●●●●●● 解答 ➡ 別冊 *p.45*

175 右図は，塩化アンモニウムと水酸化カルシウムからアンモニアを発生させる装置である。次の問いに答えよ。

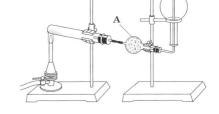

□ (1) このときの反応を化学反応式で表せ。

□ (2) 図の **A** に入れる試薬を次から選べ。

ア　十酸化四リン　　　イ　塩化カルシウム　　　ウ　ソーダ石灰

□ (3) アンモニアがフラスコに満ちたことを調べる試薬を，次から1つ選べ。

ア　濃硫酸　　　イ　濃塩酸　　　ウ　濃硝酸　　　エ　水酸化カルシウム

176 ◀差がつく　次の文を読み，問いに答えよ。原子量；H = 1.0, N = 14, O = 16

硝酸を工業的につくるには，(a)アンモニアと空気の混合物を加熱した白金網に触れさせて一酸化窒素をつくり，(b)この一酸化窒素を空気に触れさせて二酸化窒素とする。(c)二酸化窒素を水に溶かすと硝酸が得られる。

□ (1) 下線部(a)〜(c)を化学反応式で表せ。　　□ (2) この製法を何というか。

□ (3) 63 ％（質量%）の硝酸を200 g つくるには，アンモニアは何 g 必要か。

📖 ガイド　(3) NH₃ 1 mol から HNO₃ 1 mol が得られる。

28 炭素とケイ素

テストに出る重要ポイント

- **炭素とケイ素**…14族の非金属元素。価電子の数は 4 。
- **炭素 C**…有機化合物を構成するおもな元素。
  単体；ダイヤモンド，黒鉛，フラーレンなどの同素体。
  └分子式 C_{60}, C_{70} など
- **炭素の酸化物**…CO_2 は酸性酸化物，CO は酸性酸化物ではない。
  └共有結合の結晶
  ① **二酸化炭素 CO_2**…無色・無臭の気体。水に少し溶けて弱酸性。石灰水を白濁する。➡ $Ca(OH)_2 + CO_2 \longrightarrow CaCO_3\downarrow + H_2O$
  〔製法〕石灰石に塩酸。➡ $CaCO_3 + 2HCl \longrightarrow CaCl_2 + CO_2\uparrow + H_2O$
  ② **一酸化炭素 CO**…無色・無臭の気体。有毒。水に難溶。還元性あり。
  〔製法〕ギ酸を濃硫酸で脱水。➡ $HCOOH \longrightarrow H_2O + CO$
- **ケイ素 Si**…元素；地殻の構成元素として酸素に次いで多い。
  単体；天然には存在しない。ダイヤモンドと同じ構造。半導体。
- **二酸化ケイ素 SiO_2**…水晶・石英・けい砂の成分。
  └共有結合の結晶
  $NaOH$ や Na_2CO_3 と加熱するとケイ酸ナトリウム Na_2SiO_3 が生成。
- **ケイ酸塩**…SiO_2 と塩基を反応させて得られる化合物。 例 Na_2SiO_3
  ① **水ガラス**…ケイ酸ナトリウムと水を加熱してできる粘性のある液体。
  ② **ケイ酸**…水ガラスの水溶液に塩酸を加えると，白色ゲル状のケイ酸 $SiO_2 \cdot nH_2O$（$n = 1$ の場合 H_2SiO_3）が得られる。
  ③ **シリカゲル**…ケイ酸を加熱すると得られる多孔質の固体。
  └吸着剤・乾燥剤
  ④ **セラミックス**…陶磁器，ガラス，セメントなどの非金属材料。ケイ酸塩が原料。 例 ソーダ石灰ガラス（成分：SiO_2, Na_2O など）
  └安価で広く利用されている。

基本問題 •• 解答 ➡ 別冊 *p.46*

177 ダイヤモンドと黒鉛

できたらチェック

次の記述(1)〜(6)について，ダイヤモンドにあてはまるものには **A**，黒鉛にあてはまるものには **B**，どちらにもあてはまるものには **C** を記せ。

☐ (1) 非常に硬い。　　☐ (2) 炭素からなる。　　☐ (3) 電気を通す。

☐ (4) 無色・透明。　　☐ (5) 共有結合の結晶　　☐ (6) 軟らかい。

178 炭素の酸化物 ◀テスト必出

次の①～⑤の記述について，それぞれ CO_2 の性質，CO の性質，両方の性質のどれを述べたものか答えよ。

☐ ①　水に溶けて弱い酸性を示す。　　☐ ②　空気中で燃える。

☐ ③　無色・無臭の気体である。　　☐ ④　石灰水に吸収される。

☐ ⑤　有毒な気体である。

☐ **179** ケイ素とその化合物

次の文中の（　）内に適する語句を入れよ。

ケイ素は天然に（ ① ）としては存在しないが，地殻の成分元素として（ ② ）に次いで多く含まれる。ケイ素の単体は（ ③ ）として電子機器に用いられる。二酸化ケイ素は，天然に（ ④ ）や水晶・けい砂などとして産出する。二酸化ケイ素を水酸化ナトリウムとともに融解すると（ ⑤ ）が得られる。これに水を加えて熱すると，粘性のある水溶液となり，この水溶液は（ ⑥ ）とよばれる。

ソーダ石灰ガラスに代表されるガラスは，Na などを含むケイ酸塩であり，構成粒子の配列が不規則な（ ⑦ ）とよばれる状態の物質である。ガラスのほか，陶磁器，セメントなどの，ケイ酸塩を原料として製造されたものを（ ⑧ ）とよぶ。

応用問題 ●●●●●●●●●●●●●●●●●●●● 解答 ➡ 別冊 *p.46*

180 次の文を読んで，下の(1)・(2)の問いに答えよ。

(a)ギ酸に濃硫酸を加えると（ ① ）が発生し，(b)石灰石に塩酸を加えると（ ② ）が発生する。(c)（ ① ）は空気中で燃えて（ ② ）となる。(d)（ ② ）を石灰水に通じると（ ③ ）を生じて白濁する。(e)さらに（ ② ）を通じると（ ③ ）の白濁が消える。

☐ (1)　①～③に物質名を入れよ。　　☐ (2)　下線部(a)～(e)を化学反応式で表せ。

181 ◀差がつく　次の記述(1)～(5)のうち，正しいものには○，誤っているものには×を記せ。

☐ (1)　炭素・ケイ素は同族元素で，CO_2 と SiO_2 は沸点などの性質が似ている。

☐ (2)　CO と CO_2 の混合気体から CO_2 を除くには，$NaOH$ 水溶液を通すとよい。

☐ (3)　ケイ素の単体もダイヤモンド同様，原子が次々に共有結合した結晶である。

☐ (4)　石英も水晶も SiO_2 からなり，互いに同素体である。

☐ (5)　水ガラス，ソーダ石灰ガラス，シリカゲルは，成分元素にケイ素を含む。

📖 ガイド　C, Si, SiO_2 は，共有結合の結晶をつくる。同素体は単体の場合である。

29 気体の製法と性質

○ **気体の製法と捕集**…実験室での製法。有機化合物を除く。

気体	化学反応式	捕集
H_2	$Zn + H_2SO_4(希硫酸) \longrightarrow ZnSO_4 + H_2\uparrow$	水上
N_2	$NH_4NO_2 \xrightarrow{加熱} 2H_2O + N_2\uparrow$	水上
O_2	$2H_2O_2 \longrightarrow 2H_2O + O_2\uparrow$ 〔触媒；酸化マンガン(IV)〕	水上
O_3	$3O_2 \longrightarrow 2O_3(無声放電)$	—
Cl_2	$MnO_2 + 4HCl \xrightarrow{加熱} MnCl_2 + 2H_2O + Cl_2\uparrow$ $CaCl(ClO)\cdot H_2O + 2HCl \longrightarrow CaCl_2 + 2H_2O + Cl_2\uparrow$ └ 高度さらし粉 $Ca(ClO)_2\cdot 2H_2O$ の場合もある。	下方
NH_3	$2NH_4Cl + Ca(OH)_2 \xrightarrow{加熱} CaCl_2 + 2H_2O + 2NH_3\uparrow$	上方
H_2S	$FeS + H_2SO_4(希硫酸) \longrightarrow FeSO_4 + H_2S\uparrow$	下方
HCl	$NaCl + H_2SO_4(濃硫酸) \xrightarrow{加熱} NaHSO_4 + HCl\uparrow$	下方
CO_2	$CaCO_3 + 2HCl \longrightarrow CaCl_2 + H_2O + CO_2\uparrow$	下方
CO	$HCOOH(ギ酸) \xrightarrow{加熱} H_2O + CO\uparrow$ (濃硫酸で脱水)	水上
NO_2	$Cu + 4HNO_3(濃硝酸) \longrightarrow Cu(NO_3)_2 + 2H_2O + 2NO_2\uparrow$	下方
NO	$3Cu + 8HNO_3(希硝酸) \longrightarrow 3Cu(NO_3)_2 + 4H_2O + 2NO\uparrow$	水上
SO_2	$Cu + 2H_2SO_4(濃硫酸) \xrightarrow{加熱} CuSO_4 + 2H_2O + SO_2\uparrow$ $Na_2SO_3 + H_2SO_4(希硫酸) \longrightarrow Na_2SO_4 + H_2O + SO_2\uparrow$	下方

○ **気体の性質**…有機化合物を除く。

	H_2	N_2	O_2	O_3	Cl_2	NH_3	H_2S	HCl	CO_2	CO	NO_2	NO	SO_2
水に可溶				○	○	○	○	○	○		○		○
有色				○	○						○		
有毒				○	○	○	○	○		○	○	○	○
においあり				○	○	○	○	○			○		○
水溶液が酸性					○		○	○	○		○		○
水溶液が塩基性						○							
酸化剤の性質			○	○	○								○
還元剤の性質	○						○			○			○

▶ 色 ➡ O_3；淡青色，Cl_2；黄緑色，NO_2；赤褐色

▶ におい ➡ O_3；特異臭，H_2S；腐卵臭，他は刺激臭

○ **気体の乾燥**…中性の気体はどの乾燥剤でもよい。

▶ 酸性の気体の乾燥剤；<u>濃硫酸</u>(酸性)，P_4O_{10}(酸性)，$CaCl_2$(中性)
  └ H_2S は反応するので不適当。

▶ 塩基性の気体の乾燥剤；<u>ソーダ石灰</u>(塩基性)，CaO(塩基性)
  └ NH_3 には $CaCl_2$(中性)は反応するので不適当。

基本問題 ·· 解答 ➡ 別冊 *p.47*

182 気体の発生

次の気体(1)～(6)を発生させるのに適する物質を，下の物質群より選べ。それぞれの気体について，必要な物質は **2 種類**である。

- □ (1)　酸素
- □ (2)　二酸化硫黄
- □ (3)　アンモニア
- □ (4)　塩化水素
- □ (5)　二酸化窒素
- □ (6)　塩素

　〔物質群〕　ア　銅　　　　　　　イ　塩化アンモニウム　　　　ウ　濃硝酸
　　　　　　エ　酸化マンガン(Ⅳ)　　　オ　塩化ナトリウム　　　　　カ　濃硫酸
　　　　　　キ　濃塩酸　　　　ク　過酸化水素水　　　ケ　水酸化カルシウム

183 気体の発生・乾燥・捕集法

次の **a ～ e** の操作で気体を発生させた。あとの各問いに答えよ。

- **a.** さらし粉に濃塩酸を加えた。　　　　**b.** 銅に希硝酸を加えた。
- **c.** 塩化アンモニウムに水酸化カルシウムを加えて加熱した。
- **d.** 炭酸カルシウムに塩酸を加えた。　　　**e.** 硫化鉄(Ⅱ)に希硫酸を加えた。

- □ (1)　**a ～ e** の操作で起こった反応を化学反応式で表せ。
- □ (2)　**a ～ e** で発生した気体の乾燥に適さないものをそれぞれ次からすべて選べ。
　ア　濃硫酸　　　イ　塩化カルシウム　　　ウ　ソーダ石灰
- □ (3)　**a ～ e** で発生した気体の捕集法は，上方置換・下方置換・水上置換のどれか。

184 気体の性質　◀ テスト必出

次の(1)～(9)にあてはまる気体を下のア～コより選べ。

- □ (1)　黄緑色の重い気体。
- □ (2)　無色・腐卵臭の気体。
- □ (3)　無色の気体で，空気に触れると赤褐色になる。
- □ (4)　無色・無臭の有毒な気体で，点火すると青白い炎をあげて燃える。
- □ (5)　無色・刺激臭の気体で，湿った赤色リトマス紙を青色にする。
- □ (6)　無色・刺激臭の気体で，還元性を示す。
- □ (7)　無色・刺激臭の気体で，水溶液は強い酸性を示す。
- □ (8)　赤褐色・刺激臭の気体で，水溶液は強い酸性を示す。
- □ (9)　淡青色・特有のにおいの気体で，ヨウ化カリウムデンプン紙を青変する。

　ア　SO_2　　イ　CO_2　　ウ　HCl　　エ　NO_2　　オ　Cl_2
　カ　NH_3　　キ　H_2S　　ク　O_3　　ケ　CO　　コ　NO

応用問題 •• 解答 ➡ 別冊 *p.47*

185 次の **a ～ e** は気体を発生させる操作である。(1), (2)の問いに答えよ。

a. 炭酸ナトリウムに希塩酸を加える。

b. 塩化アンモニウムと水酸化カルシウムの混合物を加熱する。

c. 濃硝酸に銅片を加える。　　　　**d.** 硫化鉄(Ⅱ)に希硫酸を加える。

e. 塩化ナトリウムに濃硫酸を加えて加熱する。

□ (1)　**a ～ e** の操作で起こる反応の化学反応式を記せ。

□ (2)　次の①～⑤の気体を発生させる操作を, **a ～ e** から重複しないように選べ。

① 刺激臭があり, 水によく溶けて弱塩基性を示す気体。

② 腐卵臭があり, 水に少し溶けて弱酸性を示し, 還元作用をもつ気体。

③ 無色・無臭で, 水に少し溶けて弱酸性を示す気体。

④ 刺激臭があり, 水溶液は強酸性を示す気体。

⑤ 赤褐色・有毒で, 水溶液は強酸性を示す気体。

186 **◖差がつく** 次の図の **A ～ E** は, 記述した気体を発生させる装置を示したものである。下の(1)～(3)の問いに答えよ。ただし, (2), (3)は正しい試薬を用いた場合について答えよ。

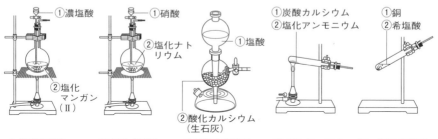

A 塩素の発生　　**B** 塩化水素の発生　　**C** 二酸化炭素の発生　　**D** アンモニアの発生　　**E** 一酸化窒素の発生

□ (1)　図 **A ～ E** のいずれにおいても, 用いた2つの試薬①, ②のうち1つは不適当である。不適当な試薬を①, ②から1つ選び, 正しい試薬名を書け。

□ (2)　図 **A ～ E** それぞれの気体の捕集方法として適当なものを次から選べ。

　　ア　水上置換　　　イ　上方置換　　　ウ　下方置換

□ (3)　図 **A ～ E** それぞれの気体の検出方法として適当なものを, 次から選べ。

　　ア　空気にふれさせる。　　イ　濃塩酸を近づける。　　ウ　石灰水に通す。

　　エ　硫酸にふれさせる。　　オ　濃アンモニア水を近づける。

　　カ　湿ったヨウ化カリウムデンプン紙を近づける。

30 典型金属元素とその化合物

○ **アルカリ金属**…H を除く 1 族元素；Li, Na, K, Rb, Cs, Fr

① 原子…価電子が 1 個 ➡ **1 価の陽イオン**になりやすい。
　　　　　　　　　　　└─電子を 1 個放出した状態。

② **単体**…密度が小さく，軟らかい金属。空気中で速やかに酸化し，常温の水と激しく反応する。➡ Li, Na, K は石油中に保存。

③ **炎色反応**…Li；赤色　Na；黄色　K；赤紫色

○ **炭酸ナトリウム** Na_2CO_3…白色粉末。水溶液は**塩基性**。強酸で CO_2 発生。
　　　　　　　　　　　　　　　　　　　　└─水によく溶ける。

▶ $Na_2CO_3 \cdot 10H_2O$ は空気中で水和水を失い $Na_2CO_3 \cdot H_2O$ となる。➡ **風解**

〔工業的製法〕アンモニアソーダ法（ソルベー法）

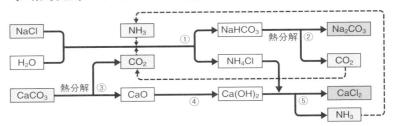

①；$NaCl + CO_2 + NH_3 + H_2O \longrightarrow NaHCO_3 + NH_4Cl$

②；$2NaHCO_3 \longrightarrow Na_2CO_3 + H_2O + CO_2$　③；$CaCO_3 \longrightarrow CaO + CO_2$

④；$CaO + H_2O \longrightarrow Ca(OH)_2$

⑤；$Ca(OH)_2 + 2NH_4Cl \longrightarrow CaCl_2 + 2H_2O + 2NH_3$

○ **炭酸水素ナトリウム** $NaHCO_3$…白色の粉末。水に少し溶けて**弱塩基性**。

▶ 加熱すると CO_2 **発生**（上記の反応）。強酸でも CO_2 発生。

○ **水酸化ナトリウム** $NaOH$…白色で**潮解性**のある固体。水によく溶け，強い**塩基性**。CO_2 を吸収する。➡ $2NaOH + CO_2 \longrightarrow Na_2CO_3 + H_2O$

○ **アルカリ土類金属**… 2 族元素；Be, Mg, Ca, Sr, Ba, Ra
　　　　　　　　　　　　　　　　└─Be, Mg と Ca, Sr, Ba, Ra で性質がやや異なる。

① 価電子が 2 個 ➡ **2 価の陽イオン**になりやすい。
　　　　　　　　　└─電子を 2 個放出した状態。

② **単体と水の反応**…Mg；沸騰水と反応し，水素を発生。

　Ca, Sr, Ba；常温の水と反応し，水素を発生。

③ **水酸化物の水溶性**…$Mg(OH)_2$；水に難溶 ← 弱塩基

　$Ca(OH)_2$；水に少し溶ける。　$Ba(OH)_2$；水に溶ける。← 強塩基

④ **炎色反応**…Be, Mg；示さない。Ca；橙赤色，Sr；紅色，Ba；黄緑色

テストに出る重要ポイント

- **炭酸カルシウム** $CaCO_3$…大理石・石灰石の成分。水に難溶。
  - ▶強熱すると CaO と CO_2 になる。 ➡ $CaCO_3 \longrightarrow CaO + CO_2$
    (生石灰)
  - ▶CaO に水を加えると $Ca(OH)_2$ となる。 ➡ $CaO + H_2O \longrightarrow Ca(OH)_2$
    (消石灰)
  - ▶$Ca(OH)_2$ 水溶液に CO_2 を通じると白色沈殿 $CaCO_3$ を生じる。
    (石灰水)
    ➡ $Ca(OH)_2 + CO_2 \longrightarrow CaCO_3\downarrow + H_2O$

    過剰に CO_2 を通じると沈殿は溶ける。
    ➡ $CaCO_3 + CO_2 + H_2O \rightleftharpoons Ca(HCO_3)_2$ ※加熱すると左向きの反応が起こる。

- **硫酸カルシウム** $CaSO_4$…天然にセッコウ $CaSO_4 \cdot 2H_2O$ として産出。
  $$CaSO_4 \cdot 2H_2O \underset{水}{\overset{加熱}{\rightleftharpoons}} CaSO_4 \cdot \frac{1}{2}H_2O + \frac{3}{2}H_2O$$
  (セッコウ) (焼きセッコウ)

- **アルミニウム** Al
  (13族元素)
  ① **単体**…軽くて軟らかく，電気や熱の伝導性が大きい。濃硝酸により不動態。酸素中で燃える。 ➡ $4Al + 3O_2 \longrightarrow 2Al_2O_3$
     - ▶**酸とも強塩基とも反応。** ➡ **両性金属**
       ➡ $\begin{cases} 2Al + 6HCl \longrightarrow 2AlCl_3 + 3H_2\uparrow \\ 2Al + 2NaOH + 6H_2O \longrightarrow 2Na[Al(OH)_4] + 3H_2\uparrow \end{cases}$
     〔製法〕ボーキサイト $Al_2O_3 \cdot nH_2O \overset{精製}{\longrightarrow} Al_2O_3 \overset{溶融塩電解}{\longrightarrow} Al$
  ② Al^{3+}＋強塩基水溶液；$Al^{3+} \overset{少量のOH^-}{\longrightarrow} Al(OH)_3\downarrow \overset{過剰量のOH^-}{\longrightarrow} [Al(OH)_4]^-$
  ③ ミョウバン $AlK(SO_4)_2 \cdot 12H_2O$…複塩 ➡ $Al_2(SO_4)_3$ と K_2SO_4

- **スズ** Sn，**鉛** Pb…いずれも14族元素で，単体は**両性金属**。
  ① **塩化スズ(Ⅱ)** $SnCl_2$…水によく溶ける。還元剤 ➡ $Sn^{2+} \longrightarrow Sn^{4+} + 2e^-$
  ② Pb^{2+} の反応…$Pb^{2+} + 2Cl^- \longrightarrow PbCl_2\downarrow$（白色），
     $Pb^{2+} + S^{2-} \longrightarrow PbS\downarrow$（黒色），$Pb^{2+} + SO_4^{2-} \longrightarrow PbSO_4\downarrow$（白色），
     $Pb^{2+} + CrO_4^{2-} \longrightarrow PbCrO_4\downarrow$（黄色）◀ 検出

基本問題

解答 ➡ 別冊 *p.48*

187 ナトリウムとカリウム

次の文中の（　）内に適する語句・数値を入れよ。

水素を除く周期表（ ① ）族の元素を（ ② ）金属といい，ナトリウムやカリウムが属する。これらの原子は（ ③ ）が１個で，１価の（ ④ ）イオンになりやすい。単体の密度は（ ⑤ ）く，硬さは比較的（ ⑥ ）い。空気中では直ちに（ ⑦ ）され，水と激しく反応して（ ⑧ ）を発生するため，単体は（ ⑨ ）中に保存する。

188 アルカリ金属の化合物 ◀テスト必出

　次の(1)～(5)にあてはまるものを，下の物質ア～カから選べ。

☐ (1)　空気中に放置すると，べとべとになり，また，炎色反応は黄色である。

☐ (2)　空気中に放置すると，無色の結晶から白色の粉末に変わる。

☐ (3)　水に少し溶け，また，試験管で加熱すると，気体を発生して分解する。

☐ (4)　白色の粉末で，水によく溶け，また，強酸を加えると気体を発生する。

☐ (5)　水溶液は強い塩基性を示し，また，炎色反応は赤紫色を示す。

　　ア　Na_2CO_3　　　　イ　$Na_2CO_3 \cdot 10H_2O$　　　　ウ　KCl

　　エ　KOH　　　　オ　$NaOH$　　　　カ　$NaHCO_3$

　📖ガイド　炎色反応が黄色は Na の化合物，赤紫色は K の化合物。水に Na_2CO_3 はよく溶け，$NaHCO_3$ は少し溶ける。

189 アルカリ土類金属 ◀テスト必出

　次の(1)～(5)について，Mg にあてはまるものには **M**，Ca にあてはまるものには **C**，どちらにもあてはまるものには **MC** を記せ。

☐ (1)　2価の陽イオンになりやすい。　　☐ (2)　単体は，常温の水と反応する。

☐ (3)　水酸化物は，水に溶けにくい。　　☐ (4)　硫酸塩は水に溶けにくい。

☐ (5)　炎色反応を示さない。

190 カルシウム化合物の反応

　次の(1)～(5)の変化を化学反応式で表せ。

☐ (1)　石灰石を強熱したら，生石灰が得られた。

☐ (2)　生石灰に水を加えたら，発熱して消石灰となった。

☐ (3)　石灰水に二酸化炭素を吹き込むと白濁した。

☐ (4)　(3)にさらに二酸化炭素を吹き込むと白濁は消えた。

☐ (5)　石灰石に塩酸を加えると，気体が発生して溶けた。

☐ **191** アルミニウムの反応 ◀テスト必出

　次の文中の下線部(a)，(c)，(d)を化学反応式で，下線部(b)をイオン反応式で表せ。

　(a)アルミニウム Al を塩酸に加えると水素を発生して溶解し，Al^{3+} を含む溶液が得られる。(b)この溶液に少量の水酸化ナトリウム水溶液を加えると沈殿が生じ，さらに(c)過剰の水酸化ナトリウム水溶液を加えると沈殿が溶解する。両性金属である(d)アルミニウムは，水酸化ナトリウムにも水素を発生して溶解する。

□ **192** 鉛（Ⅱ）イオンの反応 ◀テスト必出▶
Pb²⁺ を含む水溶液に，次の水溶液を加えたとき，沈殿が生じないのはどれか。
　ア　塩酸　　　　　イ　硫酸　　　　ウ　硝酸　　　　エ　塩化ナトリウム
　オ　硫化水素　　　カ　クロム酸カリウム

応用問題 ……………………………………………… 解答 ➡ 別冊 *p.49*

193 ◀差がつく▶ 次の文を読んで，下の(1)〜(3)に答えよ。
　炭酸ナトリウムは次のようにしてつくられる。(a)塩化ナトリウムの飽和水溶液に二酸化炭素とアンモニアを吹き込むと炭酸水素ナトリウムが沈殿する。この(b)炭酸水素ナトリウムを加熱して炭酸ナトリウムを得る。この方法で副生する(c)塩化アンモニウムを，水酸化カルシウムと反応させてアンモニアを回収する。
□(1)　この炭酸ナトリウムの工業的製法を何というか。
□(2)　下線部(a)〜(c)の反応を化学反応式で表せ。
□(3)　塩化ナトリウム 10.0 kg から炭酸ナトリウム無水物は理論上何 kg 得られるか。
　　（原子量；C = 12.0，O = 16.0，Na = 23.0，Cl = 35.5）

194 次の記述(1)〜(5)について，Na，K，Mg，Ca のうち，あてはまるものをすべて答えよ。
□(1)　単体は石油中に保存する。　　　□(2)　単体は，冷水と反応しない。
□(3)　硫酸塩は水に溶けにくい。　　　□(4)　炭酸塩は，水によく溶ける。
□(5)　炎色反応を示さない。

□ **195** 金属 A 〜 E は次の金属のいずれかである。あとの①〜⑤を読み，それぞれどれに該当するか答えよ。
　　Mg　Ca　Al　Sn　Pb
①　A は冷水に溶け，塩酸にも溶けるが，水酸化ナトリウム水溶液に溶けない。
②　B は塩酸に溶けるが，冷水にも水酸化ナトリウム水溶液にも溶けない。
③　C は塩酸にも水酸化ナトリウム水溶液にも溶けるが，濃硝酸に溶けない。
④　D は水酸化ナトリウム水溶液に溶けるが，塩酸には溶けにくい。
⑤　E は塩酸に溶け，また，2 価と 4 価の陽イオンになる。

□ **196** 下の文中の A〜C は，それぞれ異なる金属イオンである。次のイオンの
うちのどれにあてはまるか。

　　　Na^+　　　Mg^{2+}　　　Ba^{2+}　　　Al^{3+}　　　Pb^{2+}

① A を含む水溶液に，塩酸を加えても硫酸を加えても白色沈殿が生じた。

② B を含む水溶液に，硫酸を加えると白色沈殿が生じたが，塩酸を加えても沈
殿を生じなかった。

③ C を含む水溶液に水酸化ナトリウム水溶液を加えると，はじめ白色沈殿が生
じ，過剰に加えるとその沈殿が溶けた。

📖 **ガイド**　塩酸は Cl^-，硫酸は SO_4^{2-} の反応である。

□ **197** ◀差がつく 次の文中の A〜F は，下の塩のいずれかである。どれにあて
はまるか。

① A〜F に水を加えると，B，C，E，F は水に溶けて水溶液となった。

② A と D に塩酸を加えると，A は気体を発生したが，D は変化しなかった。

③ B，C，E，F の水溶液に塩酸を加えると，B の水溶液から気体が発生した。

④ C，E，F の水溶液に水酸化ナトリウム水溶液を加えると，いずれも沈殿を
生じた。さらに過剰に加えると，E，F の水溶液中に生じた沈殿は溶けた。

⑤ F の水溶液にクロム酸カリウム水溶液を加えると，黄色の沈殿が生じた。

　〔塩〕ア　炭酸ナトリウム　　　イ　硫酸バリウム　　　ウ　硝酸鉛（Ⅱ）
　　　　エ　塩化マグネシウム　　オ　ミョウバン　　　カ　炭酸カルシウム

📖 **ガイド**　塩酸を加えて気体が発生するのは炭酸塩である。④のように過剰の水酸化ナトリウ
ム水溶液で沈殿が溶けるのは，両性金属のイオンの反応である。

□ **198** 次の文中の（　）内に化学式を入れよ。

　アルミニウムの製錬では，まず，ボーキサイト $Al_2O_3 \cdot nH_2O$ を濃い水酸化ナト
リウム水溶液に溶かし，不純物を除く。このときの反応式は次のようになる。

　　$Al_2O_3 + 2NaOH + 3H_2O \longrightarrow 2（　ア　）$

　さらに多量の水を加えて（　イ　）とし，これを加熱して次のように Al_2O_3 とする。

　　$2（　イ　） \longrightarrow Al_2O_3 + 3H_2O$

　この Al_2O_3 を氷晶石とともに溶融塩電解すると，次のように Al が得られる。

　　陰極：　　　$2（　ウ　）+ 6e^- \longrightarrow 2Al$

　　陽極（炭素）：$3（　エ　）+ 3C \longrightarrow 3（　オ　）+ 6e^-$

31　遷移元素とその化合物(1)

- **遷移元素の特徴**…周期表の 3 〜 12 族の元素。**すべて金属元素。**
  ① 最外殻電子の数が **1 〜 2 個** ➡ 周期表の左右の元素の性質が類似。
  ② 単体は融点が高く，硬い。**密度が大きく，ほとんどが重金属。**
  　　　　　　　　　　　　　　　　密度が 4〜5g/cm³ より大きい金属。→
  ③ 種々の酸化数をとる元素が多い。➡ 酸化数の大きいものは**酸化剤。**
  ④ イオンや化合物は**有色**のものが多い。
  ⑤ **錯イオン**になるものが多い。
  ⑥ **触媒**や**合金**として利用されるものが多い。

- **鉄の製錬**…溶鉱炉に鉄鉱石(赤鉄鉱 Fe_2O_3，磁鉄鉱 Fe_3O_4)・コークス (C)・石灰石を入れ熱風を送る。
  ➡ コークスより生じた CO の還元作用により**銑鉄**を得る。
  ① **銑鉄**…炭素が約 4 % 含まれる。硬くてもろい。
  ② **鋼**…転炉で銑鉄を処理して，炭素が 2 〜 0.02 %。強靱・弾性あり。

- **鉄の単体**…湿った空気中で酸化されさびる。硫酸と反応し，水素を発生して溶ける。➡ $Fe + H_2SO_4 \longrightarrow FeSO_4 + H_2 \uparrow$　濃硝酸により**不動態。**

- **鉄の化合物**…酸化数 +2(Fe^{2+})と +3(Fe^{3+})がある。
  ① 酸化物…FeO(黒色)，Fe_2O_3(赤褐色)，Fe_3O_4(黒色)
  ② 塩…$FeSO_4 \cdot 7H_2O$；淡緑色，還元性。　$FeCl_3 \cdot 6H_2O$；黄褐色，潮解性。
  　　　└Fe の酸化数=+2　　　　　　　　　　└Fe の酸化数=+3

- **鉄イオンの反応**…水溶液中の Fe^{2+}, Fe^{3+} の反応 ➡ Fe^{2+}, Fe^{3+} の検出反応

試薬(イオン)	Fe^{2+}(淡緑色)	Fe^{3+}(黄〜黄褐色)
$NaOH(OH^-)$	緑白色沈殿 $Fe(OH)_2$	赤褐色沈殿(水酸化鉄(Ⅲ))
$K_4[Fe(CN)_6]([Fe(CN)_6]^{4-})$	———	濃青色沈殿(紺青)
$K_3[Fe(CN)_6]([Fe(CN)_6]^{3-})$	濃青色沈殿(ターンブル青)	———
$KSCN(SCN^-)$	———	血赤色溶液

- **銅の単体**…特有の赤色。電気・熱の良導体。湿った空気中で**緑青**となる。塩酸や希硫酸に溶けないが，**硝酸や熱濃硫酸に溶ける**(⇒ *p.80,82*)。

- **銅の化合物**…銅と濃硫酸を加熱 ➡ $Cu \longrightarrow CuSO_4$($Cu^{2+}$ 水溶液)
  $CuSO_4$ 水溶液から結晶を析出 ➡ $CuSO_4 \cdot 5H_2O$

$CuSO_4 \cdot 5H_2O \xrightarrow{加熱} CuSO_4 \xrightarrow{水} Cu^{2+} \xrightarrow{OH^-} Cu(OH)_2 \downarrow \xrightarrow{NH_3} [Cu(NH_3)_4]^{2+}$
青色の結晶　　　　白色の粉末　　青色の水溶液　　青白色沈殿　　　　深青色の水溶液
$\xrightarrow{S^{2-}} CuS \downarrow$ 黒色沈殿　　　$\xrightarrow{加熱} CuO \downarrow$ 黒色沈殿

● **銀の単体**…銀白色。電気・熱の良導体。空気中で安定 ➡ 装飾品・食器

塩酸や希硫酸に溶けないが，硝酸や熱濃硫酸に溶ける。

● **銀の化合物**…銀に硝酸 ➡ Ag ⟶ $AgNO_3$（Ag^+ 水溶液）

$$Ag_2S\downarrow \xleftarrow{S^{2-}} Ag^+ \xrightarrow{OH^-} Ag_2O\downarrow \xrightarrow{NH_3}$$

黒色沈殿 （水溶液） 褐色沈殿

$$\xrightarrow{Cl^-} \quad \xrightarrow{Br^-} \quad \xrightarrow{NH_3} [Ag(NH_3)_2]^+$$

無色の水溶液

$$AgCl\downarrow , \quad AgBr\downarrow$$

白色沈殿 淡黄色沈殿

基本問題 ・・・ 解答 ➡ 別冊 *p.50*

199 遷移元素

次の記述ア〜カのうち，**遷移元素にあてはまらないもの**を **2** つ選べ。

ア ほとんどが重金属である。　　イ 金属元素と非金属元素がある。

ウ 一般に融点が高い。　　エ 種々の酸化数をもつ元素が多い。

オ 周期表の 3 〜 12 族元素。　　カ 最外殻電子の数が 4 個の原子もある。

200 鉄の製錬

次の文中の（　　）内に適する語句を入れよ。

溶鉱炉に鉄鉱石，コークス，（ ① ）を入れ，下から熱風を送る。このときコークスより生じる（ ② ）により，鉄鉱石中の酸化鉄が（ ③ ）されて（ ④ ）が得られる。（ ④ ）は約 4 ％の（ ⑤ ）を含み，硬くてもろい。（ ④ ）を転炉に入れて処理し，（ ⑤ ）を 2 〜 0.02 ％にしたものが（ ⑥ ）であり，強靱で弾性がある。

201 鉄とその化合物 ◀テスト必出

次の文①，②について下の(1)〜(4)の問いに答えよ。

① 塩酸に鉄くぎを入れると，気体が発生して淡緑色の溶液となった。

② ①の溶液に塩素を吹き込むと，黄褐色の溶液に変わった。

□ (1) ①の反応を化学反応式で表せ。

□ (2) ②で黄褐色の溶液に変わったのはなぜか。簡潔に説明せよ。

□ (3) ②の溶液に水酸化ナトリウム水溶液を加えたとき，生じる沈殿の物質の名称と色を記せ。

□ (4) $K_4[Fe(CN)_6]$水溶液を加えたとき，濃青色沈殿を生じるのは①，②のどちらの溶液か。

📖 **ガイド** Fe^{2+}，Fe^{3+} を含む水溶液の色は，それぞれ淡緑色，黄褐色である。

202 銅とその化合物 ◀テスト必出

次の文を読み，下の(1)～(3)の問いに答えよ。

(a)銅に濃硫酸を加えて加熱したところ気体を発生して溶け，青色の水溶液 **A** となった。この水溶液 **A** の一部を取り，濃縮したところ(b)青色の結晶が生じた。この青色の結晶を試験管中で加熱したところ(c)白色の粉末となった。また，水溶液 **A** の一部を取り，これに水酸化ナトリウム水溶液を加えると(d)青白色の沈殿を生じた。(e)この沈殿を加熱すると黒色の沈殿を生じた。さらに，残った水溶液 **A** の一部を取り，アンモニア水を過剰に加えると，溶液は（ ① ）色になった。これは溶液中に〔 ② 〕の化学式で表される錯イオンが生じたことによる。

☐ (1)　下線部(a)と(e)の変化を化学反応式で表せ。

☐ (2)　下線部(b)，(c)，(d)の物質の化学式を記せ。

☐ (3)　文中の空欄①には色を，②にはイオンの化学式を記せ。

📖 ガイド　水溶液 **A** は $CuSO_4$ の水溶液であり，後半の反応は Cu^{2+} の反応である。

203 銀イオンの反応

硝酸銀水溶液を 2 本の試験管 **A**，**B** に分け，次の①～③の操作をした。それぞれの反応をイオン反応式で表せ。

☐ ①　試験管 **A** に塩酸を加えると，白色沈殿が生じた。

☐ ②　試験管 **B** にアンモニア水を滴下していくと，褐色の沈殿が生じた。

☐ ③　②の溶液にさらにアンモニア水を滴下していくと，褐色の沈殿が消えた。

応用問題 •••••••••••••••••••••••••••••••••••••• 解答 ➡ 別冊 *p.51*

204　次の文を読み，下の(1)～(3)の問いに答えよ。

(a)希硫酸に鉄片を入れると気体の（ ① ）を発生して溶ける。(b)この水溶液に水酸化ナトリウム水溶液を加えると，緑白色の沈殿を生じる。(c)塩酸に鉄片を入れた場合も鉄が溶解して淡緑色の水溶液となり，(d)これに塩素を通じると，（ ② ）色の水溶液になる。濃硝酸には鉄は（ ③ ）となるため溶けない。

☐ (1)　文中の空欄①～③に適する語句を入れよ。

☐ (2)　下線部(a)，(b)，(c)，(d)の変化を化学反応式で表せ。

☐ (3)　下線部(a)および(d)の変化で生じた水溶液を濃縮して生じる結晶の化学式とその色を記せ。

📖 ガイド　塩素は酸化剤であり，Fe^{2+} は酸化されると Fe^{3+} となる。

205 次の(1)～(6)にあてはまるものを，下のア～カより選べ。

- □ (1) 水にも塩酸にも溶けないが，硝酸に溶けて無色の溶液となる。
- □ (2) 淡黄色の結晶で，水に溶けないが，チオ硫酸ナトリウム水溶液に溶ける。
- □ (3) 黒色の粉末で，水に溶けないが，塩酸や希硫酸に溶ける。
- □ (4) 赤褐色の粉末で，塩酸に溶けて黄褐色の溶液となる。
- □ (5) 水に溶けないが，希硫酸には水素を発生して溶ける。
- □ (6) 水や希硫酸に溶けないが，硝酸に溶けて青色の水溶液が生じる。

　ア　Fe　　イ　Cu　　ウ　Ag　　エ　Fe_2O_3　　オ　CuO
　カ　AgBr

206 ①～③の文中の試験管 A ～ D の水溶液は，それぞれ次のイオンのいずれか1つを含む。下の(1)～(3)の問いに答えよ。

　　Fe^{3+}　　　Cu^{2+}　　　Al^{3+}　　　Ag^+

- ① 試験管 A ～ D に塩酸を加えると，A に白色沈殿が生じた。
- ② 試験管 A ～ D に水酸化ナトリウム水溶液を加えると，いずれも沈殿ができたが，過剰に加えると B の沈殿は溶けた。
- ③ 試験管 A ～ D にアンモニア水を加えると，いずれも沈殿ができたが，過剰に加えると A と C の沈殿は溶けた。

- □ (1) 試験管 A ～ D には，それぞれどのイオンが含まれているか。
- □ (2) ①で，試験管 A に生じた白色沈殿の化学式を記せ。
- □ (3) ③で，沈殿が溶けた後の試験管 C に含まれている錯イオンの化学式を記せ。

207 ◀差がつく 次のア～オの5種類の物質の水溶液について，下の(1)～(4)の性質を示す水溶液はどれか。

　ア　硝酸銀　　　イ　硫酸銅(Ⅱ)　　　ウ　硫酸鉄(Ⅱ)　　　エ　塩化鉄(Ⅲ)
　オ　硫酸アルミニウム

- □ (1) アンモニア水を加えると，はじめ青白色の沈殿を生じるが，過剰に加えると沈殿が溶けて深青色の溶液となる。
- □ (2) 塩化バリウム水溶液を加えると白色沈殿を生じる。一方，水酸化ナトリウム水溶液を加えると，はじめ沈殿を生じるが，過剰に加えると沈殿が溶ける。
- □ (3) 水酸化ナトリウム水溶液を加えると，赤褐色の沈殿を生じる。
- □ (4) アンモニア水を加えると，はじめ褐色の沈殿を生じるが，過剰に加えると沈殿が溶けて無色の溶液となる。

32 遷移元素とその化合物⑵

○ **亜鉛**…12族元素。価電子は2個 ➡ 2価の陽イオンになりやすい。

○ **亜鉛の単体**…酸とも強塩基とも反応。➡ **両性金属**

$$\begin{cases} Zn + 2HCl \longrightarrow ZnCl_2 + H_2 \uparrow \\ Zn + 2NaOH + 2H_2O \longrightarrow Na_2[Zn(OH)_4] + H_2 \uparrow \end{cases}$$

○ **亜鉛の化合物**…ZnO(白色)；両性酸化物。酸・強塩基と反応。

$Zn(OH)_2$(白色)；両性水酸化物。酸・強塩基と反応。

$$ZnS \downarrow \xleftarrow{S^{2-}} Zn^{2+} \underset{H^+}{\overset{OH^-}{\rightleftharpoons}} Zn(OH)_2 \downarrow \xrightarrow{NH_3} [Zn(NH_3)_4]^{2+}$$

ZnS↓ 白色沈殿　　Zn(OH)₂ 白色沈殿　　[Zn(NH₃)₄]²⁺ 無色の水溶液

$$ZnO \xrightarrow{OH^-} [Zn(OH)_4]^{2-}$$

ZnO 白色の粉末　　[Zn(OH)₄]²⁻ 無色の水溶液

○ **クロムの化合物**…おもに酸化数+3(Cr^{3+})と+6(Cr^{6+})をとる。酸化数 +6の化合物は毒性が強い。$K_2Cr_2O_7$は硫酸酸性で強い酸化剤。

$$PbCrO_4 \downarrow \xleftarrow{Pb^{2+}} CrO_4^{2-} \underset{OH^-}{\overset{H^+}{\rightleftharpoons}} Cr_2O_7^{2-} \xrightarrow{還元} Cr^{3+}$$

PbCrO₄↓ 黄色沈殿　CrO₄²⁻ 黄色の溶液　Cr₂O₇²⁻ 橙赤色の溶液　Cr³⁺ 緑色の水溶液

$$Ag_2CrO_4 \downarrow \xleftarrow{Ag^+} \qquad BaCrO_4 \xleftarrow{Ba^{2+}}$$

Ag₂CrO₄↓ 赤褐色沈殿　　BaCrO₄ 黄色沈殿

○ **マンガンの化合物**

① **過マンガン酸カリウム** $KMnO_4$…黒紫色結晶。酸化剤。

$$MnO_4^- + 8H^+ + 5e^- \longrightarrow Mn^{2+} + 4H_2O (硫酸酸性)$$

MnO₄⁻ 赤紫色の溶液　　Mn²⁺ 淡桃色の溶液

② **酸化マンガン(Ⅳ)** MnO_2…黒褐色粉末。乾電池の正極活物質。

○ **白金**…触媒として重要。➡オストワルト法，三元触媒(Pt, Pd, Rh)

○ **タングステン**…単体の融点は金属中最も高い。フィラメントに利用。

○ **水銀**…単体の融点は金属中最も低い。水銀の合金➡**アマルガム**

基本問題 ●●● 解答 ➡ 別冊 *p.52*

208 亜鉛

次の文中の(　)に適する数値や語を入れ，下線部(a)，(b)を化学反応式で表せ。

亜鉛は12族の元素で，原子は(①)個の価電子をもち，(②)価の(③)イオンになりやすい。単体の亜鉛は酸とも強塩基とも反応する(④)金属であり，(a)塩酸に溶ける反応と，(b)水酸化ナトリウム水溶液に溶ける反応の両方が起こる。

209 アルミニウムと亜鉛 ◀テスト必出

　次の⑴～⑸の記述のうち，アルミニウムだけにあてはまるものには **A**，亜鉛だけにあてはまるものには **B**，どちらにもあてはまるものには **C** を記せ。

□ ⑴　2価の陽イオンになりやすい。　　　□ ⑵　単体は濃硝酸に溶けない。

□ ⑶　単体は塩酸に溶ける。　　　□ ⑷　酸化物は白色の粉末で，水に溶けない。

□ ⑸　イオンを含む水溶液にアンモニア水を加えると沈殿を生じ，過剰に加えると沈殿が溶ける。

210 特徴的な金属の性質

　次の記述①～③にあてはまる金属の単体の化学式と名称を答えよ。

□ ①　金属のなかで最も融点が低く，常温で唯一液体の金属である。

□ ②　金属のなかで最も融点が高く，白熱電球のフィラメントに使用されている。

□ ③　オストワルト法においてアンモニアを酸化する反応の触媒としてはたらく。

応用問題 ●●●●●●●●●●●●●●●●●●●●●●●●●●●●●●●●●●●●●● 解答 ➡ 別冊 *p.52*

211　次の文を読み，あとの問いに答えよ。

　クロム酸カリウムを水に溶かすと，クロム酸イオンを生じて（　①　）色の水溶液になる。これに(a)塩酸を加えると，クロム酸イオンが二クロム酸イオンに変化し，（　②　）色の水溶液になる。(b)クロム酸イオンを含む水溶液を3つに分け，それぞれに Ag^+，Pb^{2+}，Ba^{2+} を含む水溶液を加えると，いずれも有色の沈殿を生じる。

□ ⑴　空欄①，②に適する語を入れよ。

□ ⑵　下線部(a)の変化をイオン反応式で表せ。

□ ⑶　下線部(b)で，Ag^+，Pb^{2+}，Ba^{2+} による沈殿の化学式と色をそれぞれ記せ。

212　次の記述⑴～⑶は，それぞれ下の元素群のいずれかの元素の酸化物について述べたものである。それぞれが示す酸化物の化学式を答えよ。

□ ⑴　白色の粉末で，塩酸とも水酸化ナトリウム水溶液とも反応し，白色顔料や医薬品などに用いられる。

□ ⑵　赤色の粉末で，元素の単体を1000℃以上で加熱すると生じる。

□ ⑶　黒褐色の粉末で，酸性溶液中で酸化剤としてはたらく。乾電池の正極活物質に利用される。

　　　〔元素群〕　Mg　　　Mn　　　Cu　　　Zn　　　Pb　　　Ag

33 金属イオンの分離と確認

● **金属イオンの分離**…次の分離が基本パターンである。

混合溶液中のイオン；Ag^+, Pb^{2+}, Cu^{2+}, Fe^{3+}, Al^{3+}, Zn^{2+}, Ca^{2+}, Na^+

混合 ─HCl─ 沈殿 AgCl（白），$PbCl_2$（白）①
溶液 └ろ液 ─H_2S─ 沈殿 CuS（黒）
　　　　　　　└ろ液 ─NH_3水─ 沈殿 水酸化鉄（Ⅲ）（赤褐），$Al(OH)_3$（白）②
　（煮沸し，HNO_3を加えた後）└ろ液 ─H_2S─ 沈殿 ZnS（白）
　　　　　　　　　　　　　　　　　　└ろ液 ─$(NH_4)_2CO_3$─ 沈殿 $CaCO_3$
　　　　　　　　　　　　　　　　　　　　　　　└ろ液 Na^+

① AgCl，$PbCl_2$ の分離

　(a) 熱湯を加えると，$PbCl_2$ が溶ける。

　(b) アンモニア水を加えると，AgCl が溶ける（$[Ag(NH_3)_2]^+$）。

② **水酸化鉄（Ⅲ），$Al(OH)_3$ の分離**…NaOH 水溶液を加えると，$Al(OH)_3$ が溶ける（$[Al(OH)_4]^-$）。

● **金属イオンの確認**…おもなイオンの確認法は次のとおり。

① Pb^{2+}…CrO_4^{2-} ➡ 黄色沈殿 $PbCrO_4$，

　　　　Cl^-，SO_4^{2-} ➡ 白色沈殿 $PbCl_2$，$PbSO_4$

② Ag^+…Cl^- ➡ 白色沈殿 AgCl，NH_3 水 ➡ 褐色沈殿 Ag_2O ──過剰──➤ 無色溶液

③ Cu^{2+}…NH_3 水 ➡ 青白色沈殿 $Cu(OH)_2$ ──過剰──➤ 深青色溶液 $[Cu(NH_3)_4]^{2+}$

④ Fe^{3+}…$[Fe(CN)_6]^{4-}$ ➡ 濃青色沈殿，OH^- ➡ 赤褐色沈殿（水酸化鉄（Ⅲ））

⑤ Fe^{2+}…$[Fe(CN)_6]^{3-}$ ➡ 濃青色沈殿，OH^- ➡ 緑白色沈殿 $Fe(OH)_2$

⑥ Al^{3+}…NaOH 水溶液 ➡ 白色沈殿 $Al(OH)_3$ ──過剰──➤ 無色溶液，NH_3 水 ➡ 白色沈殿 $Al(OH)_3$

⑦ Zn^{2+}…NaOH 水溶液・NH_3 水 ➡ 白色沈殿 $Zn(OH)_2$ ──過剰──➤ 無色溶液，S^{2-}（塩基性）➡ 白色沈殿 ZnS

⑧ Na^+, K^+, Ca^{2+}, Ba^{2+} ➡ 炎色反応　　　Ba^{2+}；SO_4^{2-} ➡ 白色沈殿 $BaSO_4$

基本問題 ●●●●●●●●●●●●●●●●●●●●●●●●●●●●●●●● 解答 ➡ 別冊 *p.53*

213 金属イオンの分離（水溶液）　**テスト必出**

水溶液中にあるイオンの組み合わせ(1)～(3)のうち，下線上のイオンだけを沈殿させるには，下のどの試薬を用いればよいか。

□ (1) $\underline{Ag^+}$, Cu^{2+}　　□ (2) $\underline{Cu^{2+}}$, Zn^{2+}（酸性水溶液）　　□ (3) $\underline{Fe^{3+}}$, Zn^{2+}

　ア　アンモニア水　　　　イ　塩酸　　　　ウ　硫化水素

214 金属イオンの分離（沈殿）

次の沈殿の組み合わせ(1)～(3)のうち，下線上の沈殿だけを溶かすには，下のア～エのどれを用いればよいか。

☐ (1)　$\underline{Al(OH)_3}$, $Fe(OH)_2$　　☐ (2)　$\underline{Zn(OH)_2}$, $Al(OH)_3$　　☐ (3)　$\underline{PbCl_2}$, AgCl

　　ア　熱湯　　イ　水酸化ナトリウム水溶液　　ウ　塩酸　　エ　アンモニア水

215 金属イオンの確認　◀テスト必出▶

次の(1)～(5)は，それぞれ下のどのイオン（水溶液中）にあてはまるか。

☐ (1)　アンモニア水を加えると，はじめ褐色沈殿が生じ，過剰で無色の溶液となる。

☐ (2)　過剰のアンモニア水を加えると，深青色の溶液となる。

☐ (3)　水酸化ナトリウム水溶液を加えると，赤褐色の沈殿が生じる。

☐ (4)　塩基性で硫化水素を通じると，白色の沈殿が生じる。

☐ (5)　白金線につけてバーナーの炎に入れると，橙赤色の炎となる。

　　ア　Fe^{3+}　　　イ　Ca^{2+}　　　ウ　Ag^+　　　エ　Zn^{2+}　　　オ　Cu^{2+}

応用問題 ・・ 解答 ➡ 別冊 *p.54*

216　◀差がつく▶　Fe^{3+}, Na^+, Cu^{2+}, Pb^{2+} を含む混合水溶液から，右図のようにしてそれぞれのイオンを分離した。次の(1)～(3)の問いに答えよ。

（できたらチェック○）

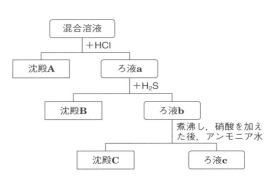

☐ (1)　ろ液 **b** を，「煮沸し」「硝酸を加えた」理由を簡潔に説明せよ。

☐ (2)　沈殿 **A**，**B** を，化学式で示せ。

☐ (3)　次の文中の（　　）内に入る物質を下から選び，名称で答えよ。

　　分離されたイオンの確認のため，沈殿 **A** に熱湯を加え，その溶液に（　①　）水溶液を加えると，黄色沈殿を生じた。沈殿 **B** には硝酸を加え，その溶液に（　②　）の水溶液を過剰に加えると，深青色の溶液となった。沈殿 **C** には塩酸を加え，その溶液に（　③　）水溶液を加えると，濃青色沈殿を生じた。ろ液 **c** は，白金線につけてバーナーの炎に入れると，黄色の炎色反応を示した。

　　〔物質〕 NH_3, $NaOH$, K_2CrO_4, $K_2Cr_2O_7$, $K_3[Fe(CN)_6]$, $K_4[Fe(CN)_6]$

34 金属

★テストに出る重要ポイント

- ◎ **金属の特徴**…金属光沢。電気や熱をよく通す。展性・延性に富む。
- ◎ **身のまわりの金属**
  - ▶ Fe…資源が豊富で安価。加工しやすい。さびやすい。
  - ▶ Cu…電気伝導性が大きい。古くから利用。長く放置すると緑青。
    $CuCO_3 \cdot Cu(OH)_2$ などの銅塩の混合物→
  - ▶ Al…熱や電気をよく伝え，軽くて加工しやすい。表面に酸化被膜。
    内部を保護するので，さびにくい。→
  - ▶ Au，Pt…イオン化傾向が小さく，空気中で安定。装飾品。
- ◎ **金属の製錬**…イオン化傾向の大きさによって方法が異なる。
  - ① Li，K，Ca，Na，Mg，Al…溶融塩電解で製錬。
    イオン化傾向が大きいので，製錬しにくい。→
    - 例 Al；ボーキサイトを処理してアルミナ Al_2O_3 とし，氷晶石を加えて溶融塩電解する。
      融点を下げるはたらき→
  - ② Zn，Fe，Ni，Sn，Pb…酸化物をコークス(炭素)などで還元。
    水素よりはイオン化傾向が大きい。→
    - 例 Fe；溶鉱炉に鉄鉱石(Fe_2O_3 など)，コークス，石灰石を入れ，熱風を送り，C から生じた CO の還元作用によって鉄を得る。
  - ③ Cu，Hg，Ag…硫化物を強熱して還元する。
    イオン化傾向が小さいので，製錬しやすい。→
    - 例 Cu；溶鉱炉，さらに転炉で粗銅とし，電解精錬で純銅とする。
- ◎ **合金**
  - ① 黄銅(Cu−Zn)…装飾品，楽器，5円硬貨
    しんちゅう
  - ② 青銅(Cu−Sn)…銅像，10円硬貨
    ブロンズ
  - ③ ジュラルミン(Al−Cu−Mg−Mn)…航空機の機体
  - ④ ステンレス鋼(Fe−Cr−Ni−C)…調理器具，鉄道車両
  - ⑤ 水素吸蔵合金(La−Ni など)…ニッケル−水素電池の負極

基本問題 .... 解答 ➡ 別冊 *p.54*

できたらチェック✓

217 金属の酸化 ◀テスト必出

次の①〜④の空気中での酸化のしかたにあてはまる金属を，ア〜エから選べ。

- □ ① 空気中で酸化されにくく，安定している。
- □ ② 湿った空気中に長く放置すると，緑色のさびが生じる。
- □ ③ 表面だけ酸化される。　　□ ④ 内部までさびていく。

　ア Al　　　イ Fe　　　ウ Au　　　エ Cu

218 銅とアルミニウムの製錬

次の(1)～(4)の操作によって生成されるものを書け。

- □ (1) アルミナ(酸化アルミニウム)に氷晶石を加えて加熱し，溶融塩電解した。
- □ (2) 溶鉱炉に黄銅鉱，けい砂，コークス，石灰石を入れて熱風を送った。
- □ (3) (2)で生成したものを転炉に入れて熱風を送った。
- □ (4) (3)で生成したものを電解精錬した。

219 合金　◀テスト必出

次の①～④にあてはまる合金を，あとのア～エから選べ。

- □ ① 軽くて機械的にも強いので，航空機の機体などに用いられる。
- □ ② さびにくく，加工しやすいので，銅像や10円硬貨などに用いられる。
- □ ③ さびにくく，台所用品などに用いられる。
- □ ④ 黄色の光沢をもち，装飾品や美術品に用いられる。

　　ア　ステンレス鋼　　イ　青銅　　ウ　黄銅　　エ　ジュラルミン

応用問題 ⋯⋯⋯⋯⋯⋯⋯⋯⋯⋯ 解答 ➡ 別冊 *p.54*

220 次の①，②にあてはまる金属の組み合わせを，あとのア～カから選べ。

- □ ① 溶融塩電解によって製錬する金属の組み合わせ。
- □ ② 酸化物を C または CO の還元作用によって製錬する金属の組み合わせ。

　　ア　Cu, Al　　　　イ　Zn, Fe　　　　ウ　Mg, Zn
　　エ　Al, Na　　　　オ　Ag, Cu　　　　カ　Fe, Ag

📖ガイド　イオン化傾向が最も大きいグループは溶融塩電解，次に大きいグループは炭素などによる還元で製錬する。

221 ◀差がつく　次の(1)～(5)の(　　)内に適する元素や物質を化学式で書け。

- □ (1) ステンレス鋼は(　　)に Cr や Ni などを加えてつくる。
- □ (2) ジュラルミンは(　　)に Cu や Mg などを加えた合金である。
- □ (3) しんちゅうやブロンズは(　　)を主成分とする合金である。
- □ (4) 溶鉱炉内で鉄の酸化物である鉱石から，コークスから生じた(　　)の還元作用によって鉄をとり出す。
- □ (5) 銑鉄は(　　)やその他の不純物が多く含まれているため，硬くてもろい。

📖ガイド　合金にすることによって，もとの金属の欠点をなくしている。

35　有機化合物の分析

テストに出る重要ポイント

◎ 化学式の決定の手順

$$\boxed{\begin{array}{c}試料\\(有機化合物)\end{array}} \rightarrow \boxed{元素分析} \rightarrow \boxed{\begin{array}{c}組成式\\(実験式)\end{array}} \xrightarrow{分子量} \boxed{分子式} \xrightarrow{性質} \boxed{\begin{array}{c}構造式\\示性式\end{array}}$$

① 元素分析

試料 x 〔mg〕 を燃焼

$\rightarrow CO_2\,y$ 〔mg〕 … → C の質量 $= y \times \dfrac{12}{44} = p$ 〔mg〕
← ソーダ石灰管で吸収　　（C の原子量／CO_2 の分子量）

$\rightarrow H_2O\,z$ 〔mg〕 … → H の質量 $= z \times \dfrac{2 \times 1.0}{18} = q$ 〔mg〕
← 塩化カルシウム管で吸収　　（H の原子量／H_2O の分子量）

〔吸収管の順〕はじめ塩化カルシウム管で水を吸収し，次にソーダ石灰管で CO_2 を吸収する。←はじめにソーダ石灰管だと，水と二酸化炭素両方を吸収してしまう。

② **組成式（実験式）の決定**…試料中の C, H, O の質量を p〔mg〕，q〔mg〕，r〔mg〕，または質量%をそれぞれ p'〔%〕，q'〔%〕，r'〔%〕とすると，

原子数の比　$C : H : O = \dfrac{p}{12} : \dfrac{q}{1.0} : \dfrac{r}{16} = \dfrac{p'}{12} : \dfrac{q'}{1.0} : \dfrac{r'}{16}$

③ **分子式の決定**…組成式 $C_aH_bO_c$ の式量を m，分子量を M とすると，$m \times n = M$（n は整数）より，分子式は，$(C_aH_bO_c)_n = C_{an}H_{bn}O_{cn}$

④ **構造式の決定**…求められた分子式から 2 種以上の構造式が書ける場合は，化学的性質を調べて官能基（原子団）を決め，構造式を決定する。

基本問題 解答 ⇒ 別冊 *p.55*

例題研究》 19. 炭素・水素・酸素からなる有機化合物 92 mg を完全燃焼させたところ，二酸化炭素 176 mg，水 108 mg が得られた。また，分子量測定の結果，分子量は 46 であった。一方，この有機化合物に金属ナトリウムを加えると，水素が発生した。この有機化合物の組成式，分子式および構造式を書け。（原子量；H = 1.0，C = 12，O = 16）

〔着眼〕①吸収された CO_2, H_2O の質量から C, H の質量を求め，さらに O の質量を求める。
　　　　原子数比 $= \dfrac{元素の質量}{原子量}$ の比から，組成式の原子数比を導く。
　　　　②（組成式の式量）× n = 分子量，（組成式）$_n$ = 分子式（ただし，n は整数）

〔解き方〕分子量；$CO_2 = 44$，$H_2O = 18$ より，

C の質量；$176\,\text{mg} \times \dfrac{12}{44} = 48\,\text{mg}$　　　H の質量；$108\,\text{mg} \times \dfrac{2.0}{18} = 12\,\text{mg}$

O の質量；$92\,\text{mg} - (48\,\text{mg} + 12\,\text{mg}) = 32\,\text{mg}$

原子数比　$C : H : O = \dfrac{48}{12} : \dfrac{12}{1.0} : \dfrac{32}{16} = 2 : 6 : 1$ より，組成式は C_2H_6O

式量；$C_2H_6O = 46$ より，　　$46 \times n = 46$　∴　$n = 1$　分子式は C_2H_6O

また，分子式が C_2H_6O の構造式としては，次の **A**，**B** の 2 つが考えられる。

A
```
    H  H
    |  |
H - C - C - O - H
    |  |
    H  H
```

B
```
    H       H
    |       |
H - C - O - C - H
    |       |
    H       H
```

このうち，Na を加えて H_2 が発生するのは，$-OH$ 基をもつ **A** である。

〔くわしくは *p.110*〕

🖎　組成式；C_2H_6O　分子式；C_2H_6O　構造式；上記の **A**

222 組成式と分子式の決定① ◀ テスト必出

　元素組成が，C＝40.0 %，H＝6.6 %，O＝53.4 % である有機化合物の組成式と，分子量を 60 としたときの分子式を求めよ。（原子量；H = 1.0，C = 12，O = 16）

223 組成式と分子式の決定②

　ある気体の有機化合物を元素分析したところ，C＝81.82 %，H＝18.18 % であった。この有機化合物の 0 ℃，1.0×10^5 Pa（標準状態）での密度を 1.964 g/L として，この有機化合物の組成式，分子量，分子式を求めよ。（原子量；H = 1.00，C = 12.0）

応用問題 ••• 解答 ⟹ 別冊 *p.55*

224　炭素と水素からなる，ある有機化合物を完全に燃焼して，生じた気体を塩化カルシウム管，ソーダ石灰管に通したら，それぞれの質量が 0.540 g，1.760 g 増加した。この化合物の分子量が 54.0 であるなら，分子式はどのように表されるか。（原子量；H = 1.0，C = 12.0，O = 16.0）

225 ◀ 差がつく　0 ℃，1.0×10^5 Pa（標準状態）で，気体の炭化水素 1.12 L を取り，7.84 L の酸素中で完全燃焼させた。燃焼後の混合物から水を取り除くと，その体積は標準状態で 6.72 L になり，さらに二酸化炭素を取り除くと，4.48 L になった。この炭化水素の分子式を求めよ。

36 脂肪族炭化水素

○ 脂肪族炭化水素の分類・構造

種類	構造	一般式
アルカン	鎖式・飽和・単結合のみ	C_nH_{2n+2}
アルケン	鎖式・不飽和・二重結合1つ	C_nH_{2n}
アルキン	鎖式・不飽和・三重結合1つ	C_nH_{2n-2}
シクロアルカン	環式・飽和・単結合のみ	C_nH_{2n}
シクロアルケン	環式・不飽和・二重結合1つ	C_nH_{2n-2}

└→鎖式のみを脂肪族炭化水素とする場合もある。

　共通の一般式で表される性質の似た一連の化合物を**同族体**という。
　　　　　　　　　　　　　　　　　　　　└─CH_4 と C_2H_6 など

① **アルカン**…単結合のみからなる鎖式飽和炭化水素。

② **アルケン**…炭素原子間に二重結合を1つもつ鎖式不飽和炭化水素。

③ **アルキン**…炭素原子間に三重結合を1つもつ鎖式不飽和炭化水素。

④ **シクロアルカン**…単結合のみからなる環式飽和炭化水素。

⑤ **シクロアルケン**…炭素原子間に二重結合を1つもつ環式不飽和炭化水素。

○ 炭化水素の反応

① **エテン(エチレン)の製法**…$C_2H_5OH \xrightarrow[160〜170℃]{濃硫酸} C_2H_4 + H_2O$
　└─エチレンとよばれることが多い　　　　　　　　　└エテン

② **アセチレン(エチン)の製法**…$CaC_2 + 2H_2O \longrightarrow C_2H_2 + Ca(OH)_2$
　　　　　　　　　　　　　　└カーバイド　　　　└アセチレン

③ **メタンの反応**…メタンと塩素の混合気体に光を照射すると**置換反応**を起こす。

　　$CH_4 + Cl_2 \longrightarrow CH_3Cl + HCl$

　　$CH_4 \xrightarrow[+Cl_2]{光} CH_3Cl \xrightarrow[+Cl_2]{光} CH_2Cl_2 \xrightarrow[+Cl_2]{光} CHCl_3 \xrightarrow[+Cl_2]{光} CCl_4$
　　メタン　　クロロメタン　　ジクロロメタン　　トリクロロメタン　　テトラクロロメタン
　　　　　　（塩化メチル）　（塩化メチレン）　（クロロホルム）　（四塩化炭素）

④ **エテン，アセチレンの反応**…エテンとアセチレンは，**不飽和結合**をもち，**付加反応**を起こす。

　　$CH_2=CH_2 + Br_2 \longrightarrow CH_2Br-CH_2Br$

　　$CH\equiv CH \xrightarrow{Br_2} CHBr=CHBr \xrightarrow{Br_2} CHBr_2-CHBr_2$

▶ Br_2 の赤褐色が脱色されるので，**不飽和結合の検出**に利用される。

⑤ **エテン・アセチレンの反応系統図**

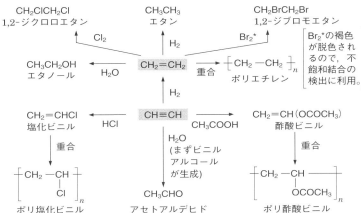

◉ **異性体**

① **構造異性体**…分子式が同じで，構造式が異なる異性体。

② **シス–トランス異性体**…二
　└幾何異性体ともいう。
重結合が回転できないた
めに生じる立体異性体。

シス–2–ブテン　　　トランス–2–ブテン

基本問題 解答 ➡ 別冊 *p.56*

226 炭化水素の分類と臭素の付加

次の①〜⑥の炭化水素はアルカン，アルケン，シクロアルカン，アルキンのう
ちどれか。また，臭素水の赤褐色を脱色するものをすべて選べ。

① エタン　　② アセチレン（エチン）　　③ エテン（エチレン）

④ ブタン　　⑤ シクロヘキサン　　⑥ プロペン（プロピレン）

227 炭化水素の反応　テスト必出

次の変化を化学反応式で表せ。

□ ① メタンに塩素を作用させてクロロメタンを得る。

□ ② プロペン（プロピレン）を臭素水中に通す。

□ ③ エタノールに濃硫酸を加えて160〜170℃で加熱する。

□ ④ アセチレンに触媒を用いて塩化水素を付加させる。

□ ⑤ 炭化カルシウムに水を加える。

□ **228** 炭化水素の一般式

二重結合 2 個をもつ炭素数 n 個の鎖式炭化水素の一般式を例にならって書け。

〔例〕アルカン；C_nH_{2n+2}

□ **229** エテン(エチレン)の性質　◀テスト必出

次の文中の（　　）内に適する語句を記入せよ。

炭素間二重結合 C＝C を 1 つもつ鎖式不飽和炭化水素を（ ① ）という。エテン
は代表的な（ ① ）で，工業的には（ ② ）の熱分解によって得られる。エテンの
C＝C 結合は回転することができないため，構成するすべての原子は常に（ ③ ）
上にある。このエテンの C＝C の存在は，臭素水を作用させたときに臭素の
（ ④ ）色が消えることから確認できる。このとき，C＝C 結合の 1 本が開いてそ
こに臭素が結合しており，このような反応を（ ⑤ ）反応という。

例題研究▶　　**20.** 次の①・②の分子式をもつ化合物すべての構造式を書け。

　　① C_4H_{10}　　　② C_3H_6

着眼 ①一般式 C_nH_{2n+2} であり，アルカンである。
　　　②一般式 C_nH_{2n} であり，シクロアルカンかアルケンである。

解き方 ① C_4H_{10} は C_nH_{2n+2} で表され，アルカンで，鎖状の飽和炭化水素。

異性体をすべて書き出すときの原則は，主鎖(一番長い炭素鎖)の炭素数
の多い炭素骨格から少ないものへと順に書　　$CH_3-CH_2-CH_2-CH_3$
く。C_4H_{10} では，炭素数 4 の主鎖と炭素数 3　　$CH_3-CH-CH_3$
の主鎖の 2 種類の炭素骨格が書ける。　　　　　　　　　｜
　　　　　　　　　　　　　　　　　　　　　　　　　　　CH_3

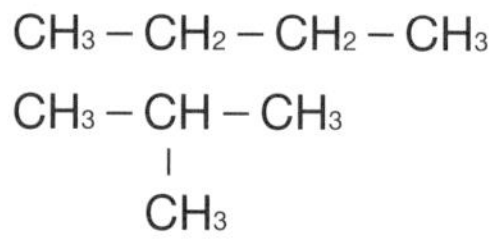

② C_3H_6 は C_nH_{2n} で表され，環状で飽和の
シクロアルカンか二重結合を 1 つもつア　　　CH_2　　　$CH_3-CH=CH_2$
ルケンで，右の 2 つの異性体がある。　　　 ／　＼
　　　　　　　　　　　　　　　　　　　　H_2C-CH_2

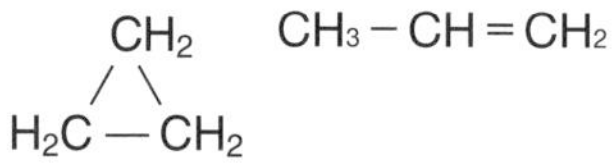

　　　　　　　　　　　　　　　　　　答 **解き方** を参照

230 異性体 ◀テスト必出

次の分子式で表される化合物の構造式をすべて書け。

- □ ①　C_5H_{12}（3）　　□ ②　$C_3H_6Cl_2$（4）　〔注〕（　）内の数値は異性体の数。

231 構造異性体とシス-トランス異性体

分子式 C_4H_8 で表される化合物について，次の問いに答えよ。

- □ ①　シクロアルカンに分類される化合物の構造式をすべて書け。
- □ ②　シス-トランス異性体も区別して，すべてのアルケンの構造式を書け。

応用問題 ●●●●●●●●●●●●●●●●●●●●●●●●●●●●●●●●● 解答 ➡ 別冊 *p.57*

□ **232**　5.60 g のアルケン C_nH_{2n} に臭素を完全に反応させ，37.6 g の化合物を得た。このアルケンの炭素数 n はいくらか。（原子量；H = 1.0，C = 12，Br = 80）

□ **233** ◀差がつく　ニンジンの赤い色素は分子式 $C_{40}H_{56}$ で表され，長い炭素鎖の両端にそれぞれ 1 つの環状構造をもち，三重結合をもたない不飽和炭化水素である。この炭化水素の二重結合の数は，いくつか。

□ **234**　分子式 C_5H_{10} で表され，臭素水を脱色する化合物の構造式をすべて書け。ただし，シス-トランス異性体も区別せよ。

235　次の文を読み，(1)と(2)に答えよ。

有機化合物である（ ① ）は，触媒の存在下で同じ物質量の水素分子と反応して（ ② ）を生じるが，さらに水素と反応すると（ ③ ）を生成する。（ ② ）はエタノールに濃硫酸を加え160〜170℃に加熱しても得ることができる。硫酸水銀（Ⅱ）の存在下で（ ① ）が水と反応すると，不安定な化合物（ ④ ）を経て，より安定な異性体（ ⑤ ）を生じる。また，（ ① ）に塩化水素および酢酸が付加すると，それぞれ（ ⑥ ）および（ ⑦ ）を生じる。（ ⑥ ）および（ ⑦ ）は，適当な触媒下で付加重合して，それぞれ（ ⑧ ）および（ ⑨ ）を生成する。さらに，高温で鉄触媒下で，3分子の（ ① ）から1分子の（ ⑩ ）が生成する。

- □ (1)　①〜⑩にあてはまる化合物の名称と構造式を書け。ただし，高分子化合物は，$\text{+CH}_2 - \text{CH}_2\text{+}_n$ のように書け。
- □ (2)　化合物①の生成法の1つを，化学反応式を用いて書け。

37 アルコールとアルデヒド・ケトン

○ **アルコール R – OH**

① **構造**…炭化水素の – H を – OH で置換した化合物。

② **性質・分類**…(a) 中性物質で，低級なものは水に溶ける。
  └炭素原子の数が少ない。

  (b) Na と反応して H_2 を発生。$2ROH + 2Na \longrightarrow 2RONa + H_2\uparrow$

  (c) – OH の数による分類。– OH が n 個 ➡ n 価アルコール

1価アルコール	2価アルコール	3価アルコール
C_2H_5OH　エタノール	$\begin{array}{l} CH_2OH \\ \| \\ CH_2OH \end{array}$　エチレングリコール	$\begin{array}{l} CH_2OH \\ \| \\ CHOH \\ \| \\ CH_2OH \end{array}$　グリセリン

〔– OH が結合した炭素に結合する炭化水素基の数による分類と酸化〕

分類	第一級アルコール	第二級アルコール	第三級アルコール
構造	炭化水素基が1個 $R^1 – CH_2 – OH$	炭化水素基が2個 $\begin{array}{l}R^1 \\ \ \ \ \ \rangle CH – OH \\ R^2\end{array}$	炭化水素基が3個 $\begin{array}{l}R^1 \\ R^2 – C – OH \\ R^3\end{array}$
酸化	酸化されてアルデヒドになる。 $R^1 – CHO$	酸化されてケトンになる。 $R^1 – CO – R^2$	酸化されにくい。

③ **エタノール C_2H_5OH**

  (a) **製法**　エテン(エチレン)に水を付加。糖類の**アルコール発酵**。
  └ *p.136*

  (b) **濃硫酸と加熱** $\begin{cases} 2C_2H_5OH \longrightarrow C_2H_5 – O – C_2H_5 + H_2O(130\sim140℃) \\ \qquad\qquad \text{└分子間で脱水(縮合反応)} \\ C_2H_5OH \longrightarrow CH_2 = CH_2 + H_2O(160\sim170℃) \\ \qquad\qquad \text{└分子内で脱水(脱水反応)} \end{cases}$
  └脱水反応

○ **エーテル $R^1 – O – R^2$**

① **構造**…エーテル結合をもつ。　　例 $C_2H_5 – O – C_2H_5$

② **製法**…アルコール2分子の脱水縮合で生成。

③ **性質**…同じ分子式のアルコールより**融点・沸点が低い**。
  └エーテルとアルコールは構造異性体の関係にある。

○ **アルデヒド R – CHO**

① **構造**…ホルミル基 – CHO をもつ化合物。　　例 $HCHO$, CH_3CHO
  └アルデヒド基ともいう。

② **製法**…第一級アルコールの酸化。$R – CH_2 – OH \longrightarrow R – CHO$

③ **性質**…低級なものは水に溶ける。**還元性** ➡ **銀鏡反応**，**フェーリング液の還元**。酸化されてカルボン酸になる。$R – CHO \xrightarrow{(O)} R – COOH$
  └赤色の沈殿〔酸化銅(Ⅰ)Cu_2O〕を生じる。

④ アセトアルデヒド CH_3-CHO…エタノールの酸化，アセチレンへの
水の付加などで生成。

◗ **ケトン R^1-CO-R^2**

① **構造**…カルボニル基に2個の炭化水素基が結合した化合物。

② **製法と性質**…第二級アルコールの酸化で生成。還元性は示さない。

③ **アセトン $CH_3-CO-CH_3$**…2-プロパノールの酸化，酢酸カルシウムの乾留で生成。芳香のある液体。水によく溶ける。有機溶媒。
　　└空気を遮断して固体を加熱すること。

④ **ヨードホルム反応**…CH_3CO-，$CH_3CH(OH)-$の検出反応。
　　　└アセチル基(アルデヒドとケトン)
　➡ NaOH と I_2 とともに加熱すると，ヨードホルム CHI_3 を生成。
　　　　　　黄色・特異臭┘

基本問題 ⋯⋯⋯⋯⋯⋯⋯⋯⋯⋯⋯⋯ 解答 ➡ 別冊 *p.58*

236 アルコールとアルデヒドとケトン

次の文中の（　）内に適する語句を記入せよ。

脂肪族炭化水素の水素原子が（①）基で置き換えられた構造の化合物を，一般にアルコールといい，（②），（③），（④）アルコールに分類される。（②）アルコールは酸化されてアルデヒドに，（③）アルコールは酸化されてケトンになるが，（④）アルコールは酸化されにくい。アルデヒドは，アンモニア性硝酸銀水溶液を（⑤）して，（⑥）を析出させる。この反応を（⑦）反応という。また，フェーリング液を（⑤）して，赤色の（⑧）を析出させる。

237 アルコールの分類 ◀テスト必出

次のア〜キのアルコールを第一級，第二級，第三級アルコールに分類せよ。

ア　1-プロパノール　　イ　2-プロパノール　　ウ　メタノール

エ　エタノール　　　　オ　2-メチル-1-プロパノール

カ　2-メチル-2-プロパノール　　キ　2-メチル-2-ブタノール

238 アルコールの分類と性質

次の文に該当する化合物を下のア〜カから選べ。

(1) 3価アルコールである。　　(2) 酸化するとアセトアルデヒドを生じる。

(3) 2価アルコールである。　　(4) 酸化するとアセトンを生じる。

ア　エチレングリコール　　イ　メタノール　　ウ　グリセリン

エ　2-プロパノール　　　　オ　1-プロパノール　　カ　エタノール

239 銀鏡反応

次の化合物のうち，銀鏡反応を示すものはどれか。

ア　HCHO　　イ　CH_3OH　　ウ　CH_3CHO　　エ　CH_3OCH_3

オ　CH_3CH_2OH　　カ　CH_3COCH_3　　キ　CH_3CH_2CHO

240 ヨードホルム反応 ◀テスト必出

次の化合物のうち，ヨードホルム反応を呈するものはどれか。

ア　CH_3OH　　　イ　CH_3CH_2OH　　　ウ　CH_3CHO

エ　CH_3CH_2CHO　　オ　$CH_3CH(OH)CH_3$　　カ　CH_3COCH_3

241 アルコール，ケトンの化学反応式 ◀テスト必出

次の変化を化学反応式で表せ。

(1)　赤熱した銅線をメタノールの蒸気中に入れ，メタノールを酸化。

(2)　エタノールと濃硫酸の混合物を約130℃に加熱。

(3)　エタノールと濃硫酸の混合物を約170℃に加熱。

(4)　酢酸カルシウムの乾留。　　(5)　エタノールと金属ナトリウムの反応。

例題研究▶　**21. 分子式 C_3H_8O で表される化合物には，A，B，C の3つの異性体があり，次の(1)〜(3)の性質を示す。A，B，C の構造式を答えよ。**

(1)　A は，金属ナトリウムと反応し，酸化されるとケトンを生じる。

(2)　B は，金属ナトリウムと反応し，酸化されるとアルデヒドを生じる。

(3)　C は，金属ナトリウムと反応せず，酸化を受けにくい。

着眼　① $C_nH_{2n+2}O$ には，飽和のアルコールと飽和のエーテルがある。
②アルコール ➡ Na と反応，エーテル ➡ Na と反応せず。
③酸化されると，第一級アルコール ➡ アルデヒド，第二級アルコール ➡ ケトン

解き方　C_3H_8O は $C_nH_{2n+2}O$ にあてはまるので，飽和のアルコールと飽和のエーテルがある。A と B は，Na と反応するので，アルコールである。A は，酸化されてケトンを生じるので，第二級アルコールで〔A〕の構造式をとる。B は，酸化されてアルデヒドを生じるので，第一級アルコールで〔B〕の構造式をとる。C は，Na と反応しないので，エーテルで，構造式は〔C〕のようになる。

〔A〕 $CH_3-CH-CH_3$
　　　　　｜
　　　　　OH

〔B〕 $CH_3-CH_2-CH_2-OH$

〔C〕 $CH_3-CH_2-O-CH_3$

答　上記構造式

242 C₃H₈O

次の文を読み，下の(1)，(2)の問いに答えよ。

分子式 C₃H₈O で表される化合物 A，B，C がある。これらに金属ナトリウムを加えると，A と B は水素を発生するが，C は反応しない。A を酸化すると銀鏡反応を呈する D となり，B を酸化すると E となるが，E は銀鏡反応を呈さない。また，C は，酸化を受けにくい。

□ (1) 化合物 A ～ E の構造式と名称を答えよ。

□ (2) 化合物 A ～ E のうち，ヨードホルム反応を呈するものを記号で答えよ。

応用問題

解答 ➡ 別冊 *p.59*

□ **243** 次の記述のうち，誤っているものをすべて選べ。

ア メタノールは，一酸化炭素と水素からつくられる。

イ エタノールは，水によく溶け，水溶液は塩基性を示す。

ウ エタノールは，ナトリウムと反応してエタンを発生する。

エ 2-ブタノールは，2-メチル-2-ブタノールより酸化されやすい。

オ エタノールは，ヨードホルム反応を呈する。

244 次の①～⑤の事項のうち，エタノールにあてはまるものには A，アセトアルデヒドにあてはまるものには B，アセトンにあてはまるものには C を記せ。

□ ① 2-プロパノールの酸化によって生成する。

□ ② 金属ナトリウムと反応して，水素を発生する。

□ ③ 銀鏡反応を示し，フェーリング液を還元する。

□ ④ 濃硫酸と混ぜて160℃～170℃に加熱するとエチレンになる。

□ ⑤ 酢酸カルシウムを乾留すると生成する。

245 ◀差がつく C₄H₁₀O で表される化合物のうち，次の(1)～(4)に該当する化合物の構造式をすべて書け。

□ (1) ナトリウムと反応して水素を発生し，酸化されアルデヒドを生じるもの。

□ (2) ナトリウムと反応して水素を発生し，酸化されケトンを生じるもの。

□ (3) ナトリウムと反応して水素を発生するが，酸化を受けにくいもの。

□ (4) ナトリウムと反応せず，酸化を受けにくいもの。

📖 ガイド C₄H₁₀O は，CₙH₂ₙ₊₂O にあてはまり，飽和のアルコールか飽和のエーテルである。

38 カルボン酸とエステル

テストに出る重要ポイント

● **カルボン酸 R−COOH**…カルボキシ基−COOH をもつ化合物。

① **脂肪酸**…1価の鎖式カルボン酸。炭素数の少ない脂肪酸を**低級脂肪酸**，多いものを**高級脂肪酸**という。　例 CH_3COOH，$C_{17}H_{35}COOH$
　　　　　　　　　　　　　　　　　　　　　　　酢酸(低級脂肪酸)　　ステアリン酸(高級脂肪酸)

② **製法**…アルデヒドの酸化。$R-CHO \longrightarrow R-COOH$

③ **性質**…(a) −COOH は**親水性** ➡ 低級カルボン酸は水に溶ける。

　　(b) **弱酸**で，塩基の水溶液に塩をつくって溶ける。

　　(c) アルコールと反応して**エステル**をつくる。

④ **ギ酸 HCOOH**…**ホルミル基**をもち，**還元性**がある。

⑤ **酢酸 CH_3COOH**…食酢に4〜5％含まれる。高純度の酢酸は冬季に凝固する。➡ **氷酢酸**

　　▶酢酸2分子の脱水縮合により，**無水酢酸**$(CH_3CO)_2O$ が生じる。

⑥ **マレイン酸とフマル酸 CH(COOH)＝CH(COOH)**…互いに**シス−ト**
　　　　　　　　　　　　└シス形　　└トランス形
ランス異性体。シス形のマレイン酸は酸無水物になる。

⑦ **乳酸 $CH_3CH(OH)COOH$**…乳製品に含まれる。**不斉炭素原子**(4種類の原子または原子団の結合した炭素)をもち，**鏡像異性体**が存在。
　　　　　　　　　実像と鏡像の関係にある異性体。光学異性体ともいう┘

● **エステル $R^1-COO-R^2$**

① **製法**…カルボン酸(またはオキソ酸)とアルコールから水がとれて生じる。　例 $CH_3COOH + C_2H_5OH \xrightarrow{\text{エステル化}} CH_3COOC_2H_5 + H_2O$
　　　　　　　　　　　　　　　└酢酸(カルボン酸)┘└エタノール(アルコール)┘　└酢酸エチル(エステル)┘

② **性質**…(a) 水に溶けにくく，芳香をもつ。

　　(b) 強塩基により，カルボン酸の塩とアルコールを生じる。➡ **けん化**

ギ酸
ホルミル基
$H-C\diagdown \begin{matrix} O \\ OH \end{matrix}$
カルボキシ基

基本問題 ●●●●●●●●●●●●●●●●●●●●●●●●●●●●●●●●●● 解答 ➡ 別冊 *p.60*

246 カルボン酸　◀テスト必出

次の(1)〜(5)にあてはまるカルボン酸を，下のア〜オのうちから1つ選べ。

□ (1) 室温では液体で，還元性をもつ。　　□ (2) 鏡像異性体をもつ。

□ (3) 二水和物は，中和滴定の標準物質として使われる。

□ (4) 水に溶けにくい。　　□ (5) アセトアルデヒドを酸化するとできる。

　ア　$(COOH)_2$　　　イ　$C_{17}H_{35}COOH$　　　ウ　HCOOH

　エ　CH_3COOH　　　オ　$CH_3CH(OH)COOH$

□ **247** エステル ◀テスト必出▶
次の文中の（　）内に適する語句，［　］内に化学式を記入せよ。
　酢酸とエタノールの混合物に少量の濃硫酸を加えて加熱すると，次の反応によって，芳香のある，水に溶けにくい（ ① ）という化合物ができる。

［ ② ］+［ ③ ］ ⟶ ［ ④ ］+H₂O
カルボン酸　アルコール

この反応を（ ⑤ ）という。［ ④ ］に水酸化ナトリウム水溶液を加えて加熱すると，加水分解され，エタノールと（ ⑥ ）を生じる。この反応を（ ⑦ ）という。

□ **248** エステルの名称と生成
　次の(1)～(3)のエステルの名称を書き，これらのエステルを水酸化ナトリウム水溶液でけん化したときの化学反応式を書け。ただし，化学式は示性式で示せ。
□ (1)　HCOOC₂H₅　　　□ (2)　CH₃COOCH₃　　　□ (3)　CH₃COOC₂H₅

□ **249** 鏡像異性体
　次の化合物のうち，鏡像異性体があるものをすべて選べ。
ア　CH₃CH₂COOH　　　　イ　CH₃CH(OH)CH₂CH₃
ウ　CH₃CH(OH)COOH　　　エ　HOCH₂CH(OH)CH₂OH
オ　H₂NCH(CH₃)COOH　　　カ　H₂NCH₂CH₂COOH

□ **250** カルボン酸とエステル
　分子式 C₄H₈O₂ で表される化合物には，カルボン酸が2種類，エステルが4種類の異性体が存在する。それらの構造式をカルボン酸とエステルを区別して書け。

【できたらチェック○。】 **応用問題** ••••••••••••••••••••••••••••••••••• 解答 ➡ 別冊 *p.61*

□ **251**　次の A～E に該当する最も適当な物質をア～オから選べ。また，（　）内に適する語句を入れよ。
(1)　A と B は1価のカルボン酸で，A は還元性を示し，B はその性質を示さない。
(2)　C と D は2価のカルボン酸で，互いに（ ① ）異性体であり，（ ② ）形の C を加熱すると比較的容易に脱水されて酸無水物になる。
(3)　E は，ヒドロキシ基をもつカルボン酸で分子中に（ ③ ）炭素原子があり，（ ④ ）異性体が存在する。
ア　ギ酸　　イ　マレイン酸　　ウ　乳酸　　エ　フマル酸　　オ　酢酸

252 次の(1)〜(6)の物質の一般式を A 群から，また関係の深いことがらを B 群から選べ。

- □ (1)　カルボン酸　　□ (2)　アルコール　　□ (3)　アルデヒド
- □ (4)　エーテル　　□ (5)　エステル　　□ (6)　ケトン

〔A 群〕ア　R^1-O-R^2　　イ　R^1-COOH　　ウ　R^1-OH

エ　R^1-CHO　　オ　$R^1-COO-R^2$

カ　R^1-CO-R^2（R^1 と R^2 は炭化水素基）

〔B 群〕(a)　アルコール 2 分子間の脱水反応によって生じる。

(b)　還元作用があり，アンモニア性硝酸銀水溶液を還元する。

(c)　アルデヒドの酸化によって生じる。

(d)　カルボン酸とアルコールの縮合反応によって生じる。

(e)　中性であり，金属ナトリウムと反応して水素を発生する。

(f)　第二級アルコールの酸化によって生じる。

253　◀差がつく▶　次の文中のエステル A 〜 D の構造式を書け。

　分子式 $C_4H_8O_2$ で表されるエステル A，B，C および D がある。A，B，C および D にそれぞれ水酸化ナトリウム水溶液を加えて加熱し，反応液を酸性にすると，A からは化合物 E と F，B からは化合物 E と G，C からは化合物 H と I，D からは化合物 J と K が得られた。化合物 E，H および J はともに酸性の化合物で，E は銀鏡反応を示した。化合物 F，G，I および K はともに中性の化合物で，F と K はヨードホルム反応を示したが，G と I は示さなかった。

254　◀差がつく▶　次の文を読み，下の問いに答えよ。

　分子式 $C_3H_6O_2$ で表される化合物 A，B および C がある。A は，刺激臭をもつ化合物で，水によく溶け，水溶液は酸性を示す。B および C は水に溶けにくい化合物であるが，水酸化ナトリウム水溶液を加えて加熱すると，B からは化合物 D のナトリウム塩と E，C からは化合物 F のナトリウム塩と G が得られた。E はヨードホルム反応を示したが，G は示さなかった。

- □ (1)　化合物 A，B および C の構造式を書け。
- □ (2)　化合物 D 〜 G のうち，銀鏡反応を示す化合物はどれか。記号で答えよ。

39 油脂とセッケン

◎ 油脂

① **油脂**…高級脂肪酸とグリセリンのエステル。R^1, R^2, R^3 の種類・割合により，油脂の種類と性質が決まる。

② **分類**…脂肪 ➡ 固体で，飽和脂肪酸を多く含む。
  └牛脂, 豚脂
  脂肪油 ➡ 液体で，不飽和脂肪酸を多く含む。
  └ごま油, オリーブ油

$$R^1 - COO - CH_2$$
$$R^2 - COO - CH$$
$$R^3 - COO - CH_2$$
油脂の構造

③ **けん化**…油脂を NaOH などで加水分解すると，高級脂肪酸の塩とグリセリンを生じる。
  └セッケン

④ **硬化油**…不飽和結合の多い油脂に，Ni 触媒で水素を付加すると，油脂の融点が高くなって常温で固体となる。これを**硬化油**という。
  └マーガリンの原料

◎ セッケンと合成洗剤

① **セッケン**…高級脂肪酸のナトリウム塩 $RCOO - Na$。油脂を NaOH でけん化してつくる。**疎水基（親油基）で**ある炭化水素基の部分と親水基であるカルボキシ基部分（$-COO^-$）からなる。

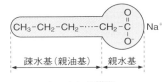

$$CH_3-CH_2-CH_2-\cdots-CH_2-\overset{\overset{O}{\|}}{C} \quad Na^+$$
疎水基（親油基）　　親水基
セッケンの構造

② **セッケンの洗浄作用**…セッケン分子の疎水基の部分を油滴側に向けて油滴を取り囲み，水中に分散させる（**乳化作用**）。これにより油汚れが落ちる。

③ **セッケンの欠点**…(a) 水溶液は弱塩基性で，動物繊維を傷める。
  └タンパク質からなる
  (b) Mg^{2+} や Ca^{2+} と沈殿をつくるので，硬水での使用ができない。

④ **合成洗剤**…(a) 硫酸アルキルナトリウム $R-OSO_3Na$ など。
  (b) 水溶液は中性で，Mg^{2+} や Ca^{2+} と沈殿をつくらない。
  └動物繊維の洗濯可。　　　　　└硬水で使用できる。

基本問題 ••• 解答 ➡ 別冊 *p.62*

255 油脂 ◀テスト必出▶

次の文中の（　　）内に適する語句または数を記入せよ。

炭素数の多い脂肪酸である（ ① ）と，（ ② ）価アルコールであるグリセリンの（ ③ ）を油脂という。二重結合を多く含む（ ④ ）からなる油脂は，常温で（ ⑤ ）体のものが多く，対して飽和脂肪酸からなる油脂は（ ⑥ ）体のものが多い。常温

で（ ⑤ ）体の油脂を（ ⑦ ），（ ⑥ ）体の油脂を（ ⑧ ）という。常温で液体の油脂に Ni を触媒として，（ ⑨ ）を付加すると固体になる。これを（ ⑩ ）という。

　油脂を水酸化ナトリウム水溶液と加熱すると，（ ① ）のナトリウム塩とグリセリンになる。この反応を（ ⑪ ）といい，油脂 1 mol を完全に（ ⑪ ）するのに水酸化ナトリウム（ ⑫ ）mol を必要とする。

256 油脂の示性式とけん化
　グリセリンとステアリン酸 $C_{17}H_{35}COOH$ のみからなる油脂の示性式を書け。また，この油脂が水酸化ナトリウム水溶液でけん化されるときの化学反応式を書け。ただし，油脂は示性式で示せ。

257 油脂の水素の付加
　グリセリンとリノレン酸 $C_{17}H_{29}COOH$ のみからなる油脂がある。
- (1) リノレン酸の分子中には，炭素原子間の二重結合が何個含まれるか。
- (2) この油脂 1 mol に，0℃，$1.0×10^5$ Pa（標準状態）の水素は何 L 付加するか。

258 けん化 ◀テスト必出
　次の(1)，(2)の問いに答えよ。（式量；KOH = 56.0）
- (1) 分子量890の油脂1.00 g をけん化するのに必要な KOH は，何 mg か。
- (2) ある油脂8.00 g をけん化するのに，KOH を1.53 g 必要とした。この油脂の分子量はいくらか。

259 セッケン ◀テスト必出
　次の文中の（　）内に適する語句を記入せよ。
　セッケンは，（ ① ）のナトリウム塩で，（ ② ）基である炭化水素基部分と（ ③ ）基であるカルボキシ基の部分からできており，セッケンのこの構造によって洗浄作用をもつ。その水溶液は，（ ④ ）性を示すため，動物繊維の洗濯には適さない。また，セッケンは Mg^{2+} や Ca^{2+} と沈殿をつくるため，（ ⑤ ）水での使用はできない。

260 セッケンと合成洗剤
　次の文について，セッケンの性質には A，合成洗剤の性質には B，両者に共通な性質には C を，それぞれ記せ。
- (1) 水溶液は中性。 (2) 水溶液は塩基性。 (3) 洗浄作用がある。
- (4) 硬水中で沈殿が生じる。 (5) 疎水基と親水基をもっている。

応用問題 .... 解答 ➡ 別冊 *p.63*

261 油脂 A について，次の問いに答えよ。（有効数字 2 桁）

□(1) 油脂 A 1.4 g に 0.50 mol/L の水酸化カリウム水溶液 30 mL を加え，完全にけん化を行ったのち，未反応の水酸化カリウムを中和するのに 0.50 mol/L の塩酸 20 mL を要した。この油脂の分子量はいくらか。

□(2) 油脂 A 100 g と水酸化ナトリウム（純度 95 %）からセッケンをつくるには，この水酸化ナトリウムが何 g 必要か。（式量；NaOH = 40）

262 ◀差がつく 次の文を読み，下の問いに答えよ。

直鎖の脂肪酸であるステアリン酸 $C_{17}H_{35}COOH$，オレイン酸 $C_{17}H_{33}COOH$，リノール酸 $C_{17}H_{31}COOH$ の混合物とグリセリンから油脂を合成した。得られた油脂を分離・精製し，複数の純粋な油脂を得た。それらの油脂の中で，油脂 A は，ステアリン酸のみを構成脂肪酸としていた。また，油脂 B 0.10 mol には，0℃，1.0×10^5 Pa（標準状態）で 11.2 L の水素が付加した。

□(1) ステアリン酸，オレイン酸，リノール酸には，分子中に炭素原子間の二重結合が何個あるか。それぞれ答えよ。

□(2) 油脂 A の分子式を書け。

□(3) 油脂 B 中には分子中に炭素原子間の二重結合が何個あるか。

□(4) 油脂 B として可能な構造異性体の数を答えよ。また，そのなかで不斉炭素原子をもつ異性体の構造式を右の例にしたがって書け。

〔例〕
$C_{17}H_{35} - COO - CH_2$
$\quad\quad\quad\quad\quad\quad |$
$C_{17}H_{35} - COO - CH$
$\quad\quad\quad\quad\quad\quad |$
$C_{17}H_{35} - COO - CH_2$

263 次の文中の（ ）内に適当な語句を入れよ。

セッケンは（ ① ）酸の（ ② ）塩で，水溶液は（ ③ ）性を示す。このため動物繊維の洗浄には適さない。油で汚れた衣類をセッケンの水溶液中につけてかき回すと，油側にセッケン分子中の（ ④ ）基を向け，（ ⑤ ）基は周囲の水と結合し，油を微粒子として水中に（ ⑥ ）させるため，衣類はきれいになる。この現象を（ ⑦ ）といい，その液体を（ ⑧ ）液という。

また，セッケンは Mg^{2+} や（ ⑨ ）を多く含む（ ⑩ ）水中では難溶性の塩をつくる。（ ⑪ ）洗剤は分子中に（ ④ ）基と（ ⑤ ）基をもち，セッケンと同様に水の（ ⑫ ）を下げるはたらきがあり，Mg^{2+} や（ ⑨ ）との塩が水に（ ⑬ ）ので，（ ⑩ ）水中でも使用できる。

40 芳香族炭化水素

⭐ テストに出る重要ポイント

◉ **ベンゼン** C_6H_6…無色で芳香のある液体。多くのすすを出して燃える。水に溶けにくく，密度は水よりも小さい。正六角形の構造で，すべての原子が同一平面状にある。

ベンゼン

◉ **芳香族炭化水素**…ベンゼン環(ベンゼン分子の環状構造)をもつ化合物を芳香族化合物といい，その中で炭素と水素だけからなるものを芳香族炭化水素という。

① **トルエン**…ベンゼン環の H 原子 1 つをメチル基で置換した化合物。

トルエン

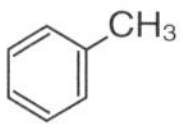

CH_3

② **キシレン**…ベンゼン環の H 原子 2 つをメチル基で置換した化合物。キシレン C_8H_{10} には，メチル基の位置によって $o-$，$m-$，$p-$ の 3 種類の異性体がある。

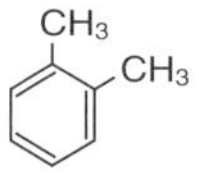

CH_3	CH_3	CH_3
CH_3	CH_3	CH_3
o-キシレン	m-キシレン	p-キシレン

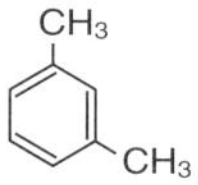

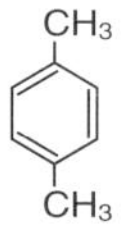

〔異性体〕ベンゼンの二置換体には，3 種類の異性体がある。

2 つの置換基が右図の位置にあるとき，左からオルト，メタ，パラという接頭語をつけてよぶ。

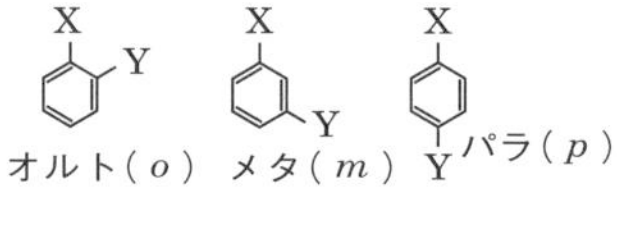

X—Y X—Y X—Y
オルト(o)　メタ(m)　パラ(p)

③ **ナフタレン**…ベンゼン環が 2 個つながった構造で，白色固体。

ナフタレン

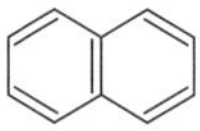

④ アントラセン…ベンゼン環が3個つながった構造で，白色固体。ナフタレン，アントラセンともに防虫剤や殺虫剤などに使用。

アントラセン

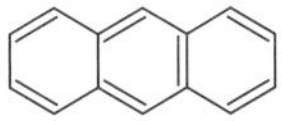

● ベンゼンの反応…ベンゼン環は付加反応を起こしにくく，置換反応を起こしやすい。以下の①～③は置換反応で，④は付加反応。

① ハロゲン化（塩素化）…有機化合物の分子中のH原子がハロゲン原子で置換される反応。塩素原子で置換される反応を特に塩素化という。

$$C_6H_6 + Cl_2 \xrightarrow{Fe触媒} C_6H_5Cl + HCl$$
クロロベンゼン

② スルホン化…有機化合物の分子中のH原子がスルホ基－SO₃Hで置換される反応。

$$C_6H_6 + H_2SO_4 \xrightarrow{加熱} C_6H_5SO_3H + H_2O$$
ベンゼンスルホン酸

③ ニトロ化…有機化合物の分子中のH原子がニトロ基－NO₂で置換される反応。

$$C_6H_6 + HNO_3 \xrightarrow[加温]{濃硫酸} C_6H_5NO_2 + H_2O$$
ニトロベンゼン

④ 付加反応…以下の特別な条件下で付加反応を起こす。

水素の付加〈白金PtまたはニッケルNi触媒，加圧下〉

$$C_6H_6 + 3H_2 \xrightarrow[高圧]{触媒} C_6H_{12}$$
シクロヘキサン

ハロゲンの付加〈紫外線照射下〉

$$C_6H_6 + 3Cl_2 \xrightarrow{光（紫外線）} C_6H_6Cl_6$$
1,2,3,4,5,6-ヘキサクロロシクロヘキサン

基本問題 •• 解答 ➡ 別冊 *p.63*

264 ベンゼン

ベンゼンに関する記述として誤りを含むものを，次のア～オから1つ選べ。

ア　炭素原子間の結合の長さは，すべて等しい。

イ　すべての原子は，同一平面上にある。

ウ　揮発性であり，引火しやすい。

エ　付加反応よりも置換反応を起こしやすい。

オ　過マンガン酸カリウムの硫酸酸性溶液によって，容易に酸化される。

□ **265** ベンゼンの反応 ◀テスト必出

次の文中の（　）内には適する語句，[　]内には構造式を記入せよ。

ベンゼンはエテンと異なり，臭素水を加えても（ ① ）反応は起こしにくく，むしろベンゼンの水素原子が他の原子や原子団に置き換わる（ ② ）反応を起こしやすい。鉄を触媒として，ベンゼンに臭素を作用させると，（ ③ ）が生成する。

$C_6H_6 + Br_2 \longrightarrow$ [④] $+ HBr$

ベンゼンに濃硝酸と濃硫酸の混酸を作用させると，（ ⑤ ）を生じる。

$C_6H_6 + HNO_3 \longrightarrow$ [⑥] $+ H_2O$

また，ベンゼンに濃硫酸を作用させると，（ ⑦ ）を生じる。

$C_6H_6 + H_2SO_4 \longrightarrow$ [⑧] $+ H_2O$

一方，条件によってはベンゼンも（ ① ）反応を起こす。たとえば，ベンゼンに紫外線を照射しながら塩素を作用させると，（ ⑨ ）を生成する。

$C_6H_6 + 3Cl_2 \longrightarrow$ [⑩]

□ **266** 芳香族炭化水素の酸化

次のア〜オの化合物のうち，酸化すると安息香酸 C_6H_5COOH を生じるものをすべて選べ。

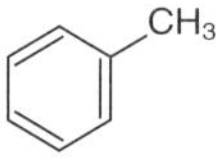

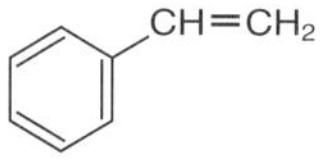

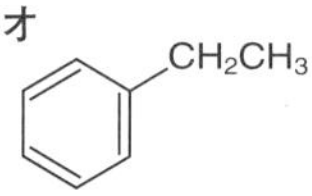

267 異性体 ◀テスト必出

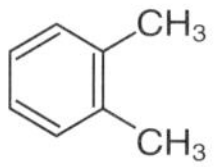

次の(1)と(2)の化合物には，それぞれ何種類の異性体があるか。

□ (1)　ベンゼンの2個の水素原子を塩素原子で置換した化合物。

□ (2)　分子式 C_8H_{10} で表される芳香族炭化水素。

応用問題 ……………………………………………… 解答 ➡ 別冊 *p.64*

できたらチェック□

268　次の反応①〜⑤は，付加反応（付加重合も含む）と置換反応のいずれか。

□ ①　アセチレン ⟶ ベンゼン　　□ ②　ベンゼン ⟶ ブロモベンゼン

□ ③　ベンゼン ⟶ 1, 2, 3, 4, 5, 6-ヘキサクロロシクロヘキサン

□ ④　ベンゼン ⟶ ニトロベンゼン

□ ⑤　ベンゼン ⟶ ベンゼンスルホン酸

269 ベンゼンとシクロヘキサンについて，次の①～④が，ベンゼンとシクロヘキサンの両方にあてはまるときは **A**，ベンゼンだけにあてはまるときは **B**，シクロヘキサンだけにあてはまるときは **C** を記せ。

（原子量；H = 1.00，C = 12.0，O = 16.0）

□ ① 塩素と室温・暗所では反応しないが，光の照射下では反応する。

□ ② 分子内の原子はすべて同一平面上にある。

□ ③ 濃硫酸と濃硝酸からなる混酸を作用させるとニトロ化合物が生じる。

□ ④ 10.0 g を完全燃焼するには，理論的に0℃，1.0×10^5 Pa（標準状態）で22.4 L の酸素量では不十分である。

270 ◀差がつく▶ 次の(1)～(3)の問いに答えよ。

□ (1) トルエンの水素原子の1つを臭素原子で置換した化合物には，いくつの異性体があるか。

□ (2) 分子式が $C_6H_3Br_3$ で，ベンゼン環を1つもつ芳香族化合物には，いくつの異性体があるか。

□ (3) ナフタレンの水素原子の1つを臭素原子で置換した化合物には，いくつの異性体があるか。ただし，ナフタレンは ⬡⬡ の構造式をもつ。

271 ◀差がつく▶ 次の文を読み，**A**，**B**，**C**，**D** および **E** の構造式を書け。ただし，**D** と **E** は，互いに区別する必要はない。

化合物 **A**，**B** は共に，分子式 C_8H_{10} の芳香族炭化水素である。濃硫酸と濃硝酸との混合物を作用させると，それぞれ1 mol あたり1 mol の硝酸を消費して，**A** は単一の生成物 **C** を与えるのに対して，**B** は2種類の化合物 **D**，**E** の混合物を与える。

272 ベンゼン環にアルキル基が直接結合した化合物を酸化すると，芳香族カルボン酸が得られる。

いま，ベンゼン環を含む構造未知の化合物 **A** を酸化したところ，カルボン酸 **B** が得られた。カルボン酸 **B** の1.00 g を中和するのに，1.00 mol/L の水酸化ナトリウム水溶液が12.0 mL 必要であった。化合物 **A** の構造式として適当なものを，次のア～エから1つ選べ。（原子量；H = 1.00，C = 12.0，O = 16.0）

ア 〔ベンゼン環〕CH₃　イ 〔ベンゼン環〕CH=CH₂　ウ 〔ベンゼン環〕CH₃ CH₃　エ 〔ベンゼン環〕CH₃ H₃C CH₃

41 フェノール類と芳香族カルボン酸

テストに出る重要ポイント

フェノール類

① **構造**…ベンゼン環に－OH 基が結合した化合物。 例 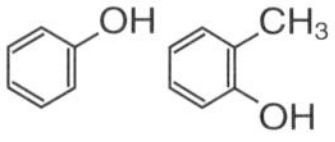

② **性質**

(a) **弱酸**で，NaOH 水溶液に塩をつくって溶ける。

(b) $FeCl_3$ 水溶液で**青紫～赤紫色に呈色**。

(c) アルコール同様，Na と反応して H_2 を発生する。

(d) アルコール同様，－OH 基がエステルをつくる。

③ **フェノールの製法**

(a) **クメン法**…ベンゼンとプロペンからフェノールをつくる。

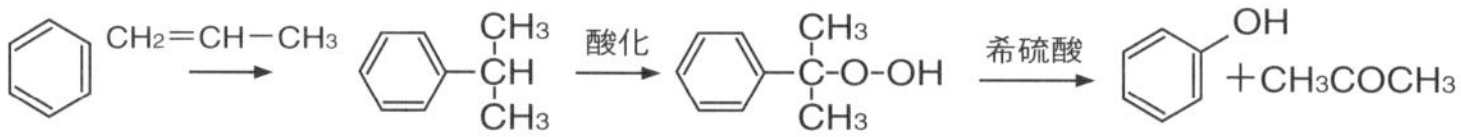

(b) ベンゼンスルホン酸のアルカリ融解

現在これらの方法は行われていない。

(c) クロロベンゼンの加水分解

芳香族カルボン酸…ベンゼン環に－COOH 基が結合。

① **安息香酸** C_6H_5COOH…$NaHCO_3$ 水溶液に溶ける。

② **フタル酸** $C_6H_4(COOH)_2$…加熱で**無水フタル酸**になる。

③ **サリチル酸** $C_6H_4(OH)COOH$

〔**製法**〕ナトリウムフェノキシドに CO_2 を加熱・加圧する。

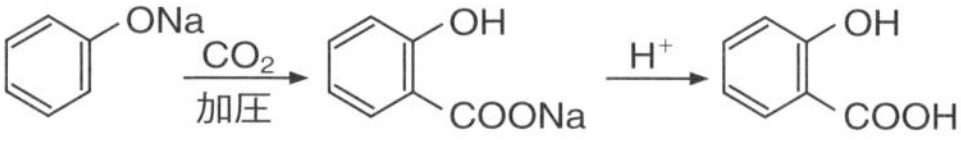

〔**性質**〕メタノールと反応して**サリチル酸メチル**，無水酢酸と反応して**アセチルサリチル酸**の 2 種類のエステルをつくる。サリチル酸メチルは消炎鎮痛剤として外用塗布薬に，アセチルサリチル酸は解熱鎮痛剤に用いられる。

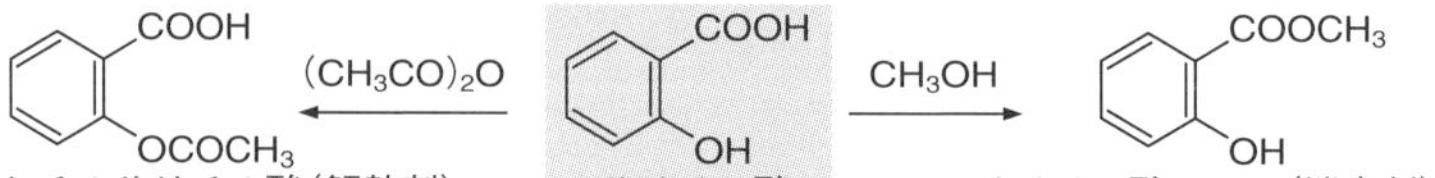

アセチルサリチル酸（解熱剤）　サリチル酸　サリチル酸メチル（消炎剤）

● **酸の強弱**…H_2SO_4, HCl＞$R-COOH$＞CO_2+H_2O＞フェノール類

● **エステル化**…フェノールと無水酢酸を反応させた場合，酢酸フェニル
が生成する。CH_3CO-を**アセチル基**といい，この反応を**アセチル化**と
もいう。

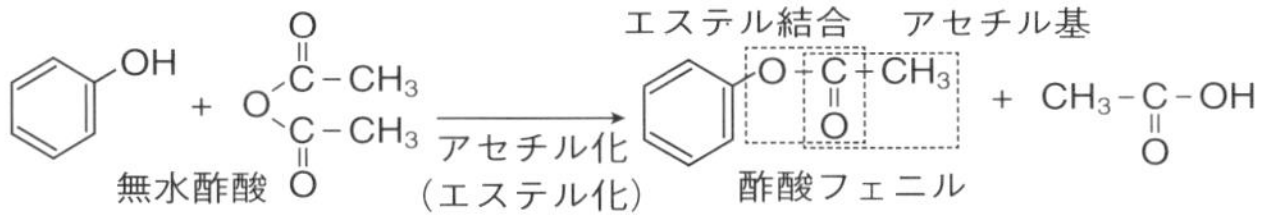

● **芳香族置換反応**

① **臭素化**…フェノール水溶液に臭素水を加えると，2,4,6-トリブロモ
フェノールの白色沈殿が生じる。

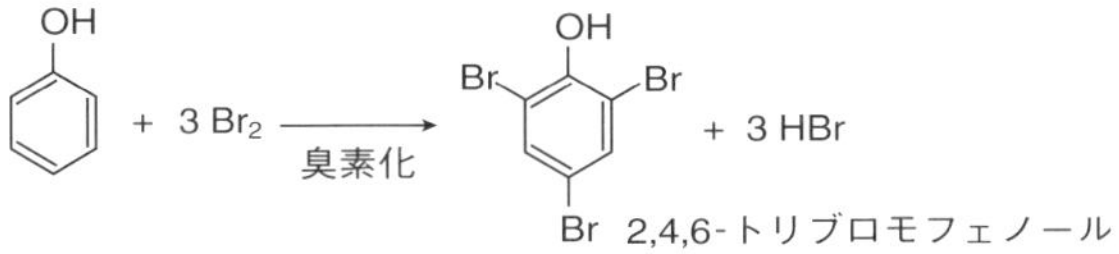

② **ニトロ化**…混酸と反応させると，ピクリン酸が生じる。

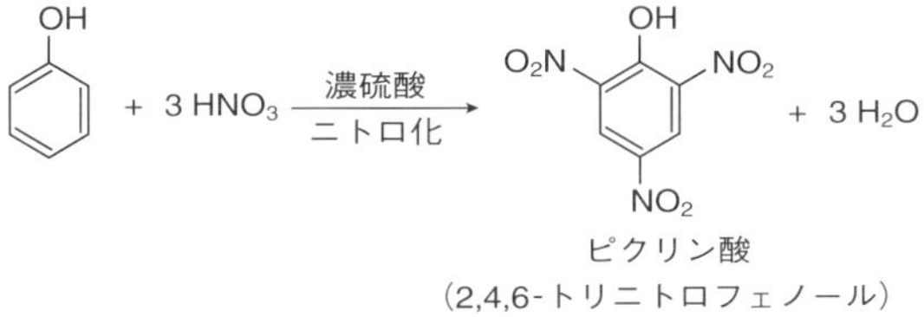

基本問題 ⋯⋯⋯⋯⋯⋯⋯⋯⋯⋯⋯⋯⋯⋯⋯⋯⋯⋯⋯ 解答 ➡ 別冊 *p.65*

273 フェノール 〈テスト必出〉

フェノールに関する次のア～オのうち，誤っているものをすべて選べ。

ア 塩化鉄(Ⅲ)水溶液を加えると紫色を示す。

イ －OH基があるので塩基性を示す。

ウ 水酸化ナトリウム水溶液を加えると塩を生じる。

エ 炭酸水素ナトリウム水溶液を加えると二酸化炭素を発生する。

オ ナトリウムフェノキシド水溶液に二酸化炭素を吹き込むと生成する。

274 塩化鉄(Ⅲ)による呈色

次のア～オの化合物のうち，FeCl₃ 水溶液で呈色しないものを選べ。

ア 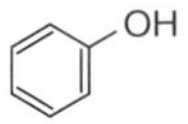 イ 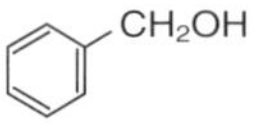 ウ 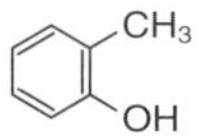 エ 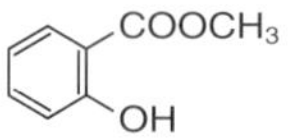 オ

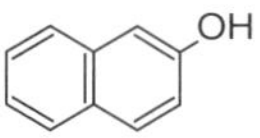

275 サリチル酸の反応

サリチル酸を無水酢酸と加熱して得られる化合物 **A** と，サリチル酸にメタノールと濃硫酸を加えて加熱すると得られる化合物 **B** を，次のア～オからそれぞれ選べ。

ア イ 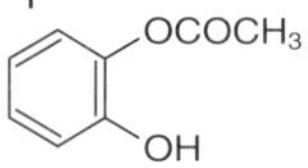 ウ 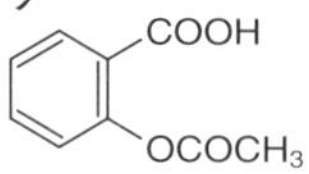 エ 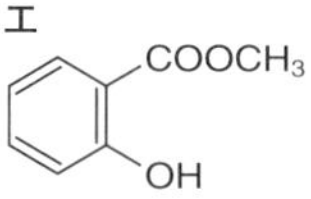 オ

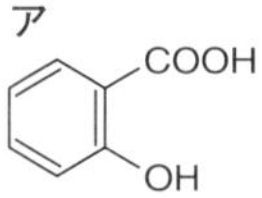

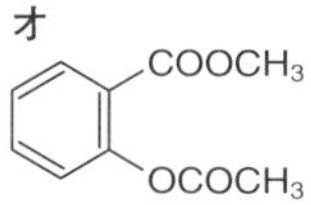

276 酸の強弱　◀テスト必出

酢酸は炭酸水素ナトリウムと反応して，二酸化炭素が発生する。また，ナトリウムフェノキシドの水溶液に二酸化炭素を通じると，フェノールを生じる。酢酸，フェノール，炭酸(二酸化炭素の水溶液)について，酸の強さの順序を不等号で正しく示したものを次のア～カのうちから 1 つ選べ。

ア　酢酸＞炭酸＞フェノール　　　イ　酢酸＞フェノール＞炭酸

ウ　フェノール＞酢酸＞炭酸　　　エ　フェノール＞炭酸＞酢酸

オ　炭酸＞酢酸＞フェノール　　　カ　炭酸＞フェノール＞酢酸

277 フェノールとエタノール　◀テスト必出

次の事項について，エタノールだけに関係するものには **A**，フェノールだけに関係するものには **B**，両方に共通するものには **C** を記せ。

① 　水によく溶ける。

② 　水酸化ナトリウムと反応して塩を生じる。

③ 　ナトリウムと反応して水素を発生する。

④ 　水溶液は中性である。

⑤ 　塩化鉄(Ⅲ)水溶液で青紫色になる。

⑥ 　水溶液は酸性である。

⑦ 　エステルをつくる。

解答 ➡ 別冊 *p.66*

応用問題

☐ **278** ベンゼンの水素原子1個を, $-CH_3$, $-NO_2$, $-COOH$, $-OH$, $-SO_3H$ で置換した化合物 **A**, **B**, **C**, **D** および **E** に, 最も関係のある記述を次のア～オからそれぞれ選べ。

ア 塩化鉄(Ⅲ)水溶液により紫色に呈色する。

イ 水溶液は弱酸性で, 炭酸水素ナトリウム水溶液と反応して二酸化炭素を発生する。

ウ 無色～淡黄色の液体で, 水に不溶である。

エ 水に可溶で強酸性を示す。

オ ベンゼンに似た性質を示し, 水に不溶である。

279 **◀差がつく** 分子式 C_7H_8O で表される芳香族化合物において, 次の(1)～(3)に該当するものの構造式を書け。

☐ (1) 塩化鉄(Ⅲ)水溶液を加えると, 紫色に呈色する。(3種類)

☐ (2) Na を加えると, 水素が発生し, 塩化鉄(Ⅲ)水溶液で呈色しない。(1種類)

☐ (3) Na を加えても, 水素を発生しない。(1種類)

☐ **280** **◀差がつく** 反応 **A**～**C** は, いずれもフェノールの合成法である。(1)～(8)にあてはまる最も適当な反応操作を, 下のア～クから1つずつ選べ。

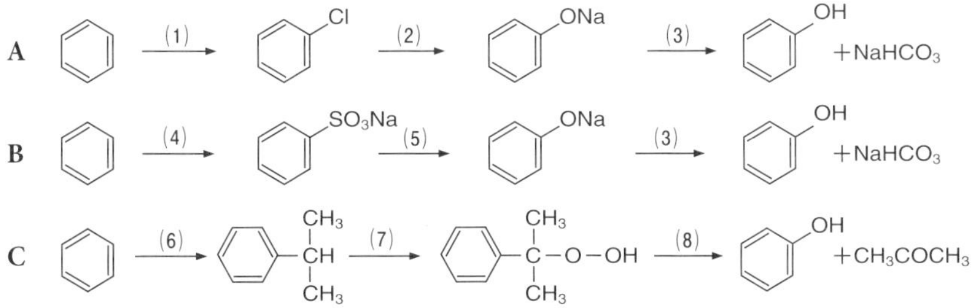

ア 希硫酸を作用させる。

イ 鉄粉を触媒として, 塩素を通す。

ウ 触媒を用いて, 酸素と反応させる。

エ 水に溶かして, 二酸化炭素を通す。

オ 触媒を用いて, プロペン(プロピレン)と反応させる。

カ 濃硫酸を加えて加熱後, 水酸化ナトリウム水溶液で中和する。

キ 水酸化ナトリウムで, アルカリ融解する。

ク 水酸化ナトリウム水溶液を加え, 加圧下で加熱する。

42 芳香族アミンとアゾ化合物

◉ **芳香族アミン**

① アミン…NH₃分子のH原子を炭化水素基で置換した化合物。

② アニリン $C_6H_5NH_2$

〔構造〕NH₃のH原子をフェニル基で置換した化合物。

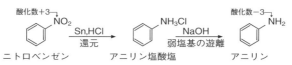

　　　酸化数+3　　　　　　　　　　　　　　　　　　　　　酸化数-3
　　　　NO₂　　　　　　　　　　NH₃Cl　　　　　　　　　　NH₂
　　　　　　　 Sn,HCl　　　　　　　　　　 NaOH
　　　　　　　 ───→　　　　　　　　───────→
　　　　　　　 還元　　　　　　　　　弱塩基の遊離
　 ニトロベンゼン　　　　　　アニリン塩酸塩　　　　　　　アニリン

〔製法〕ニトロベンゼンを還元する。

〔性質〕(i)**弱塩基**で，塩酸に塩をつ
くって溶ける。

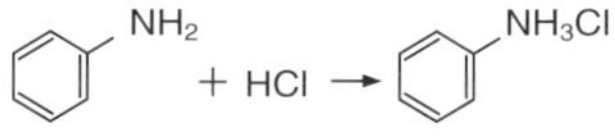

　　　　　　NH₂　　　　　　　　　NH₃Cl
　　　　　　　　 + HCl ──→

(ii)酸化されやすい ➡ さらし粉で**赤紫色**に呈色。また，硫酸酸性
の二クロム酸カリウム水溶液で黒色の染料である**アニリンブ
ラック**ができる。

(iii)無水酢酸と反応して**アセトアニリド**(アミド)になる。
　　　　　　　　　　　　　　アミド結合-NHCO-をもつ化合物。
$C_6H_5NH_2 + (CH_3CO)_2O \longrightarrow C_6H_5NHCOCH_3 + CH_3COOH$
　　　　　　　 アセチル化→　　　　　　　　アセトアニリド

◉ **アゾ化合物**(-N=N-基をもつ化合物)…黄～赤色の染料(アゾ染料)と
して使用。

① **ジアゾ化**…$R-N^+\equiv N$ の構造をもつジアゾニウム塩をつくる反応。
アニリンを5℃以下にして塩酸と亜硝酸ナトリウム $NaNO_2$ を反応
させると，塩化ベンゼンジアゾニウムが生成する。

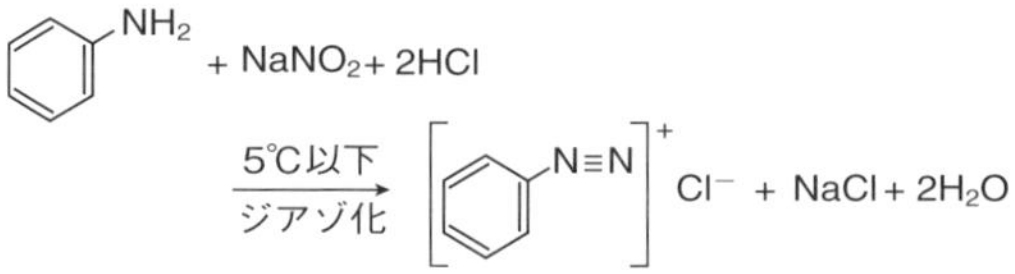

　　　　NH₂
　　　　　　 + NaNO₂+ 2HCl

　　　　　 5℃以下　　　　　　　　　　　　+
　　　　　 ─────→　　[　　　−N≡N]　Cl⁻ + NaCl+ 2H₂O
　　　　　 ジアゾ化
　　　　　　　　　　　塩化ベンゼンジアゾニウム

② **ジアゾカップリング**…ジアゾニウム塩からアゾ化合物を得る反応。

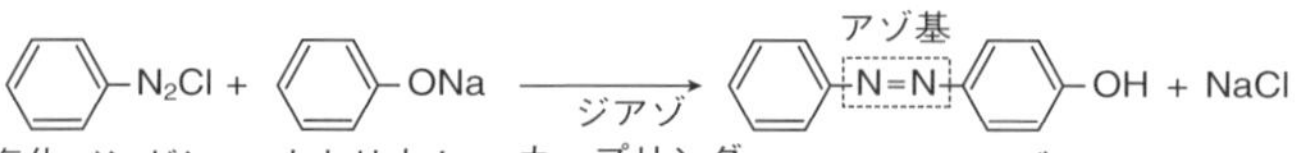

　　　　　　　　　　　　　　　　　　　　　　　アゾ基
　　−N₂Cl + 　　　−ONa ───→ 　　　−N=N− 　　　−OH + NaCl
　　　　　　　　　　　　　 ジアゾ
　 塩化ベンゼン　 ナトリウム　 カップリング　 *p*-フェニルアゾフェノール
　 ジアゾニウム　 フェノキシド　　　　　　　 (*p*-ヒドロキシアゾベンゼン)

基本問題 ・・ 解答 ⇒ 別冊 *p.67*

できたら○チェック

□ **281** アニリンとその誘導体　◀テスト必出

次の文中の（　　）内に適する語句，[　　]内には化学式を記入せよ。

ニトロベンゼンをスズと塩酸で（ ① ）し，さらに水酸化ナトリウム水溶液を加えると，特有のにおいのある油状物質の（ ② ）ができる。（ ② ）は水にほとんど溶けないが，希塩酸にはよく溶ける。

この理由は，分子内の（ ③ ）基が塩基性であるため，希塩酸には（ ④ ）とよばれる塩をつくってよく溶ける。

[⑤]＋HCl ⟶ [⑥]　　※[⑤]は，（ ② ）の化学式

例題研究▶　22. 次の図は，ベンゼンからアゾ化合物を合成する反応の系統を表したものである。これについて，あとの問いに答えよ。

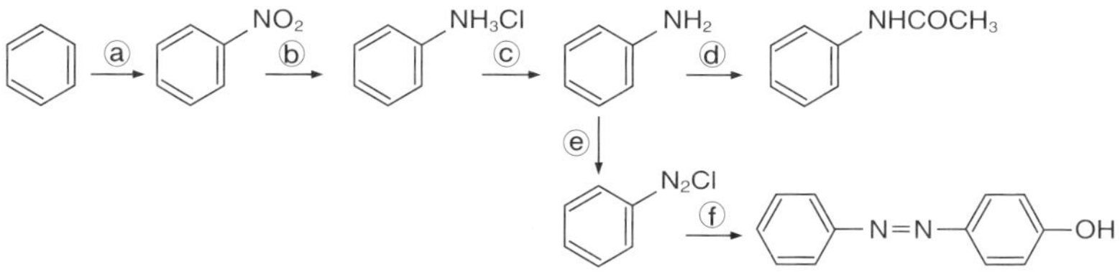

(1)　ⓐ～ⓕにおいて，それぞれ何を作用させればよいか。次のア～クから適当な物質を，ⓐⓑⓔⓕは2つずつ，ⓒⓓは1つずつ選び，記号で答えよ（同じものを選んでもよい）。

ア　水酸化ナトリウム　　イ　亜硝酸ナトリウム　　ウ　濃硫酸
エ　塩酸　　　　　　　　オ　フェノール　　　　　カ　濃硝酸
キ　スズ　　　　　　　　ク　無水酢酸

(2)　ⓐ～ⓕの反応は，それぞれ何とよばれるか。次の語群より選べ。
〔語群〕
酸化反応　　還元反応　　中和反応　　弱酸の遊離　　弱塩基の遊離
アセチル化　　塩素化　　スルホン化　　ニトロ化　　ジアゾ化
ジアゾカップリング

(3)　分解しやすく，氷冷が必要な物質を上の図中から選び，その名称を答えよ。

着眼　①ベンゼンの置換基の変化に注目する。
　　　②濃硫酸や水酸化ナトリウムなど，反応に補助的な試薬も忘れないこと。

解き方 (1)(2)　ⓐは，ニトロ化で，濃硝酸と濃硫酸の混合物を用いる。

ⓑは還元。スズと塩酸を加えて，ニトロベンゼンを還元する。

ⓒは弱塩基の遊離。弱塩基の塩であるアニリン塩酸塩に強塩基である水酸化ナトリウム水溶液を加えて，弱塩基のアニリンを遊離させる。

ⓓはアセチル化。アミノ基 $-NH_2$ が無水酢酸によりアセチル化され，アセチル基 $-COCH_3$ をもつアセトアニリドになる。

ⓔはジアゾ化。アニリンのジアゾ化は，アニリンの希塩酸溶液を氷冷しながら，亜硝酸ナトリウム水溶液を加えることで起こる。

ⓕはジアゾカップリング。塩化ベンゼンジアゾニウムの水溶液に，フェノールを水酸化ナトリウム水溶液に溶かしてナトリウムフェノキシドとしたものを加えると，ジアゾカップリングが起こる。

(3)　塩化ベンゼンジアゾニウム $C_6H_5N_2Cl$ は低温では安定して存在するが，温度が上がると分解しやすく，窒素とフェノールを生じる。したがって，ⓔの操作は氷冷しながら行う。

答 (1)　ⓐウ，カ　ⓑエ，キ　ⓒア　ⓓク
ⓔイ，エ　ⓕア，オ

(2)　ⓐニトロ化　ⓑ還元反応　ⓒ弱塩基の遊離　ⓓアセチル化
ⓔジアゾ化　ⓕジアゾカップリング

(3)　塩化ベンゼンジアゾニウム

□ 282 ジアゾ化とアゾ化合物 〈テスト必出〉

次の化学反応式は，アゾ化合物を合成する経路を示したものである。[　　]内に入る物質の化学式と名称を記せ。

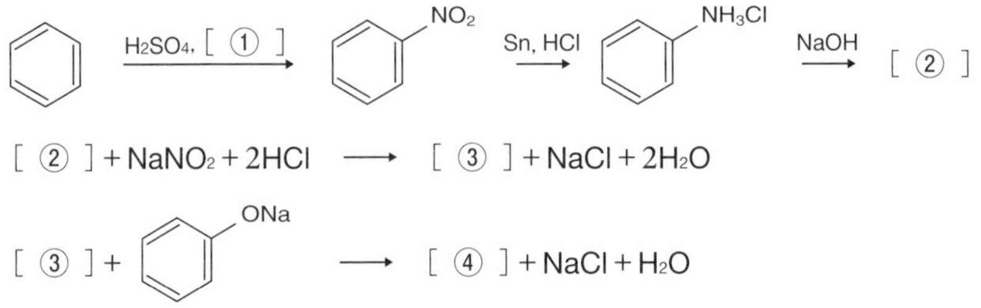

H2SO4, [①]
NO2
Sn, HCl
NH3Cl
NaOH
[②]
[②] + NaNO2 + 2HCl ⟶ [③] + NaCl + 2H2O
[③] +
ONa
⟶ [④] + NaCl + H2O

□ **283** ジアゾ化とジアゾカップリング

　アニリンとフェノールからアゾ化合物を合成する実験を行った。次のア～オの操作を，アを初めとして正しい順に並べかえよ。また，ジアゾ化とジアゾカップリングは，ア～オのどの段階で起こっているか。

　ア　三角フラスコにアニリンを入れ，希塩酸を入れて溶かし，氷水で冷却した。

　イ　試験管に液体のフェノールを入れ，水酸化ナトリウム水溶液を加えてよく振り混ぜて，溶液**B**をつくった。

　ウ　ガーゼに溶液**A**を滴下すると，ガーゼが橙赤色に染まった。

　エ　シャーレにガーゼを置き，ガーゼに溶液**B**を注いでしみ込ませた。

　オ　1つ前の手順で得られた溶液に，亜硝酸ナトリウム水溶液を，温度が上がらないように少量ずつ加えて溶液**A**をつくった。

[できたらチェック] **応用問題** ●●●●●●●●●●●●●●●●●●●●●●●●●●●●●● 解答 ➡ 別冊 *p.68*

□ **284** 次のアニリンに関するア～カの記述で誤っているものをすべて選べ。

　ア　アニリンの塩酸塩は硝酸と反応して，塩化ベンゼンジアゾニウムを生じる。

　イ　アニリンに無水酢酸を作用させると，アセトアニリドを生じる。

　ウ　二クロム酸カリウムと濃硫酸でアニリンを酸化すると，黒色沈殿を生じる。

　エ　アニリンに塩化鉄(Ⅲ)水溶液を加えると青紫色になる。

　オ　アニリン塩酸塩を含む水溶液に水酸化ナトリウム水溶液を加えると，アニリンが遊離する。

　カ　アニリンにさらし粉水溶液を作用させると，赤紫色になる。

285 ◀差がつく▶ ベンゼンを原料にして，濃硫酸と濃硝酸の混合物と反応させたのち，スズと塩酸によってアニリンをつくることができる。

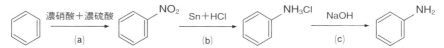

この反応について，次の問いに答えよ。(原子量：H = 1.0，C = 12，N = 14，O = 16)

□ (1)　ベンゼンが，完全に上の(a)～(c)の化学反応をすれば，ベンゼン1.0kgから合成されるアニリンは何kgか。

□ (2)　もし，(b)・(c)の反応において，ニトロベンゼンの80％がアニリンに変化するとすれば，アニリン1.0kgを得るためには，ニトロベンゼンは何kg必要か。

43 有機化合物の分離

◉ **酸・塩基による抽出**

酸性物質	塩基性物質	中性物質
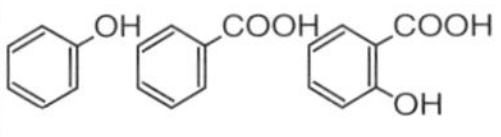 OH COOH COOH/OH	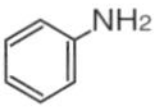 NH₂	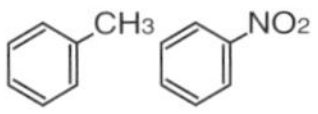 CH₃ NO₂
NaOH 水溶液を加えると，塩をつくって溶ける。	希塩酸を加えると，塩をつくって溶ける。	NaOH 水溶液・希塩酸どちらにも溶けない。

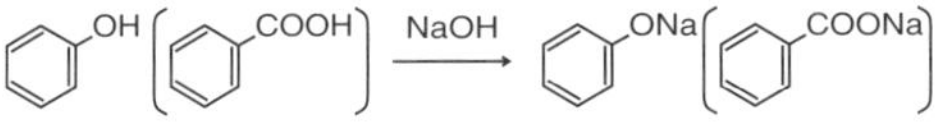

OH〔COOH〕 —NaOH→ ONa〔COONa〕　　　NH₂ —HCl→ NH₃Cl

エーテル溶液　　　　　水層に溶け出す 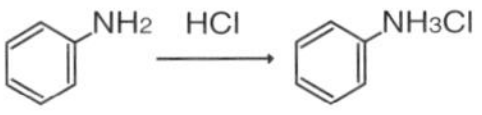　　　エーテル溶液　　水層に溶け出す

◉ **炭酸水素ナトリウム水溶液による抽出**…フェノールのエーテル溶液に
└炭酸より弱い酸┘
炭酸水素ナトリウム水溶液を加えても変化はないが，安息香酸のエー
　　　　　　　　　　　　　　　　　　　　　炭酸より強い酸┘
テル溶液に炭酸水素ナトリウム水溶液を加えると，安息香酸の塩が生
成し，水層に抽出される。

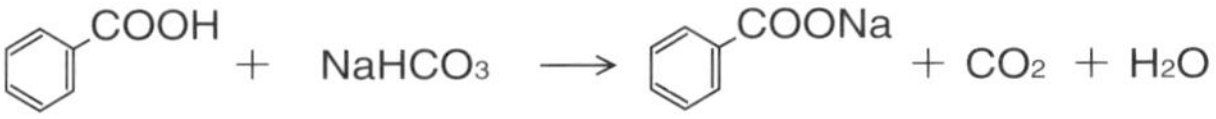

OH + NaHCO₃ ⟶ 変化なし

COOH + NaHCO₃ ⟶ COONa + CO₂ + H₂O

「強い酸」 ＋ 「弱酸の塩」 ⟶ 「強い酸の塩」 ＋ 「弱酸」

基本問題 •• 解答 ⟹ 別冊 *p.68*

286 有機化合物の抽出

　次のア〜ケのエーテル溶液がある。これらのなかで(1)〜(4)に該当するものを記
号で答えよ。ただし，ア〜ケの記号を何回使ってもよい。

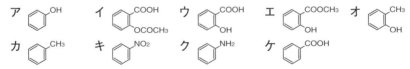

ア OH　　イ COOH/OCOCH₃　　ウ COOH/OH　　エ COOCH₃/OH　　オ CH₃/OH

カ CH₃　　キ NO₂　　ク NH₂　　ケ COOH

□ (1) うすい水酸化ナトリウム水溶液を加え混ぜると，水層に抽出されるもの。

□ (2) うすい炭酸水素ナトリウム水溶液を加え混ぜると，水層に抽出されるもの。

□ (3) 希塩酸を加え振り混ぜると，水層に抽出されるもの。

□ (4) 水酸化ナトリウム水溶液にも，希塩酸にも抽出されないもの。

287 有機化合物の分離 ◀テスト必出▶

ベンゼン，アニリン，フェノール，安息香酸のエーテル混合溶液がある。これら4種類の化合物を分離するために，右図の操作を行った。(1)，(2)に答えよ。

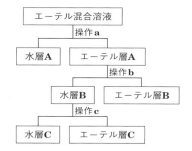

☐ (1) 操作 a ～ c に該当するものを次のア～エから選び，番号で答えよ。

　　ア　二酸化炭素を十分に吹き込み，振り混ぜる。

　　イ　二酸化炭素を十分に吹き込んでからエーテルを加え，振り混ぜる。

　　ウ　水酸化ナトリウム水溶液を十分に加え，振り混ぜる。

　　エ　希塩酸を十分に加え，振り混ぜる。

☐ (2) 水層 A，C およびエーテル層 B，C に含まれる化合物の構造式を書け。

応用問題 ●●●●●●●●●●●●●●●●●●●●●●●●●●●●●●● 解答 ➡ 別冊 *p.69*

288 ◀差がつく▶ 次のア～エに示した，芳香族化合物の混合物がある。下の(1)，(2)の操作によって互いに分離できるものを，ア～エのうちからすべて選べ。

できたらチェック✓

　　ア　ベンゼンとニトロベンゼン　　　イ　ニトロベンゼンとアニリン

　　ウ　アニリンとアセトアニリド　　　エ　安息香酸と安息香酸エチル

☐ (1) 十分な量の希塩酸とジエチルエーテルを加えて抽出操作を行う。

☐ (2) 十分な量の炭酸水素ナトリウムの飽和水溶液とジエチルエーテルを加えて抽出操作を行う。

289 アセチルサリチル酸，アセトアニリド，アニリン，サリチル酸メチルを含むエーテル溶液がある。これらの化合物を分離するために，次の操作①～④を行った。①～④の各段階で抽出分離された化合物 A ～ D の構造式を書け。

☐ ① うすい炭酸水素ナトリウム水溶液を加えて抽出し，水層を中和し，化合物 A を分離した。

☐ ② 残りのエーテル層をうすい水酸化ナトリウム水溶液で抽出し，水層を中和し，化合物 B を分離した。

☐ ③ A，B を取り除いたエーテル層を希塩酸で抽出し，水層を中和して，化合物 C を分離した。

☐ ④ 最後に残ったエーテル層からエーテルを追い出すと，化合物 D が得られた。

44 高分子化合物と重合の種類

◉ 高分子化合物

① **高分子化合物**…分子量が約1万以上の分子からなる化合物。

② **種類**…天然に存在するもの(天然高分子化合物)と合成されたもの(合成高分子化合物)があり,それぞれ無機高分子化合物と有機高分子化合物に分けられる。

	無機高分子化合物	有機高分子化合物
天然高分子化合物	雲母,石英,水晶	デンプン,タンパク質,天然ゴム,核酸
合成高分子化合物	ケイ素樹脂(シリコーン),ガラス	合成繊維,合成樹脂,合成ゴム

③ **特徴**…固体は結晶構造と非結晶構造の部分からなり,その割合は定まっていない。分子量を表すときは**平均分子量**を用いる。

◉ 単量体と重合体

① **単量体(モノマー)**…高分子化合物の構成単位である低分子量の物質。

② **重合**…単量体が次々に結合して高分子化合物となる反応。

③ **重合体(ポリマー)**…重合によって生じる高分子化合物。

④ **重合度**…高分子化合物における単量体の繰り返しの数。

◉ 重合の種類

① **付加重合**…二重結合をもつ単量体が次々に付加して重合。
  └p.151

② **縮合重合**…水などの簡単な分子がとれて次々に縮合して重合。
  └p.150

③ **共重合**…2種類以上の単量体が付加重合。
  └p.158

④ **開環重合**…環式の単量体が環を開きながら重合。
  └p.150

基本問題 ·· 解答 ➡ 別冊 *p.69*

290 高分子化合物の分類

次の①～④にあてはまる化合物を,あとのア～クからすべて選べ。

- □ ① 天然・無機高分子化合物
- □ ② 天然・有機高分子化合物
- □ ③ 合成・無機高分子化合物
- □ ④ 合成・有機高分子化合物

　ア　ナイロン　　イ　雲母　　ウ　ガラス　　エ　食塩

　オ　セルロース　カ　石英　　キ　油脂　　　ク　デンプン

291 重合反応の種類 ◀テスト必出

　次の①～④において，**B**の物質は**A**の物質が付加重合したものか，縮合重合したものか答えよ。

□ ①　**A**；グルコース　　　　　　**B**；デンプン

□ ②　**A**；エテン（エチレン）　　　**B**；ポリエチレン

□ ③　**A**；塩化ビニル　　　　　　**B**；ポリ塩化ビニル

□ ④　**A**；アミノ酸　　　　　　　**B**；タンパク質

応用問題 ●●●●●●●●●●●●●●●●●●●●●●●●●●●●●●● 解答 ➡ 別冊 *p.69*

292
できたらチェック

　次の①～④は，合成高分子化合物の構造の一部を示したものである。それぞれの単量体を構造式（略式）で示せ。

□ ①　$\cdots - CO - (CH_2)_4 - CO - NH - (CH_2)_6 - NH - CO - (CH_2)_4 - CO - NH - (CH_2)_6 - NH - \cdots$

□ ②　$\cdots - CH_2 - CH - CH_2 - CH - CH_2 - CH - CH_2 - CH - \cdots$
　　　　　　　　$\underset{CN}{|}$　　　　$\underset{CN}{|}$　　　　$\underset{CN}{|}$　　　　$\underset{CN}{|}$

□ ③　$\cdots - O - (CH_2)_2 - O - CO -$〔ベンゼン環〕$- CO - O - (CH_2)_2 - O - CO -$〔ベンゼン環〕$- CO - O - \cdots$

□ ④　$\cdots - CH_2 - CH - CH_2 - CH - CH_2 - CH - CH_2 - CH - \cdots$
　　　　　　　　$\underset{CH_3}{|}$　　　$\underset{CH_3}{|}$　　　$\underset{CH_3}{|}$　　　$\underset{CH_3}{|}$

📖 **ガイド**　繰り返しの単位1つ分が単量体の成分である。

293　◀差がつく　高分子化合物について，次の各問いに答えよ。（原子量；$H = 1.0$, $C = 12$, $O = 16$）

□ (1)　平均分子量が8.6×10^4のポリ酢酸ビニル$+CH_2 - CH(OCOCH_3)+_n$を加水分解すると，ポリビニルアルコール$+CH_2 - CH(OH)+_n$が生成した。このポリビニルアルコールの重合度と分子量を求めよ。

□ (2)　デンプンを加水分解すると，デンプンよりも分子量が小さい多糖の混合物であるデキストリンが得られた。このデキストリンの平均分子量を測定したところ，1640であった。このデキストリンの平均重合度を有効数字2桁で求めよ。

📖 **ガイド**　(1)ポリ酢酸ビニルとポリビニルアルコールの重合度は同じである。
　　　　　(2)デンプンやデキストリンの単量体はグルコース$C_6H_{12}O_6$である。

45 糖類

- 糖類…構造によって単糖類，二糖類，多糖類などに分けられる。一般式が $C_m(H_2O)_n$ で表されるので，炭水化物ともいう。

  ▶ 単糖類…それ以上加水分解されない糖類。
    └ 炭素原子数が6のものを六炭糖（ヘキソース），5のものを五炭糖（ペントース）という。

  ▶ 二糖類…単糖類の分子が2つ結合してできた糖類。

  ▶ 多糖類…単糖類の分子が多数結合してできた糖類。

- 単糖類 $C_6H_{12}O_6$…グルコース（ブドゥ糖），フルクトース（果糖），ガラクトースなど。

  ① 性質

  ・水によく溶ける（分子内に5個の−OH基をもつため）。

  ・還元性を示す。銀鏡反応，フェーリング液の還元。

  ② グルコースの還元性…鎖状構造の−CHOの部分（ホルミル基）が還元性を示す。水溶液中では，図のような3種類の状態で存在する。

α-グルコース　　　　　鎖状構造　　　　　β-グルコース

  ③ フルクトースの還元性…鎖状構造の
    −CO−CH₂OHの部分が還元性を示す。
    └ ヒドロキシケトン基という。

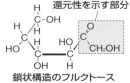

鎖状構造のフルクトース

  ④ アルコール発酵…単糖類は，チマーゼ
    └ 酵母に含まれる酵素の総称。
    によって分解し，エタノールを生じる。
    $C_6H_{12}O_6 \longrightarrow 2C_2H_5OH + 2CO_2$

- 二糖類 $C_{12}H_{22}O_{11}$…マルトース（麦芽糖），スクロース（ショ糖），ラクトース（乳糖），セロビオースなど。
  └ セルロースの加水分解で生成。

  ① 性質…水によく溶ける。還元性を示すものと示さないものがある。

  ▶ スクロースとトレハロースは，単糖類の還元性を示す基どうしが結合してできているため，還元性を示さない。

  ② 加水分解…二糖類1分子から単糖類2分子が生じる。
    └ 酸や酵素のはたらきによる。

  ・マルトース　⟶　グルコース　＋　グルコース

  ・スクロース　⟶　グルコース　＋　フルクトース ← この混合物が転化糖。

  ・ラクトース　⟶　グルコース　＋　ガラクトース

◗ 多糖類($C_6H_{10}O_5$)$_n$…デンプン，グリコーゲン，セルロースなど。

① デンプンとセルロース

		性質		構成単位
デンプン	アミロース	温水に可溶	I_2 で濃青色	α－グルコース
	アミロペクチン	水に不溶	I_2 で赤紫色	
セルロース		水に不溶	I_2 で呈色なし	β－グルコース

▶デンプン＋I_2で青紫色に呈色。➡ ヨウ素デンプン反応
 └─ヨウ素ヨウ化カリウム溶液
▶デンプンの構造；直鎖状 ➡ アミロース，枝分かれ ➡ アミロペクチン

② 加水分解
・デンプン ── デキストリン ── マルトース ── グルコース
・セルロース ── セロビオース ── グルコース

基本問題 ∙∙∙ 解答 ➡ 別冊 *p.70*

294 単糖類

次のア～エの文のうち，**6個の炭素原子をもつ単糖類**にはあてはまらないものはどれか。

ア 分子式は $C_6H_{12}O_6$ である。　イ 水に溶けやすい。
ウ フェーリング液を還元する。　エ 鎖状構造ではホルミル基をもつ。

295 二糖類

次のア～オの糖のうち，$C_{12}H_{22}O_{11}$ の分子式で表され，銀鏡反応を示すものをすべて選べ。

ア グルコース　　イ スクロース　　ウ マルトース
エ ラクトース　　オ フルクトース

296 デンプンとセルロース

次の(1)～(4)の文について，デンプンだけにあてはまるものには **A**，セルロースだけにあてはまるものには **B**，どちらにもあてはまるものには **C** を記せ。

(1) 一部分が温水に溶けてコロイド溶液になる。
(2) ヨウ素と反応して青紫色になる。
(3) 加水分解すると，グルコースが生じる。
(4) 植物の細胞壁の主成分である。

297 糖類の性質①

次の(1)～(4)にあてはまる糖を，あとのア～クからすべて選べ。

- □ (1)　還元性を示す。
- □ (2)　分子式が $C_{12}H_{22}O_{11}$ である。
- □ (3)　加水分解によって最終的にグルコースのみを生じる。
- □ (4)　転化糖に含まれる単糖類。

　ア　グルコース　　　イ　フルクトース　　　ウ　ガラクトース
　エ　マルトース　　　オ　スクロース　　　　カ　デンプン
　キ　セルロース　　　ク　ラクトース

□ **298** 糖類の性質②　テスト必出

次のア～カの文のうち，下線部が正しいものをすべて選べ。

　ア　セルロースの構成成分は，デンプンと同じく<u>グルコース</u>である。

　イ　少量の希硫酸を加えて加熱したデンプン水溶液は，この操作を行わないデンプン水溶液よりも<u>ヨウ素デンプン反応がより鮮明に認められる</u>。

　ウ　スクロースの水溶液は還元性を示さないが，これに少量の希硫酸を加えて加熱し，冷却後に炭酸ナトリウムで中和した溶液は，<u>フェーリング液を還元</u>する。

　エ　マルトースを加水分解すると，<u>グルコースとフルクトース</u>となる。

　オ　グルコース分子は，<u>水溶液中では環状構造(α, β)と鎖状構造の平衡混合物</u>である。

　カ　フルクトースは，水溶液中ではケトン基をもつ鎖状構造となり，<u>還元性を示さない</u>。

応用問題
解答 ⟹ 別冊 *p.71*

299 差がつく　次の文を読んで，あとの各問いに答えよ。

デンプン水溶液に少量の希硫酸を加えて加熱すると，デンプンは加水分解され，（　①　）を経て，二糖類の（　②　）となる。(a)②を加水分解すると（　③　）となる。③は結晶状態では環状構造をとるが，水溶液になると，その一部は（　④　）基をもった（　⑤　）構造として存在するため，フェーリング液中の（　⑥　）を還元して赤色の（　⑦　）を生じる。また，(b)③に酵母を加えると（　⑧　）と二酸化炭素に分解する。

□ (1) 空欄①〜⑤には語句，⑥〜⑧には化学式を入れよ。

□ (2) 下線部(a)，(b)の変化を化学反応式で表せ。

□ (3) 下の図は，③の物質の水溶液中での構造を示している。⑨，⑩にあてはまる
構造をかけ。

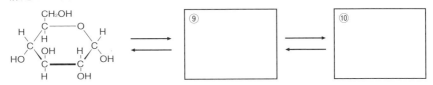

📖 ガイド　(3)⑨は左端の図の右上のO－Cの結合が切れた鎖状構造である。

例題研究　**23.** A〜Dの4種類の糖類を用いて次の実験1〜4を行った。
A〜Dにあてはまる糖を下のア〜エから選べ。

　実験1　水を加えるとAとBは溶けた。Cは冷水には溶けなかったが，
　　加熱すると溶けてコロイド溶液になった。Dは熱水にも溶けなかった。

　実験2　アンモニア性硝酸銀水溶液を加え，おだやかに加熱した。Aの
　　溶液からは銀が析出したが，B，C，Dの溶液には変化がなかった。

　実験3　希硫酸を加えて加熱し，十分に冷却した後，炭酸ナトリウムを発
　　泡しなくなるまで加え，実験2と同様の操作を行うと，B，C，Dの各
　　溶液からも銀が析出した。

　実験4　ヨウ素溶液を加えると，Cの溶液のみ青紫色を呈した。

　ア　デンプン　　　イ　グルコース　　　ウ　セルロース
　エ　スクロース

　着眼　①単糖類・二糖類は水によく溶け，デンプンは温水には溶ける。
　　②実験2の反応は銀鏡反応で，スクロース，トレハロース，多糖類は陰性を示す。
　　③実験3の反応は糖の加水分解である。炭酸ナトリウムは希硫酸の中和剤。

　解き方　**実験1**：水に溶けるのはグルコース，スクロース。温水に溶けるのは
　デンプン。セルロースは熱水にも溶けない。よってCはデンプン，Dは
　セルロース。

　実験2：銀鏡反応を示すのは単糖類のグルコースである。スクロースは銀鏡
　反応を示さない。よって，Aはグルコース。

　実験3：加水分解すると，いずれも銀鏡反応を示す。

　実験4：ヨウ素デンプン反応で，デンプンの確認実験である。

　　　　　　　　　　　　　　　　　答　A：イ，B：エ，C：ア，D：ウ

300 次の **a ～ d** の文を読んで，あとの各問いに答えよ。

a 穀物に多く含まれる多糖類 **A** は，単糖類 **B** が（ ① ）重合したもので，水溶液は（ ② ）反応によって青紫色になる。

b 植物の細胞壁の主成分である多糖類 **C** も，**B** が構成単位である。

c 多糖類 **A** や **C** に酸を加えて加水分解すると，**B** の水溶液を生じる。<u>**B** の水溶液はフェーリング液を還元する。</u>

d **B** は，酵母のはたらきでエタノールと二酸化炭素に変化する。このような変化を（ ③ ）という。

□ (1) **A ～ C** の物質名を示せ。

□ (2) **A** には 2 種類の成分がある。そのうち，直鎖状に結合した構造であるものの名称を答えよ。

□ (3) 上の文の（　　）内に適する語句を入れよ。

□ (4) **c** の下線部の反応に関係する官能基の名前を書け。

📖 ガイド　多糖類の代表的なものはデンプンとセルロースである。

□ **301** ◀差がつく デンプンを加水分解してグルコースを得る実験を行う。理論上，グルコースを **1 kg** 得るには，何 **g** のデンプンが必要か。（原子量；H = 1.0，C = 12）

□ **302** ◀差がつく 濃度不明のマルトース水溶液に酸を加えて十分に加熱した。冷却後，炭酸ナトリウム Na_2CO_3 の粉末を加えて中和した溶液に，十分量のフェーリング液を加えて加熱したところ，**14.3 g** の赤色沈殿が得られた。もとのマルトース水溶液中に含まれていたマルトースの質量を求めよ。（原子量；H = 1.0，C = 12，O = 16，Cu = 63.5）

□ **303** グルコースとデンプンを含む水溶液 **A** がある。いま，**100 mL** の **A** にフェーリング液を加えて加熱したら，**10.4 g** の酸化銅（Ⅰ）が生成した。一方，**100 mL** の **A** に希硫酸を加えて完全に加水分解した後，炭酸ナトリウムで中和し，フェーリング液を加えて加熱したら，**17.1 g** の酸化銅（Ⅰ）ができた。還元糖 **1 mol** から酸化銅（Ⅰ）**1 mol** が生成するものとして，**100 mL** の **A** の中には，グルコースとデンプンはそれぞれ何 **g** ずつ含まれていたか。有効数字 **3** 桁で答えよ。（原子量；H = 1.0，C = 12，O = 16，Cu = 64）

46 アミノ酸とタンパク質

● アミノ酸の構造

① **α−アミノ酸**…アミノ基 $-NH_2$ とカルボキシ
基 $-COOH$ をもつ化合物を**アミノ酸**という。
同一の炭素原子にアミノ基とカルボキシ基が
結合しているアミノ酸を**α−アミノ酸**という。

α−アミノ酸
側鎖→ $R-CH-COOH$
$\quad\quad\quad\; |$
$\quad\quad\quad NH_2$

▶**タンパク質を加水分解して得られるアミノ酸はすべて α−アミノ酸**。

▶タンパク質を構成するアミノ酸は約20種類。このうち，体内では合
成されないものや，されにくいものを**必須アミノ酸**という。

② **おもなアミノ酸**

・**グリシン**…R が H のもの。　　　・**アラニン**…R が CH_3 のもの。

・**グルタミン酸，アスパラギン酸**…R に $-COOH$ を含む酸性アミノ酸。

・**リシン**…R に $-NH_2$ を含む塩基性アミノ酸。

・**フェニルアラニン，チロシン**…R にベンゼン環を含む。

・**システイン，メチオニン**…R に S 原子を含む。

③ **鏡像異性体**…グリシン以外の α−アミノ酸には鏡像異性体が存在する。
　　　　　　　　　　　　　　　　　　　└不斉炭素原子をもつ。

● アミノ酸の性質と反応

① **アミノ酸の性質**…酸性のカルボキシ基と塩基性のアミノ基の両方を
もつので，酸・塩基の両方の性質を示す。

② **双性イオン**

$$R-CH-COOH \underset{H^+}{\overset{OH^-}{\rightleftharpoons}} R-CH-COO^- \underset{H^+}{\overset{OH^-}{\rightleftharpoons}} R-CH-COO^-$$
$$\quad\;\; | \quad\quad\quad\quad\quad\quad\quad\quad | \quad\quad\quad\quad\quad\quad\quad\quad |$$
$$\quad NH_3^+ \quad\quad\quad\quad\quad\quad\quad NH_3^+ \quad\quad\quad\quad\quad\quad\; NH_2$$
陽イオン　　　　　　　　双性イオン　　　　　　　陰イオン

▶双性イオンのため，融点が比較的高く，水に溶けやすい。
　　　　└イオン間に静電気的な引力がはたらくから。

③ **等電点**…水溶液中での双性イオン・陽イオン・陰イオンの電離平衡に
おいて，アミノ酸がもつ正負の電荷が全体としてつりあうときの pH。

④ **検出**…ニンヒドリン溶液を加えて温めると，赤紫～青紫色を呈する。
　　　└有機化合物の１つ。　　　　　　　　　　　　　　└ニンヒドリン反応

● タンパク質の構造と分類

① **ペプチド結合**

▶アミノ酸どうしの縮合によって生じたアミド結合 $-CO-NH-$ を，
ペプチド結合という。

▶タンパク質は多数のアミノ酸が結合したポリペプチドの一種。このアミノ酸の配列順序をタンパク質の**一次構造**という。

② **高次構造**…タンパク質分子は，ペプチド結合間の水素結合により，α-ヘリックス(らせん構造)やβ-シート(ひだ状構造)といった**二次構造**をとる。二次構造が複雑に折れ曲がって**三次構造**をとり，三次構造が組み合わさって**四次構造**をとる。

③ **単純タンパク質と複合タンパク質**

▶**単純タンパク質**…加水分解によってα-アミノ酸だけを生じる。

▶**複合タンパク質**…加水分解によってα-アミノ酸以外のものも生じる。
└─ムチン(糖タンパク質)，ヘモグロビン(色素タンパク質)など。

◉ **タンパク質の反応と検出**

① **変性**…タンパク質を加熱したり，酸，塩基，重金属イオン，アルコールを加えたりすると，凝固し，性質が変わる。➡ 水素結合が変化。

② **ビウレット反応**…タンパク質にNaOH水溶液とCuSO₄水溶液を加えると赤紫色になる。➡ **ペプチド結合を2つ以上もつ物質**に起こる。

③ **キサントプロテイン反応**…ベンゼン環をもつタンパク質に濃硝酸を加えて加熱すると黄色になる。さらに塩基性にすると橙黄色になる。
➡ ベンゼン環のニトロ化による。

④ **Nの検出**…タンパク質にNaOHを加えて加熱すると，NH₃が発生。
➡ 赤色リトマス紙を青変。

⑤ **Sの検出**…Sを含むタンパク質にNaOH水溶液を加えて加熱し，酢酸鉛(Ⅱ)水溶液を加えると，黒色沈殿を生じる。

$$Pb^{2+} + S^{2-} \longrightarrow PbS \downarrow (黒色)$$

基本問題 •• 解答 ➡ 別冊 *p.72*

□ **304** <u>アミノ酸</u>

アミノ酸に関する次のア～オの文のうち，誤っているものはどれか。

ア　タンパク質の加水分解により生じるアミノ酸は，すべてα-アミノ酸である。

イ　すべてのα-アミノ酸は鏡像異性体をもつ。

ウ　アミノ酸の多くは，融点が高く，水に溶けやすい。

エ　アミノ酸は，酸・塩基のいずれとも中和反応をする。

オ　アミノ酸を含む溶液にニンヒドリン溶液を滴下して温めると，赤紫～青紫色になる。

例題研究 24. 次の文の空欄①, ②, ⑤には適する語句を, ③, ④, ⑥には適する化学式を入れよ。ただし, 化学式は $R-CH(NH_2)COOH$ を基準として書け。

アミノ酸は分子内に, 塩基性を示す（ ① ）基と酸性を示す（ ② ）基をもつ。アミノ酸は水溶液中でいくつかのイオンの形をとる。たとえばグリシンは, 酸性の水溶液中では（ ③ ）の形, 塩基性の水溶液中では（ ④ ）の形となる。溶液の pH を変化させたとき, グリシンのもつ正負の電荷がつりあう pH が存在する。この pH を（ ⑤ ）という。このとき大部分のグリシンは（ ⑥ ）の形となっている。

着眼 グリシンの分子式は $CH_2(NH_2)COOH$ である。中性アミノ酸は酸性溶液中では陽イオン, 塩基性溶液中では陰イオンとして存在する。

解き方 ①② 塩基性を示すのはアミノ基, 酸性を示すのはカルボキシ基である。酸と塩基の両方の性質をもつ。

③④⑥　　酸性溶液中　　　　　　中性溶液中　　　　　　塩基性溶液中

$$CH_2-COOH \rightleftharpoons CH_2-COO^- \rightleftharpoons CH_2-COO^-$$
$$NH_3^+ \qquad\qquad NH_3^+ \qquad\qquad NH_2$$

答 ① アミノ　② カルボキシ
③ $CH_2(NH_3^+)COOH$　④ $CH_2(NH_2)COO^-$
⑤ 等電点　⑥ $CH_2(NH_3^+)COO^-$

□ **305** タンパク質 ◀テスト必出

次の A ～ D の文の（　）内に適する語句を入れよ。

A 加水分解したときにアミノ酸だけを生じるタンパク質を（ ① ）という。これに対して, 加水分解によってアミノ酸以外のものも生じるタンパク質を（ ② ）という。

B 卵白を加熱すると凝固し, 冷やしてももとにもどらない。これをタンパク質の（ ③ ）という。タンパク質の③は分子間の（ ④ ）結合の変化が原因である。

C 卵白水溶液に濃硝酸を加えて加熱すると（ ⑤ ）色になり, さらにアンモニア水を加えて塩基性にすると橙黄色になる。この反応を（ ⑥ ）という。⑥は, タンパク質中の（ ⑦ ）がニトロ化されることによって起こる。

D 卵白水溶液に水酸化ナトリウムの小粒を加えて加熱し, これに酢酸鉛(Ⅱ)水溶液を加えると（ ⑧ ）色沈殿が生じる。このことから, 卵白には成分元素として（ ⑨ ）が含まれていることがわかる。

□ **306** タンパク質の反応と検出

次のア～エの文のうち，下線部が誤っているものはどれか。

ア　タンパク質水溶液に，水酸化ナトリウム水溶液と硫酸銅(Ⅱ)水溶液を加えたところ赤紫色になった。これはタンパク質中に複数のペプチド結合が存在することを示す。

イ　タンパク質水溶液に，少量の濃硝酸を加えて加熱すると黄色になり，さらにアンモニア水を加えたところ橙黄色になった。これはタンパク質中にベンゼン環が存在することを示す。

ウ　タンパク質に重金属イオンやアルコールを作用させると変性する。これは一部のペプチド結合が切れるためである。

エ　タンパク質水溶液に水酸化ナトリウムを加えて加熱し，発生した気体に湿らせた赤色リトマス紙を近づけたところ，リトマス紙は青色になった。このことから，タンパク質に成分元素として窒素が含まれていることがわかる。

応用問題 ⋯⋯⋯⋯⋯⋯⋯⋯⋯⋯⋯⋯⋯ 解答 ➡ 別冊 *p.73*

307 次の各問いに答えよ。（原子量；H = 1.0，C = 12，N = 14，O = 16）

□ (1) ◀差がつく　1分子中に窒素原子を1個含むα－アミノ酸がある。このアミノ酸の窒素の質量の割合は15.7％である。

① このアミノ酸の分子量を有効数字2桁で求めよ。

② このアミノ酸の構造式(略式)を書け。

③ このアミノ酸の希塩酸中での構造式を書け。

④ このアミノ酸の水酸化ナトリウム水溶液中での構造式を書け。

□ (2) アミノ酸は，同程度の分子量のカルボン酸などに比べて融点が高い。この理由を説明せよ。

📖 ガイド　(1)分子量から R－CH(NH₂)COOH の R を導く。　(2)双性イオンに着目する。

308 次のア～オの文のうち，誤っているものはどれか。

ア　グリシン以外のα－アミノ酸には鏡像異性体が存在する。

イ　ベンゼン環を含むタンパク質に濃硝酸を加えて熱すると黄色を呈する。

ウ　アミノ酸に塩化鉄(Ⅲ)水溶液を加えて温めると，赤紫～青紫色を呈する。

エ　すべてのタンパク質は，ビウレット反応を起こす。

オ　アラニン水溶液の pH を大きくすると，陰イオンが増加する。

□ **309** 次の文の（　　）内に適する語句を入れよ。

　アミノ酸分子間のアミド結合を特に（ ① ）結合といい，タンパク質は多くの
α－アミノ酸が（ ① ）結合で連なってできた（ ② ）である。タンパク質の分子間
では，（ ① ）結合の部分に（ ③ ）結合が形成され，らせん構造の（ ④ ）やシート
状構造の（ ⑤ ）などの立体構造を保持するはたらきをしている。タンパク質を加
熱したり，強酸や強塩基などを加えたりすると，（ ③ ）結合が切れて立体構造に
変化が起こり，性質が変化する。これをタンパク質の（ ⑥ ）という。

□ **310** ◀差がつく▶ タンパク質を部分加水分解した反応液から分離した化合物 A
は 3 種類のアミノ酸 X，Y，Z が 1 分子ずつ縮合してできた化合物である。また，
　・アミノ酸 X は不斉炭素原子をもたない。
　・アミノ酸 Y はキサントプロテイン反応が陽性であり，元素分析したところ，
　　C；65.4 %，H；6.7 %，O；19.4 %，N；8.5 % で分子量は 165 である。
　・アミノ酸 Z は，1 個の窒素原子と不斉炭素原子をもち，その 0.144 g か
　　ら 18.2 mL（0℃，1.0×10^5 Pa；標準状態）の窒素ガスを得た。
次の各問いに答えよ。（原子量；H = 1.0，C = 12，N = 14，O = 16）
□ (1)　アミノ酸 X，Y，Z の名称を書け。
□ (2)　化合物 A の構造として何種類考えられるか。
　📖ガイド　(2)ペプチド結合のときにアミノ基を使うかカルボキシ基を使うかによって，できる
　　　ペプチドが異なる。

□ **311** ◀差がつく▶ アラニン $CH_3CH(NH_2)COOH$，アスパラギン酸 $HOOCCH_2CH$
$(NH_2)COOH$，リシン $H_2N(CH_2)_4CH(NH_2)COOH$ の各 1 分子からなるトリペプ
チド A がある。次の各問いに答えよ。
□ (1)　トリペプチド A を含む水溶液に，水酸化ナトリウム水溶液と硫酸銅（Ⅱ）水
　　溶液を加えると，特有の色を示すか。示す場合はその色を示せ。
□ (2)　トリペプチド A に濃硝酸を加えて加熱すると，特有の色を示すか。示す場
　　合はその色を示せ。
□ (3)　トリペプチド A を加水分解して 3 つのアミノ酸としたあと，この混合溶液
　　をほぼ中性にした。この溶液をろ紙の中央につけ，ろ紙の両端に直流電圧をか
　　けたところ，陽極側・陰極側に移動したアミノ酸があった。陽極側・陰極側に
　　移動したアミノ酸をそれぞれ示せ。
　📖ガイド　(3)アスパラギン酸は酸性アミノ酸，リシンは塩基性アミノ酸である。

47　酵素

● **酵素の成分とはたらき**

① **成分**…タンパク質を主体とした物質である。

② **はたらき**…生体内の反応の触媒である。➡ 生体内でつくられる。

　▶反応する物質を**基質**という。

③ **おもな酵素**…アミラーゼ, マルターゼ, スクラーゼ(インベルターゼ),
　　　　　└デンプンに作用　└マルトースに作用　└スクロースに作用
　　　ペプシン
　　　└タンパク質に作用

● **酵素の特性**

① **基質特異性**…それぞれの酵素は, 決まった物質(基質)の決まった反応でしかはたらかない。

　例 アミラーゼはデンプンの加水分解のみにはたらき, ほかの糖類には作用しない。

　▶まず酵素の特定の部位に基質が結合する。すると基質は生成物に変化し, 酵素から離れる。酵素は触媒なので, 反応の前後で変化がない。基質と構造の似た物質があると, 酵素は基質でなくその物質と結合してしまい, 反応が進まなくなる。こうした物質を**酵素阻害剤**という。

② **最適温度**…酵素の反応には, 最も適した温度がある。

　▶一般に, 最適温度は35〜40℃である。多くの酵素では, 60℃以上になると酵素をつくるタンパク質が変性し, そのはたらきが失われる。

③ **最適pH**…酵素の反応には, 最も適したpHがある。

　▶一般に, pHが7〜8付近でよくはたらくが, ペプシンはpH2付近ではたらく。

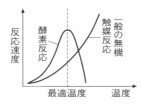
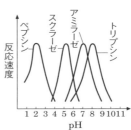

基本問題 .... 解答 ⇒ 別冊 *p.75*

312 酵素 ❮テスト必出❯

酵素について述べた次のア～キの文のうち，正しいものをすべて選べ。

ア アミラーゼはデンプンやセルロースの加水分解反応に作用する酵素である。

イ 酵素は，複雑な構造をもつ多糖類である。

ウ 酵素は，生体内の反応に作用する触媒の一種である。

エ 一般に，酵素は温度が高いほど反応が活発である。

オ 一般に，酵素は酸性の溶液中で活発にはたらく。

カ 同じ分子式の糖類の加水分解反応では，同じ酵素が作用する。

キ 酵素は，反応の前後で変化せず，繰り返し作用する。

応用問題 .... 解答 ⇒ 別冊 *p.75*

313 ❮差がつく❯ 次のA～Cは，反応物と生成物を示している。あとの各問いに答えよ。

A デンプン $\xrightarrow{(①)}$ マルトース $\xrightarrow{(②)}$ グルコース

B スクロース $\xrightarrow{(③)}$ グルコース ＋ 〔 **a** 〕

C グルコース $\xrightarrow{\text{チマーゼ}}$ エタノール ＋ 〔 **b** 〕

(1) ①～③にあてはまる酵素の名称を書け。

(2) a，bにあてはまる物質名を書け。

(3) Bの反応において生成する混合物を何というか。

(4) Cの反応を何というか。

314 次の(1)，(2)の文の（ ）内に適する物質を，それぞれア～ウから選べ。

(1) デンプン水溶液に少量の（ ① ）を加えて長時間加熱すると，グルコースが生成した。また，別のデンプン水溶液に（ ② ）を加えて長時間保温するとマルトースが生成した。

ア マルターゼ イ アミラーゼ ウ 希硫酸

(2) 酵素の反応には，それぞれ最適な（ ① ）や（ ② ）がある。例えばアミラーゼは①が7付近，②が生体と同じ程度のとき，最適といえる。

ア 温度 イ 成分 ウ pH

48 核酸

◉ 核酸

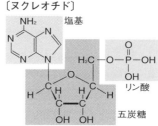

〔ヌクレオチド〕

① **種類**…DNA（デオキシリボ核酸）と RNA（リボ核酸）に分けられる。

② **構造**…多数のヌクレオチド（核酸の単量体）が縮合重合した鎖状高分子化合物。**ポリヌクレオチド**という。

③ **ヌクレオチド**…リン酸・五炭糖・塩基（窒素原子を含む環状構造の化合物）がこの順に脱水縮合でつながった分子。

◉ DNA と RNA の違い

	DNA	RNA
糖	デオキシリボース $C_5H_{10}O_4$	リボース $C_5H_{10}O_5$
塩基	アデニン，グアニン，シトシン，チミンの4種類	アデニン，グアニン，シトシン，ウラシルの4種類
立体構造	2本の鎖状分子による二重らせん構造	1本の鎖状分子
はたらき	遺伝子の本体	タンパク質合成の手助け

▶ DNA 中のアデニンとチミン，グアニンとシトシンの間には，それぞれ水素結合が生じている。アデニンとチミンの間は2つの水素結合，グアニンとシトシンの間は3つの水素結合がある。そのため，これ以外の組み合わせでペアになることはない。なお RNA の塩基にチミンは存在せず，代わりにウラシルがある。ウラシルはチミン同様，アデニンとのみペアになる。**DNA は二重らせん構造をとる。**

◉ タンパク質の合成

核で DNA の一部をコピーした **mRNA** がリボソームに結合。
└伝令 RNA

➡ 細胞質中で **tRNA** がアミノ酸をリボソームに運ぶ。
└転移 RNA

➡ リボソームで mRNA の遺伝情報にしたがってタンパク質を合成する。

基本問題 解答 ➡ 別冊 *p.75*

315 核酸 ◀テスト必出

次の文章を読んで，あとの各問いに答えよ。

核酸は，窒素を含む塩基，五炭糖，リン酸がそれぞれ 1 分子ずつ結合してできた化合物が（ ① ）重合したものである。核酸は，その成分である五炭糖の種類によって，RNA と DNA に分けられる。RNA は 1 本鎖の構造であるが，DNA は 2 本鎖による（ ② ）構造をとっている。

- □ (1) 文章中の（ ）内に適する語句を入れよ。
- □ (2) 下線部の化合物を総称して何というか。
- □ (3) RNA と DNA を構成する五炭糖の名称と分子式をそれぞれ書け。

応用問題 解答 ➡ 別冊 *p.76*

316

次の①～⑥の文のうち，DNA だけにあてはまるものには A，RNA だけにあてはまるものには B，両方にあてはまるものには C を記せ。

- □ ① 多数のヌクレオチドが縮合した鎖状の高分子化合物である。
- □ ② 2 本の鎖状分子からなり，二重のらせん構造になっている。
- □ ③ 遺伝子の本体で，遺伝情報をもっている。
- □ ④ タンパク質の合成の手助けをする。
- □ ⑤ 塩基は 4 種類からなる。
- □ ⑥ ヌクレオチドを構成する糖は $C_5H_{10}O_5$ である。

317 ◀差がつく

次の①～⑥の文が正しければ○，誤っていれば×と答えよ。

- □ ① 核酸は，ヌクレオチド間で，糖の −OH とリン酸の −OH が脱水縮合してできたものである。
- □ ② 核酸の成分元素は，C，H，N，O，P の 5 種類である。
- □ ③ DNA と RNA は，構成する糖は異なるが，塩基は同じである。
- □ ④ DNA と RNA は，互いに異性体の関係にある。
- □ ⑤ タンパク質合成における，アミノ酸の配列順序の情報は，DNA がもっている。
- □ ⑥ RNA には mRNA や tRNA などがある。

📖 ガイド　DNA，RNA は，ともにヌクレオチドを単位とする高分子化合物であるが，その役割が異なる。

49　化学繊維

★テストに出る重要ポイント

◉ **天然繊維**

① 植物繊維…綿，麻など。➡ 成分は**セルロース**。

② 動物繊維…絹，羊毛など。➡ 成分は**タンパク質**。

◉ **再生繊維と半合成繊維**

① **再生繊維**…短いセルロースを長い繊維状に再生したもの。

② **半合成繊維**…アセテート繊維が代表例。
　　　　　　　┗ジアセチルセルロースから得られる。

◉ **合成繊維**

① **縮合重合・開環重合による合成**…ポリアミド系とポリエステル系

(a) **ナイロン66**

$$n\,H_2N(CH_2)_6NH_2 \quad + \quad n\,HOOC(CH_2)_4COOH$$
　　ヘキサメチレンジアミン　　　　　　　アジピン酸

$$\xrightarrow{\text{縮合重合}} \left[NH(CH_2)_6NH-CO(CH_2)_4CO\right]_n + \quad 2n\,H_2O$$
　　　　　　　　　　　ナイロン66
　　　　　　　　　　　　　┗単量体のジアミンとジカルボン酸
　　　　　　　　　　　　　　の炭素原子の数を表す。

(b) **ナイロン6**

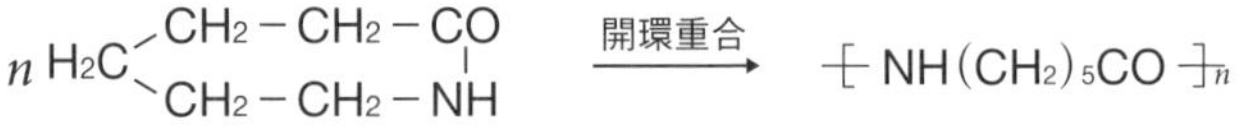

$$n\,H_2C\begin{array}{c}CH_2-CH_2-CO\\CH_2-CH_2-NH\end{array} \xrightarrow{\text{開環重合}} \left[NH(CH_2)_5CO\right]_n$$
　　ε-カプロラクタム　　　　　　　　　　ナイロン6

▶ナイロン66，ナイロン6は，多数のアミド結合でつながったポリアミドである。

(c) **ポリエチレンテレフタラート**…ポリエステル系の代表的繊維。
　　　　　　　　　　　┗PETのこと。

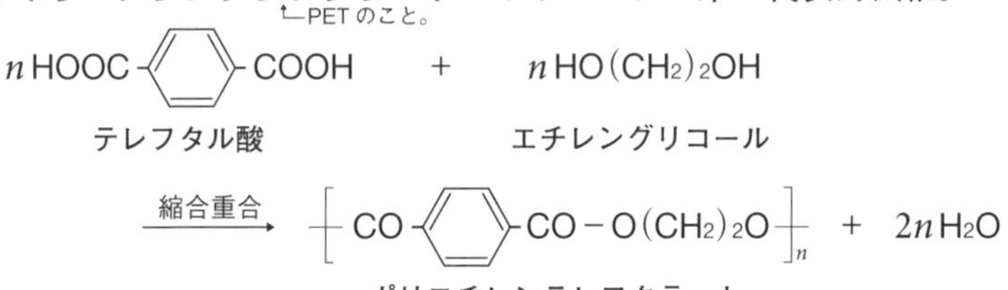

$$n\,HOOC-\!\!\bigcirc\!\!-COOH \quad + \quad n\,HO(CH_2)_2OH$$
　　　テレフタル酸　　　　　　　　　エチレングリコール

$$\xrightarrow{\text{縮合重合}} \left[CO-\!\!\bigcirc\!\!-CO-O(CH_2)_2O\right]_n + \quad 2n\,H_2O$$
　　　　　　　　ポリエチレンテレフタラート

② 付加重合による合成…ポリビニル系とポリアクリロニトリル系

(a) ビニロン…適度な吸湿性をもち，強度や耐摩耗性に優れる。
—日本の桜田一郎らが開発。

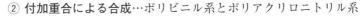

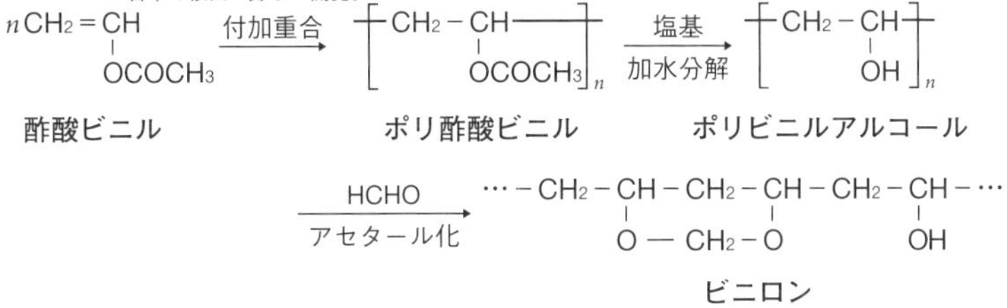

$$n\,CH_2=CH \quad \xrightarrow[\text{付加重合}]{} \quad \left[\begin{matrix}CH_2-CH\\ |\\ OCOCH_3\end{matrix}\right]_n \quad \xrightarrow[\text{加水分解}]{\text{塩基}} \quad \left[\begin{matrix}CH_2-CH\\ |\\ OH\end{matrix}\right]_n$$
（OCOCH₃）

酢酸ビニル　　　　　　　ポリ酢酸ビニル　　　　ポリビニルアルコール

$$\xrightarrow[\text{アセタール化}]{HCHO} \quad \cdots-CH_2-CH-CH_2-CH-CH_2-CH-\cdots$$
（O—CH₂—O, OH）

ビニロン

(b) アクリル繊維…アクリル繊維は保温性，耐燃性に優れる。
—ポリアクリロニトリルが主成分。

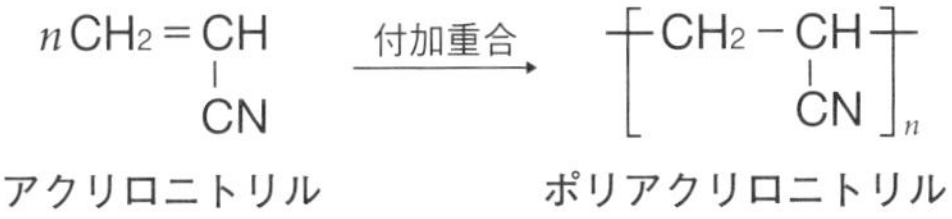

$$n\,CH_2=CH \quad \xrightarrow[\text{付加重合}]{} \quad \left[\begin{matrix}CH_2-CH\\ |\\ CN\end{matrix}\right]_n$$
（CN）

アクリロニトリル　　　　　ポリアクリロニトリル

基本問題 ……………………………… 解答 ⇒ 別冊 *p.76*

318 再生繊維・半合成繊維

次の文中の（　）内に適する語句を書け。

セルロースに水酸化ナトリウムと二硫化炭素を作用させると（ ① ）とよばれる粘性の大きい溶液が得られる。（ ① ）を希硫酸中に押し出すと，セルロースが再生され，（ ② ）という繊維が得られる。

水酸化銅(Ⅱ)を濃アンモニア水に溶かしたものを（ ③ ）という。セルロースを（ ③ ）に溶かし，細孔から希硫酸中に押し出すと繊維が得られる。この繊維を（ ④ ）という。

セルロースに氷酢酸，無水酢酸，少量の濃硫酸を作用させると（ ⑤ ）が得られる。（ ⑤ ）は溶媒に溶けにくいが，水を加えて穏やかに加熱して（ ⑥ ）にするとアセトンに溶けるようになる。これを細孔からあたたかい空気中に押し出し，アセトンを蒸発させると得られる繊維は（ ⑦ ）とよばれる。

319 ナイロン66　◀テスト必出

次の各問いに答えよ。

(1) ナイロン66を加水分解して得られる2種類の単量体の名称と示性式を書け。
(2) ナイロン66を構成する2種類の単量体をつなぐ結合の構造を示せ。
(3) ナイロン66の合成反応の名称を書け。

320 ナイロンとポリエステル

次の(1)～(4)について，正しいものには○，誤っているものには×を記せ。

- □ (1) ナイロン66は，ヘキサメチレンジアミンのアミノ基とアジピン酸のカルボキシ基から水がとれて縮合重合することによってできる。
- □ (2) ナイロン6はε-カプロラクタムの縮合重合によってできる。
- □ (3) ポリエチレンテレフタラートは，フタル酸のカルボキシ基とエチレングリコールのヒドロキシ基から水がとれて縮合重合することによってできる。
- □ (4) ポリアクリロニトリルは，アクリロニトリルが付加重合してできる。

321 付加重合による重合体　◀テスト必出

次の構造を単位とする合成高分子化合物の名称を，あとのア～オより選べ。

- □ (1) $-CH_2-CH-$
　　　　　$|$
　　　　　OH
- □ (2) $-CH_2-CH_2-$
- □ (3) $-CH-CH_2-$
- □ (4) $-CH_2-CH-$
　　　　　$|$
　　　　　CN
- □ (5) $-CH_2-CH-$
　　　　　　　　$|$
　　　　　　　　$OCOCH_3$

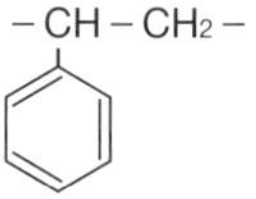

ア　ポリ酢酸ビニル　　イ　ポリアクリロニトリル　　ウ　ポリスチレン
エ　ポリエチレン　　オ　ポリビニルアルコール

322 ビニロンの製法

次の文は，ビニロンの製法について述べたものである。A～Dのそれぞれの物質名を書け。

アセチレンに酢酸を付加させると，Aが生成する。Aを付加重合してBとし，Bを水酸化ナトリウム水溶液で加水分解するとCとなる。CにDを作用させてアセタール化すると，ビニロンが得られる。

応用問題　できたらチェック　　　　　　　　　　　解答➡別冊 p.77

323 次のア～オの文のうち，誤っているものをすべて選べ。

ア　絹や羊毛の主成分はタンパク質である。
イ　レーヨンやアセテートの主成分は酢酸とセルロースからなるエステルである。
ウ　ナイロン66を加水分解すると，その単量体が生じる。
エ　ポリエチレンテレフタラートを加水分解すると，その単量体が生じる。
オ　ポリ酢酸ビニルを加水分解すると，その単量体が生じる。

324 次の A 〜 C の高分子化合物の構造について，あとの各問いに答えよ。

A

$$\left[\begin{array}{c} \text{N}-(\text{CH}_2)_5-\overset{\displaystyle \text{O}}{\overset{\|}{\text{C}}} \\ | \\ \text{H} \end{array}\right]_n$$

B

$$\left[\begin{array}{c} \text{N}-(\text{CH}_2)_6-\text{N}-\overset{\displaystyle \text{O}}{\overset{\|}{\text{C}}}-(\text{CH}_2)_4-\overset{\displaystyle \text{O}}{\overset{\|}{\text{C}}} \\ | \qquad\qquad | \\ \text{H} \qquad\qquad \text{H} \end{array}\right]_n$$

C

$$\left[\begin{array}{c} \text{N}-\text{CH}_2-\overset{\text{O}}{\overset{\|}{\text{C}}}-\text{N}-\text{CH}-\overset{\text{O}}{\overset{\|}{\text{C}}}-\text{N}-\text{CH}_2-\overset{\text{O}}{\overset{\|}{\text{C}}}-\text{N}-\text{CH}-\overset{\text{O}}{\overset{\|}{\text{C}}}-\text{N}-\text{CH}_2-\overset{\text{O}}{\overset{\|}{\text{C}}}-\text{N}-\text{CH}-\overset{\text{O}}{\overset{\|}{\text{C}}} \\ | \qquad\quad | \;\; | \qquad\qquad | \qquad\quad | \;\;\; | \qquad\qquad | \qquad\quad | \;\; | \\ \text{H} \qquad\quad \text{H}\;\text{CH}_3 \qquad \text{H} \qquad\quad \text{H}\;\text{CH}_2\text{OH} \qquad \text{H} \qquad\quad \text{H}\;\text{CH}_3 \end{array}\right]_n$$

- □ (1)　**A**，**B** の高分子化合物の名称を書け。
- □ (2)　**A** 〜 **C** のいずれの化合物にも存在する結合の名称を書け。
- □ (3)　**A** 〜 **C** の化合物を加水分解したときに生じる単量体の示性式を書け。
- □ (4)　**A** を合成するときの単量体の示性式を書け。

📖 **ガイド**　(3) 加水分解すると，−COOH と −NH₂ が生じる。

325 ◀ **差がつく**　等しい物質量のテレフタル酸とエチレングリコールを混合し，加熱して水を除去すると，ポリエチレンテレフタラートが生成する。次の各問いに答えよ。(原子量；H ＝ 1.0，C ＝ 12，O ＝ 16)

- □ (1)　この反応を化学反応式で表せ。
- □ (2)　平均分子量が 1.0×10^4 であるポリエチレンテレフタラートには，1 分子あたり，平均何個のテレフタル酸の単位が含まれるか。

📖 **ガイド**　テレフタル酸とエチレングリコール各 n 分子から H_2O が $2n$ 分子とれて結合。

326 ◀ **差がつく**　次の文を読んで，あとの各問いに答えよ。(原子量；H ＝ 1.0，C ＝ 12，O ＝ 16)

　ビニロンをつくるには，まず酢酸ビニルを触媒を用いて（ ① ）重合させてポリ酢酸ビニルとする。ポリ酢酸ビニルを（ ② ）するとポリビニルアルコールが得られるが，ポリビニルアルコールは親水性の（ ③ ）基を多くもつため，水に溶けてしまう。そこで，ポリビニルアルコール分子中の③基を（ ④ ）で処理し，水に溶けないようにする。このようにして得られた繊維がビニロンである。

- □ (1)　上の文の（　）内に適する語句を入れよ。
- □ (2)　ポリ酢酸ビニル 1.0×10^3 g から，ビニロンは何 g 得られるか。ただし，下線部の反応において，③基の 30 ％ が処理されるものとする。

📖 **ガイド**　(2)ポリ酢酸ビニルのうち，30 ％はポリビニルアルコールがアセタール化した構造に変化し，70 ％はポリビニルアルコールに変化する。

50 合成樹脂(プラスチック)

◉ **合成樹脂の熱に対する性質**
　① **熱可塑性樹脂**…加熱すると軟らかくなり，冷やすと硬くなる樹脂。
　　➡ 鎖状構造をもつ高分子化合物。
　② **熱硬化性樹脂**…加熱すると硬くなり，再び加熱しても軟化しない樹脂。➡ 立体網目構造をもつ高分子化合物。

◉ **熱可塑性樹脂**…分子が鎖状構造の樹脂。付加重合で合成されるものが多いが，縮合重合で合成されるものもある。
　① **付加重合でつくられる樹脂**…ビニル基 $CH_2=CH-$ をもつ単量体の付加重合体は，熱可塑性樹脂として用いられることが多い。

$$n\,CH_2=CH \quad \xrightarrow{\text{付加重合}} \quad \left[CH_2-CH \right]_n$$
$$\underset{X}{|} \qquad\qquad\qquad \underset{X}{|}$$

X	単量体	重合体
H	エテン(エチレン)	ポリエチレン
CH_3	プロペン(プロピレン)	ポリプロピレン
C_6H_5	スチレン	ポリスチレン
Cl	塩化ビニル	ポリ塩化ビニル
$OCOCH_3$	酢酸ビニル	ポリ酢酸ビニル

$$n\,CH_2=CCH_3 \quad \xrightarrow{\text{付加重合}} \quad \left[CH_2-CCH_3 \right]_n$$
$$\underset{COOCH_3}{|} \qquad\qquad\qquad \underset{COOCH_3}{|}$$

メタクリル酸メチル　　　　ポリメタクリル酸メチル

　② **縮合重合でつくられる樹脂**…ナイロン66，ポリエチレンテレフタラートなど。

◉ **熱硬化性樹脂**…分子が立体網目構造の樹脂。付加反応と縮合反応を次々に繰り返す**付加縮合**で合成されるものが多い。次の②③をまとめて**アミノ樹脂**という。
　① **フェノール樹脂**…フェノール＋ホルムアルデヒドで付加縮合。
　② **尿素樹脂**…尿素＋ホルムアルデヒドで付加縮合。
　　　└$(NH_2)_2CO$
　③ **メラミン樹脂**…メラミン＋ホルムアルデヒドで付加縮合。
　　　└$C_3N_3(NH_2)_3$

○ **イオン交換樹脂**

① **陽イオン交換樹脂**…R－SO₃H の H⁺ と陽イオンを交換する。

$$\cdots\overset{|}{\underset{SO_3^-H^+}{R}}\cdots + Na^+Cl^- \rightleftharpoons \cdots\overset{|}{\underset{SO_3^-Na^+}{-R}}\cdots + H^+Cl^-$$

② **陰イオン交換樹脂**…R－N⁺(CH₃)₃OH⁻ の OH⁻ と陰イオンを交換する。

$$\cdots\overset{|}{\underset{(CH_3)_3N^+OH^-}{R}}\cdots + Na^+Cl^- \rightleftharpoons \cdots\overset{|}{\underset{(CH_3)_3N^+Cl^-}{R}}\cdots + Na^+OH^-$$

基本問題 ●● 解答 ⇒ 別冊 *p.78*

327 熱可塑性樹脂と熱硬化性樹脂 ◀テスト必出

次の①～⑤の文のうち，熱可塑性樹脂にあてはまるものには A，熱硬化性樹脂にあてはまるものには B を記せ。

□ ① 加熱によって軟らかくなる。

□ ② 鎖状構造をもつ高分子化合物である。

□ ③ 付加重合によって合成されるものが多い。

□ ④ 一般的に，硬くて耐熱性に優れたものが多い。

□ ⑤ 家具や食器，電気器具などに利用されることが多い。

328 合成樹脂の構造 ◀テスト必出

次のア～カは，合成樹脂の構造の一部を示している。あとの各問いに答えよ。

ア $\cdots-CH_2-\underset{CH_3}{\overset{|}{CH}}-CH_2-\underset{CH_3}{\overset{|}{CH}}-\cdots$

イ $\cdots-CH_2-\underset{\overset{|}{CH_2}}{N}-CO-\underset{\overset{|}{CH_2}}{N}-CH_2-\cdots$ ... （縦方向に続く構造）

ウ $\cdots-CH_2-CHCl-CH_2-CHCl-\cdots$

エ $\cdots-\underset{H}{\overset{|}{N}}-(CH_2)_6-\underset{H}{\overset{|}{N}}-\overset{O}{\overset{\|}{C}}-(CH_2)_4-\overset{O}{\overset{\|}{C}}-\cdots$

オ $\cdots-CH_2-\underset{COOCH_3}{\overset{|}{CCH_3}}-CH_2-\underset{COOCH_3}{\overset{|}{CCH_3}}-\cdots$

カ $\cdots-\overset{O}{\overset{\|}{C}}-\langle benzene \rangle-\overset{O}{\overset{\|}{C}}-O-(CH_2)_2-O-\cdots$

□ (1) ア～カの樹脂の名称を書け。

□ (2) ア～カのうち，熱硬化性樹脂はどれか。

□ (3) ア～カのうち，合成の過程で縮合反応を含むものをすべて選べ。

329 合成樹脂の構造と性質

次の(1)～(5)にあてはまる合成樹脂を，あとのア～クからすべて選べ。

- □ (1)　炭化水素である。
- □ (2)　エステル結合をもつ。
- □ (3)　熱硬化性樹脂である。
- □ (4)　ベンゼン環をもつ。
- □ (5)　付加重合によって合成する。

　　ア　ポリエチレン　　　　イ　ナイロン66　　　　ウ　フェノール樹脂
　　エ　ポリエチレンテレフタラート　　　オ　ポリ塩化ビニル
　　カ　ポリスチレン　　　　キ　ポリ酢酸ビニル　　　ク　メラミン樹脂

できたら
チェック

□ **330** イオン交換樹脂　◀テスト必出

次の文中の（　）内に，適する語句を記せ。

　スチレンに少量の *p*−ジビニルベンゼンを混合して共重合させると，立体網目構造をもつ合成樹脂(樹脂 **A** とする)が得られる。

　樹脂 **A** に濃硫酸を反応させて（①）基をつけたものは，水溶液中の（②）を捕捉し，同時に（③）を放出することができる。このような樹脂を（④）という。

　一方，樹脂 **A** に −CH_2−$N^+(CH_3)_3OH^-$ のような基をつけたものは，水溶液中の（⑤）を捕捉し，同時に（⑥）を放出できる。このような樹脂を（⑦）という。

応用問題 •• 解答 ➡ 別冊 *p.79*

できたら
チェック

331 次の(1)～(6)の合成樹脂の特徴としてあてはまるものを，あとのア～カからそれぞれ選べ。

- □ (1)　フェノール樹脂
- □ (2)　尿素樹脂
- □ (3)　メラミン樹脂
- □ (4)　ポリエチレン
- □ (5)　ポリスチレン
- □ (6)　ポリ塩化ビニル

　　ア　低密度のものと高密度のものがあり，ラップや買物袋に使われる。
　　イ　ユリア樹脂ともよばれ，電気絶縁性，耐薬品性に優れている。
　　ウ　燃えにくく，耐水性，耐薬品性に優れる。水道管やホースに利用される。
　　エ　中間生成物(ノボラックまたはレゾール)を経て生成する。
　　オ　アミノ樹脂のひとつであり，食器や家具に利用される。
　　カ　発泡させたものは食品トレイやカップめんの容器に使われる。

332 ◀差がつく 次の文を読んで，あとの各問いに答えよ。

　ある合成樹脂 **A**，**B**，**C** の成分元素を調べたところ，樹脂 **A** では炭素と水素の 2 種類，樹脂 **B** では炭素，水素，酸素の 3 種類，樹脂 **C** では炭素，水素，酸素，窒素の 4 種類であった。それぞれの樹脂を加熱したところ，(a)樹脂 **A** および **B** は軟らかくなり，(b)樹脂 **C** は硬いまま軟らかくならなかった。また，樹脂 **A** および **B** はベンゼン環を含むことがわかった。

☐ (1)　**A ～ C** にあてはまる高分子化合物を，次の**ア～カ**から選べ。

　　ア　ポリプロピレン　　　　　　イ　ポリメタクリル酸メチル

　　ウ　ナイロン 66　　　　　　　　エ　ポリエチレンテレフタラート

　　オ　尿素樹脂　　　　　　　　　カ　ポリスチレン

☐ (2)　下線部(a)，(b)のような熱に対する性質をもつ樹脂をそれぞれ何というか。

☐ **333**　酢酸ビニルはエチン(アセチレン)と酢酸の付加反応によって得られる。この酢酸ビニルを付加重合させてポリ酢酸ビニルとし，さらに水酸化ナトリウム水溶液と反応させてけん化させ，ポリビニルアルコールを合成する。

　　エチン 130 kg から，ポリビニルアルコールが何 kg 得られるか。ただし，反応の収率は 90 % とする。(原子量；H = 1.0，C = 12，O = 16)

334 ◀差がつく 陽イオン交換樹脂を円筒状のカラムにつめ，上から 0.10 mol/L 硫酸銅(Ⅱ)水溶液を 15 mL 流した後，水洗いし，流出液をすべてビーカーにとった。

☐ (1)　陽イオン交換樹脂を R－SO_3H で表すと，このイオン交換反応の化学反応式はどのように表されるか。

☐ (2)　流出液のすべてを 0.10 mol/L の水酸化ナトリウム水溶液で中和滴定したとき，中和点までに要する水酸化ナトリウム水溶液は何 mL か。

51 ゴム

○ **天然ゴム(生ゴム)**

① **構造**…イソプレン C_5H_8 が付加重合

$$\left[\begin{array}{c} CH_3 \quad\quad H \\ \backslash/ \\ C = C \\ /\backslash \\ CH_2 \quad\quad CH_2 \end{array} \right]_n$$

生ゴム(ポリイソプレン)

$\xrightarrow[\text{付加重合}]{\text{乾 留}}$

$$n\,CH_2 = \underset{\underset{CH_3}{|}}{C} - CH = CH_2$$

イソプレン

した構造。

➡ 生ゴムを乾留するとイソプレンが生じる。
└─空気を遮断して固体を加熱すること。

▶ ゴムノキから得られる乳液を酸で凝固させて生ゴムを得る。
　　　　　　　└─ラテックス

② **加硫**…生ゴムに数%の硫黄を加えて加熱すると**弾性**が増す。

▶ 二重結合部分に S 原子が結合し，橋をかけた形の構造ができる。

　➡ **架橋構造**

▶ 硫黄を 30 ～ 40 % 加えて加熱すると**エボナイト**になる。
　　　　　　　　　　　　　　　└─黒色で硬いプラスチック状の物質

○ **合成ゴム**

① **合成**…イソプレンやイソプレンに似た構造の単量体を付加重合させる。

単量体　　　　　　　　　　　　合成ゴム

$$n\,CH_2 = \underset{\underset{X}{|}}{C} - CH = CH_2 \xrightarrow{\text{付加重合}} \left[CH_2 - \underset{\underset{X}{|}}{C} = CH - CH_2 \right]_n$$

X	単量体	合成ゴム	
H	1,3-ブタジエン	ブタジエンゴム	
CH_3	イソプレン	イソプレンゴム	◀天然ゴムに似ている。
Cl	クロロプレン	クロロプレンゴム	

② **共重合**…2 種類以上の単量体による付加重合。

例 1,3-ブタジエンとスチレンの共重合 ➡ スチレン－ブタジエンゴム

基本問題

できたらチェック

解答 ➡ 別冊 *p.80*

□ **335** 生ゴムとイソプレン ◀テスト必出

次のア～オの文のうち，誤っているものをすべて選べ。

ア 生ゴムは，炭素と水素からなる高分子の炭化水素である。

イ 生ゴムを乾留すると，イソプレンが得られる。

ウ イソプレンは，鎖状で分子内に二重結合を 1 つ含む炭化水素である。

エ イソプレンを付加重合すると，二重結合の位置が変化する。

オ 生ゴムに硫黄を約 30 % 加えて熱すると，弾性の高いゴムが得られる。

336 イソプレンとポリイソプレン

イソプレン C_5H_8 が付加重合して得られるポリイソプレンでは，イソプレン単位 n 個あたりに存在する二重結合の数は何個か。

337 合成ゴム ◀テスト必出

次の①〜③は，合成ゴムの構造である。それぞれの単量体の名称を書け。

① $\cdots - CH_2 - CCl = CH - CH_2 - CH_2 - CCl = CH - CH_2 - \cdots$

② $\cdots - CH_2 - CCH_3 = CH - CH_2 - CH_2 - CCH_3 = CH - CH_2 - \cdots$

③ $\cdots - CH_2 - CH = CH - CH_2 - CH_2 - CH = CH - CH_2 - CH_2 - \cdots$

応用問題 ·· 解答 ➡ 別冊 *p.80*

338 ◀差がつく 次の(1)〜(4)の反応の種類を，あとのア〜オから選べ。ただし，同じものを 2 度選んでもよい。

(1) 生ゴムからイソプレンが生じる反応。

(2) イソプレンから生ゴムが生じる反応。

(3) クロロプレンからポリクロロプレンが生じる反応。

(4) 1,3-ブタジエンとスチレンからスチレン−ブタジエンゴムが生じる反応。

ア 共重合 イ 付加重合 ウ 開環重合

エ 縮合重合 オ 乾留

339 次の文を読んで，あとの各問いに答えよ。

ゴムノキの幹に傷をつけると（ ① ）とよばれる乳液が得られる。これを凝固させ乾燥させたものが生ゴムである。生ゴムを空気を遮断して加熱するとイソプレンが得られる。また，生ゴムに（ ② ）を数％加えることにより高分子の二重結合間に（ ③ ）構造をつくると，弾性が増す。

(1) 文中の（ ）内に適する語句を入れよ。

(2) 下線部の反応を化学反応式で表せ。ただし，化学式は二重結合の位置がわかるように書くこと。

(3) $+CH_2 - CH(CN)+_m+CH_2 - CH = CH - CH_2+_n$ と構造式を表すことができる合成ゴムの名称を答えよ。

(4) (3)の合成ゴムを得るために行う付加重合を特に何というか。

□ 執筆協力　㈱一校舎
□ 編集協力　㈱一校舎　平松元子　松本陽一郎
□ 図版作成　㈱一校舎　甲斐美奈子

編　者　文英堂編集部
発行者　益井英郎
印刷所　中村印刷株式会社
発行所　株式会社文英堂
〒601-8121　京都市南区上鳥羽大物町28
〒162-0832　東京都新宿区岩戸町17
（代表）03-3269-4231

Σ BEST シグマベスト

シグマ基本問題集

化 学

正解答集

◎『検討』で問題の解き方が完璧にわかる
◎『テスト対策』で定期テスト対策も万全

文英堂

1　物質の状態変化と蒸気圧

基本問題 •••••••••••••••••• 本冊 *p.5*

1

答 (1) 液体　(2) 固体　(3) 気体
(4) 固体　(5) 気体

検討 (1)液体は，分子は密集しているが，位置が互いに入れ替わることができる。そのため，容器に合わせて形を変えることができる。
(2)分子のもつエネルギーが大きくなると，分子の熱運動が活発になる。**分子のもつエネルギーは固体が最小で，気体が最大。**
(3)気体は分子間の距離が非常に大きい。
(4)固体は，分子が決まった位置にあるため，分子間の距離は一定である。
(5)**分子間力は分子間の距離が近いほど大きくなる。**気体は分子間の距離が大きいため，固体や液体に比べて分子間力の影響が小さい。

2

答 (1) T_1：融点　T_2：沸点
(2) **AB** 間：固体
　BC 間：固体と液体が共存している状態。
　CD 間：液体
　DE 間：液体と気体が共存している状態。
　EF 間：気体
(3) 加えられた熱が状態変化に使われ，物質の温度上昇には使われないから。
(4) 融解熱　(5) 蒸発熱
(6) **CD** 間の状態

検討 (1)物質を固体の状態から加熱していくと，温度が上昇するとともに固体が液体になる。この現象が**融解**で，融解するときの温度が**融点**である。液体をさらに加熱すると温度が上昇し，液体の内部からも蒸発が起こるようになる。この現象が**沸騰**で，沸騰するときの温度が**沸点**である。
(2)(3)(4)(5)**融解**では，固体の粒子の配列をくずすために，融解熱として熱エネルギーが吸収

される。このため物質がすべて液体になるまで温度は上昇しない。この間は，固体と液体が共存している。**沸騰**では，**液体の粒子間の引力に打ち勝って粒子が飛び出すようにするために，蒸発熱として熱エネルギーが吸収される。**このため物質がすべて気体になるまで温度は上昇しない。この間は，液体と気体が共存している。
(6) CD 間は液体の状態であり，EF 間は気体の状態である。粒子間の距離は液体よりも気体のほうが大きいから，単位体積あたりに含まれる粒子の数は液体のほうが多い。したがって，密度は液体である CD 間のほうが大きい。

テスト対策
▶**分子のもつエネルギー**⇨固体<液体<気体
▶**融点・沸点**⇨加えられた熱エネルギーが状態変化に使われるので，**温度は一定。**

3

答 ウ

検討 密閉容器内に適当量の水を入れ，温度を一定に保ったまま放置すると，水蒸気が一定の圧力を示すようになる。このときの水蒸気の圧力を飽和蒸気圧または単に**蒸気圧**という。このとき，単位時間あたりに蒸発する水分子の数と凝縮する水分子の数が等しく，見かけ上は蒸発や凝縮が停止したように見える。これを**気液平衡**という。

4

答 (1) **A**：34℃　**B**：78℃　　**C**：100℃
(2) **C**　(3) **A**　(4) 20℃

検討 (1)蒸気圧が外圧と等しくなったとき沸騰する。単に沸点といえば蒸気圧が $1.013×10^5$ Pa のときの値だから，グラフの点線と **A**，**B**，**C** の蒸気圧曲線の交点の温度が，それぞれの沸点である。
(2)水は，100℃で蒸気圧が標準大気圧($1.013×10^5$ Pa)と等しくなる。

(3)同温度で，蒸気圧が最も高い物質が，最も蒸発しやすい。

(4)蒸気圧が6.0×10^4 Paになる温度で沸騰する。

 テスト対策

▶沸騰；蒸気圧が外圧に等しくなったとき起こる。

⇨ このときの温度が**沸点**。

応用問題 ……………………… 本冊 *p.6*

❺

答 ウ，エ，オ

検討 ア：100℃の水と100℃の水蒸気では，蒸発熱の分，水蒸気のほうがエネルギーが大きい。

イ：固体が直接気体になる変化を**昇華**といい，気体が直接固体になる変化を**凝華**という（気体が直接固体になる変化も昇華ということがある）。

ウ：固体より液体のほうが分子の熱エネルギーが大きく，熱運動が活発なので，分子からなる物質の多くは，液体のほうが固体より分子間の距離が大きい。

[参考] 多くの物質では，固体のほうが液体より密度が大きい。ただし，水は例外で氷のほうが水より密度が小さい。

エ：液体のほうが固体よりエネルギーが大きい。そのエネルギー差が熱として放出される。

オ：温度が高くなると，分子の熱エネルギーが大きくなり，分子の運動速度が大きくなるので，分子間の距離が大きくなる。

❻

答 エ

検討 ア・イ：グラフより，外圧が1.0×10^5 Paのときの沸点は，**A**が約35℃，**B**が約63℃，**C**が約110℃である。同温で蒸気圧の小さい物質ほど沸点が高い。

ウ：飽和蒸気圧が外圧と等しいときの温度が沸点である。グラフより，外圧が0.2×10^5 Paのときの**B**の沸点は約20℃，外圧が$1.0 \times$

10^5 Paのときの**A**の沸点は約35℃である。

エ：飽和蒸気圧の大きさは，温度によって決まる。ほかの気体の有無とは無関係である。

オ：グラフより，80℃における**C**の飽和蒸気圧は4.0×10^4 Pa，20℃における**A**の飽和蒸気圧は5.5×10^4 Paである。

 テスト対策

▶飽和蒸気圧

●同温で蒸気圧の低い物質ほど沸点が高い。

●飽和蒸気圧と外圧が等しくなると，**沸騰**が起こる。

●物質の飽和蒸気圧は温度によって決まる。

⇨ 共存する気体は関係がない。

❼

答 (1) **A**：固体(氷) **B**：液体(水)
C：気体(水蒸気) (2) ウ

検討 (1)圧力がp_2のとき，温度が高くなると，順に **A → B → C** と状態が変化することから，**A** は固体(氷)，**B** は液体(水)，**C** は気体(水蒸気)である。

(2)ア：**A** と **B** の境界線は，圧力による水の融点の変化を表している。圧力を大きくすると，融点が下がる。

イ：**B** と **C** の境界線は蒸気圧曲線であり，圧力をp_2からp_3に高くすると，沸点は高くなる。

ウ：圧力がp_1より低いとき，**A** と **C** の状態でしか存在しない。

エ：状態図を見ると，温度がt_1より低くても **B** の状態で存在できる場合がある(たとえばp_3のとき)ことがわかる。

2 分子間力と沸点・融点

基本問題 ……………………… 本冊 *p.8*

❽

答 ア：高く イ：ファンデルワールス力(分子間力) ウ：高い エ：正四面体

オ：無極性　カ：三角錐　キ：極性

検討 ウ～キ；極性分子間には，静電気的な引力がはたらくため，15～17族の水素化合物の沸点は，14族の水素化合物に比べて高い。

9

答 ウ

検討 ア；水は極性分子なので，極性分子からなる物質は溶かすが，無極性分子からなる物質は溶かさない。よって，誤り。

イ；物質は一般に凝固すると密度が大きくなるが，水は例外で，凝固すると密度が小さくなる。よって，誤り。

ウ；正しい。水のほかにアンモニアやフッ化水素も，水素結合の影響により，分子量から予想される沸点に比べて高い。

エ；水は2対の非共有電子対と，2対の共有電子対をもつ。よって，誤り。

応用問題 •••••••••••••••• 本冊 *p.9*

10

答 (1) イ　(2) ア　(3) オ　(4) ウ
(5) エ

検討 (1) NH_3 は分子からなる物質であり，NaCl はイオンからなる物質。

(2) K より Na のほうが原子番号が小さく，イオン半径も小さい。

(3) F_2 と HCl は分子量はほぼ同じ（F_2；38，HCl；36.5）だが，F_2 は無極性分子であり，HCl は極性分子。

(4) CH_4 と C_2H_6 は構造の似た分子どうしであり，分子量は，CH_4 は16，C_2H_6 は30。

(5) NaCl は1価のイオンどうしが結合したもので，CaO は2価のイオンどうしが結合したもの。よって，CaO のほうが陽イオンと陰イオンの電荷が大きい。

11

答 (1) A_1；CH_4　C_1；H_2O　D_1；HF
(2) 分子間で水素結合を形成するため。

(3) 1分子あたりの水素結合の数が，水のほうが多いから。

(4) 周期が大きくなるほど分子量が大きくなるから。

(5) ア

検討 (1) A_1 は14族の第2周期の元素の水素化合物なので，炭素 C の水素化合物であり，メタン CH_4。C_1 は16族の第2周期の元素の水素化合物なので，酸素 O の水素化合物であり，水 H_2O。D_1 は17族の第2周期の元素の水素化合物なので，フッ素 F の水素化合物であり，フッ化水素 HF。

(2) H_2O，HF は，分子間で水素結合を形成するので，沸点が異常に高い。

(3) 水分子1個あたり，水素結合は2本であり（4個の水分子と水素結合している），これに対して，フッ化水素分子1個あたり，水素結合は1本である（2個のフッ化水素分子と水素結合している）。

(4) 分子構造が類似している物質の沸点は，分子量が大きいほどファンデルワールス力が強くはたらくので，分子量の順に高くなる。それぞれの族では，周期が大きくなるにつれて原子量が大きくなり，水素化合物の分子量が大きくなるので，周期が大きいほど沸点が高くなる。

(5) アンモニアの沸点は約−33℃。ホスフィン PH_3（沸点は約−88℃）よりはるかに沸点が高い。

---

3 ボイル・シャルルの法則

基本問題 •••••••••••••••• 本冊 *p.10*

12

答 (1) $7.5×10^4 Pa$　(2) 8.2 L

検討 (1) ボイルの法則 $P_1V_1 = P_2V_2$ において，$P_1 = 2.5×10^5 Pa$，$V_1 = 3.0 L$，$V_2 = 10.0 L$ より，

$$P_2 = \frac{P_1 V_1}{V_2} = \frac{2.5 \times 10^5 \, \mathrm{Pa} \times 3.0 \, \mathrm{L}}{10.0 \, \mathrm{L}}$$
$$= 7.5 \times 10^4 \, \mathrm{Pa}$$

(2)シャルルの法則 $\dfrac{V_1}{T_1} = \dfrac{V_2}{T_2}$ において，

$T_1 = 273 \, \mathrm{K}, \quad V_1 = 6.0 \, \mathrm{L},$

$T_2 = (100 + 273) \, \mathrm{K} = 373 \, \mathrm{K}$ より，

$$V_2 = \frac{V_1 T_2}{T_1} = \frac{6.0 \, \mathrm{L} \times 373 \, \mathrm{K}}{273 \, \mathrm{K}} = 8.19 \cdots \mathrm{L}$$
$$\fallingdotseq 8.2 \, \mathrm{L}$$

テスト対策

▶ボイル・シャルルの法則

$$\frac{P_1 V_1}{T_1} = \frac{P_2 V_2}{T_2}$$

● $T_1 = T_2 \Rightarrow$ ボイルの法則

$$P_1 V_1 = P_2 V_2$$

● $P_1 = P_2 \Rightarrow$ シャルルの法則

$$\frac{V_1}{T_1} = \frac{V_2}{T_2}$$

▶絶対温度 T〔K〕とセルシウス温度 t〔℃〕
の数値の関係

$$T = t + 273$$

▶標準状態　273 K（0℃），$1.013 \times 10^5 \, \mathrm{Pa}$

---

⑬

答 (1) ウ　　(2) オ

検討 (1) P が大きくなるにつれて，V は反比
例して小さくなる。

(2) T が大きくなるにつれて，V は比例して
大きくなる。

⑭

答 (1) 7.3 L　　(2) $3.2 \times 10^5 \, \mathrm{Pa}$

(3) 527℃

検討 $\dfrac{P_1 V_1}{T_1} = \dfrac{P_2 V_2}{T_2}$ に代入する。

(1) $\dfrac{2.0 \times 10^5 \, \mathrm{Pa} \times 4.0 \, \mathrm{L}}{300 \, \mathrm{K}} = \dfrac{1.0 \times 10^5 \, \mathrm{Pa} \times V_2}{273 \, \mathrm{K}}$

∴ $V_2 = 7.28 \, \mathrm{L} \fallingdotseq 7.3 \, \mathrm{L}$

(2) $\dfrac{1.0 \times 10^5 \, \mathrm{Pa} \times 5.0 \, \mathrm{L}}{273 \, \mathrm{K}} = \dfrac{P_2 \times 2.0 \, \mathrm{L}}{350 \, \mathrm{K}}$

∴ $P_2 = 3.20 \cdots \times 10^5 \, \mathrm{Pa} \fallingdotseq 3.2 \times 10^5 \, \mathrm{Pa}$

(3) $\dfrac{3.03 \times 10^5 \, \mathrm{Pa} \times 6.00 \, \mathrm{L}}{400 \, \mathrm{K}}$

$= \dfrac{9.09 \times 10^5 \, \mathrm{Pa} \times 4.00 \, \mathrm{L}}{T_2}$

∴ $T_2 = 800 \, \mathrm{K}$

よって，求める温度は，$800 - 273 = 527$（℃）

応用問題 •••••••••••••••••••• 本冊 *p.11*

⑮

答 (1) 91℃　　(2) 5.6 L，8.4 L

検討 (1) 求める温度を t℃，はじめの圧力を P_0
とすると，変化後の圧力は $2P_0$ と表せる。

$\dfrac{P_1 V_1}{T_1} = \dfrac{P_2 V_2}{T_2}$ より，

$\dfrac{P_0 \times 3.0 \, \mathrm{L}}{273 \, \mathrm{K}} = \dfrac{2P_0 \times 2.0 \, \mathrm{L}}{(t + 273) \, \mathrm{K}}$ 　∴ $t = 91$

(2)前半は，標準状態の気体 1 mol は 22.4 L から，

$\dfrac{7.0 \, \mathrm{g}}{28 \, \mathrm{g/mol}} \times 22.4 \, \mathrm{L/mol} = 5.6 \, \mathrm{L}$

後半はシャルルの法則によって，

$\dfrac{5.6 \, \mathrm{L}}{273 \, \mathrm{K}} = \dfrac{V_2}{(137 + 273) \, \mathrm{K}}$

∴ $V_2 = 8.41 \cdots \mathrm{L} \fallingdotseq 8.4 \, \mathrm{L}$

⑯

答 イ

検討 ボイルの法則より，一定量の気体の体積
と圧力は反比例する。よって，イまたはウの
グラフになる。また，シャルルの法則より，
一定量の気体の体積と絶対温度は比例する。
$T_1 > T_2$ より，T_1 のグラフのほうが上になる。

 4　気体の状態方程式

基本問題 •••••••••••••••••• 本冊 *p.12*

⑰

答 1.4×10^{23} 個

検討 $P = 1.8 \times 10^5 \, \mathrm{Pa}, \quad V = 3.0 \, \mathrm{L},$

$R = 8.3 \times 10^3 \, \mathrm{Pa \cdot L/(mol \cdot K)},$

$T = (15 + 273) \, \mathrm{K} = 288 \, \mathrm{K}$

気体の状態方程式 $PV = nRT$ に代入すると，

$1.8 \times 10^5\,\mathrm{Pa} \times 3.0\,\mathrm{L}$

$= n \times 8.3 \times 10^3\,\mathrm{Pa \cdot L/(mol \cdot K)} \times 288\,\mathrm{K}$

$\therefore n = 0.225\cdots\,\mathrm{mol}$

分子数は，アボガドロ定数 $6.0 \times 10^{23}/\mathrm{mol}$ より，

$6.0 \times 10^{23}/\mathrm{mol} \times 0.225\,\mathrm{mol} = 1.35 \times 10^{23}$

$\Rightarrow 1.4 \times 10^{23}$

 18

答　(1) **37 L**　(2) **1.2×10⁶ Pa**

検討　(1) $T = 27 + 273 = 300\,\mathrm{K}$

$PV = nRT$ より，

$2.0 \times 10^5\,\mathrm{Pa} \times V$

$= 3.0\,\mathrm{mol} \times 8.3 \times 10^3\,\mathrm{Pa \cdot L/(mol \cdot K)} \times 300\,\mathrm{K}$

$\therefore V = 37.3\cdots\,\mathrm{L} \fallingdotseq 37\,\mathrm{L}$

(2) $T = (77 + 273)\,\mathrm{K} = 350\,\mathrm{K}$

$PV = nRT$ より，

$P \times 5.0\,\mathrm{L}$

$= 2.0\,\mathrm{mol} \times 8.3 \times 10^3\,\mathrm{Pa \cdot L/(mol \cdot K)} \times 350\,\mathrm{K}$

$\therefore P = 1.16\cdots \times 10^6\,\mathrm{Pa} \fallingdotseq 1.2 \times 10^6\,\mathrm{Pa}$

┌─── テスト対策 ───

▶**気体の状態方程式とその変形式**

$$PV = nRT$$

$n = \dfrac{w}{M}$ より，

$$PV = \dfrac{w}{M}RT$$

P；圧力〔Pa〕　　　V；体積〔L〕

n；物質量〔mol〕　　T；絶対温度〔K〕

w；質量〔g〕　　　　M；モル質量〔g/mol〕

気体定数 $R = 8.31 \times 10^3\,\mathrm{Pa \cdot L/(mol \cdot K)}$

19

答　(1) **64 g**　(2) **44**

検討　(1) $P = 5.0 \times 10^5\,\mathrm{Pa}$，$V = 10\,\mathrm{L}$，

$R = 8.3 \times 10^3\,\mathrm{Pa \cdot L/(mol \cdot K)}$，

$T = (27 + 273)\,\mathrm{K} = 300\,\mathrm{K}$，$M = 32\,\mathrm{g/mol}$

これらを $PV = \dfrac{w}{M}RT$ に代入して，

$5.0 \times 10^5\,\mathrm{Pa} \times 10\,\mathrm{L}$

$= \dfrac{w}{32\,\mathrm{g/mol}} \times 8.3 \times 10^3\,\mathrm{Pa \cdot L/(mol \cdot K)} \times 300\,\mathrm{K}$

$\therefore w = 64.2\cdots\,\mathrm{g} \fallingdotseq 64\,\mathrm{g}$

(2) $P = 3.0 \times 10^5\,\mathrm{Pa}$，$V = 0.400\,\mathrm{L}$，

$R = 8.3 \times 10^3\,\mathrm{Pa \cdot L/(mol \cdot K)}$，

$T = (127 + 273)\,\mathrm{K} = 400\,\mathrm{K}$，$w = 1.6\,\mathrm{g}$

これらを $PV = \dfrac{w}{M}RT$ に代入して，

$3.0 \times 10^5\,\mathrm{Pa} \times 0.40\,\mathrm{L}$

$= \dfrac{1.6\,\mathrm{g}}{M} \times 8.3 \times 10^3\,\mathrm{Pa \cdot L/(mol \cdot K)} \times 400\,\mathrm{K}$

$\therefore M = 44.2\cdots\,\mathrm{g/mol} \fallingdotseq 44\,\mathrm{g/mol}$

したがって，分子量は44

応用問題 ●●●●●●●●●●●●●●●● 本冊 *p.13*

 20

答　(1) **イ**　(2) **ウ**　(3) **エ**

検討　(1) R は定数であるから，n と T が一定のときは，$PV = $ 一定となり，P の値にかかわらず PV の値は一定となる。

(2) n と V が一定のときは，$\dfrac{P}{T} = $ 一定となり，P と T は比例する。

(3) P と V が一定のときは，$nT = $ 一定となり，n と T は反比例する。

21

答　**74**

検討　この液体物質を湯浴中で完全に蒸発させたとき，フラスコ内はこの物質の気体（**100℃**）で満たされている。放冷して液体になったときの質量から，フラスコ内を満たしていた気体が1.2 g であることがわかる。

$P = 1.0 \times 10^5\,\mathrm{Pa}$，$V = 0.500\,\mathrm{L}$，$w = 1.2\,\mathrm{g}$，

$R = 8.3 \times 10^3\,\mathrm{Pa \cdot L/(mol \cdot K)}$，

$T = (100 + 273) = 373\,\mathrm{K}$

これらを $PV = \dfrac{w}{M}RT$ に代入して，

$1.0 \times 10^5\,\mathrm{Pa} \times 0.500\,\mathrm{L}$

$= \dfrac{1.2\,\mathrm{g}}{M} \times 8.3 \times 10^3\,\mathrm{Pa \cdot L/(mol \cdot K)} \times 373\,\mathrm{K}$

$\therefore M = 74.3\cdots\,\mathrm{g/mol} \fallingdotseq 74\,\mathrm{g/mol}$

したがって，分子量は74

5　混合気体の圧力

基本問題 ●●●●●●●●●●●●●●●● 本冊 *p.14*

22

答 (1) $N_2 : CH_4 = 1 : 2$　　(2) $3.7 \times 10^4 Pa$

(3) $1.2 \times 10^4 Pa$

検討 (1)分子量；$N_2 = 28$ より，N_2 0.70g の物質量は，

$$\frac{0.70g}{28 g/mol} = 0.025 mol$$

分子量；$CH_4 = 16$ より，CH_4 0.80g の物質量は，

$$\frac{0.80g}{16 g/mol} = 0.050 mol$$

混合気体における成分気体の分圧比は，物質量比に等しいから，分圧比は，

$N_2 : CH_4 = 0.025 : 0.050 = 1 : 2$

(2)混合気体の総物質量は，

$0.025 mol + 0.050 mol = 0.075 mol$

全圧を P〔Pa〕として，気体の状態方程式に代入すると，

$P \times 5.0 L = 0.075 mol \times$

$8.3 \times 10^3 Pa \cdot L/(mol \cdot K) \times (27 + 273)K$

$\therefore P = 3.73\cdots \times 10^4 Pa \fallingdotseq 3.7 \times 10^4 Pa$

(3)分圧比が $N_2 : CH_4 = 1 : 2$ なので，N_2 の分圧は，

$3.73 \times 10^4 Pa \times \dfrac{1}{3}$

$= 1.24\cdots \times 10^4 Pa \fallingdotseq 1.2 \times 10^4 Pa$

┌─────────────────────┐
テスト対策

▶**混合気体における計算**

●**全圧＝分圧の和**

●成分気体について，

　分圧比＝物質量比（同温・同体積）

　分圧比＝体積比（同温・同圧）
└─────────────────────┘

23

答 イ，エ

検討 ア；理想気体は，ボイル・シャルルの法則や気体の状態方程式に完全にしたがう。

イ；理想気体では，分子に体積はないが，質量はある。

ウ；温度が高いと，分子の熱運動が激しくなり，分子間力の影響が小さくなる。

エ；圧力が高いと，分子間の距離が小さくなるので，分子間力の影響が大きくなる。また，気体全体の体積に対して分子自身が占める体積が無視できなくなる。

┌─────────────────────┐
テスト対策

▶**実在気体**は，**高温・低圧**ほど理想気体のふるまいに近づく。

　⇨ **分子間力**や**分子の体積**を無視できるため。
└─────────────────────┘

応用問題 ●●●●●●●●●●●●●●●● 本冊 *p.15*

24

答 (1) **16 または 16.0**　　(2) $5.0 \times 10^5 Pa$

検討 (1)分子量；$H_2 = 2.0$ より，水素0.10gの物質量は0.050molである。同様にして，窒素0.70g，酸素0.80gの物質量は，それぞれ0.025molである。

成分気体の物質量の合計は，

$0.050 mol + 0.025 mol + 0.025 mol$

$= 0.100 mol$

よって，混合気体の平均分子量は，

$$\frac{0.050}{0.100} \times 2.0 + \frac{0.025}{0.100} \times 28 + \frac{0.025}{0.100} \times 32 = 16$$

[別解]混合気体の総質量は，

$0.10g + 0.70g + 0.80g = 1.60g$

これが0.100molに相当するので，

$$\frac{1.60g}{0.10 mol} = 16 g/mol$$

(2)全圧を P〔Pa〕とすると，気体の状態方程式より，

$P \times 0.50 L = 0.10 mol \times$

$8.3 \times 10^3 Pa \cdot L/(mol \cdot K) \times 300 K$

$\therefore P = 4.98 \times 10^5 Pa \fallingdotseq 5.0 \times 10^5 Pa$

┌─────────────────────┐
テスト対策

▶**混合気体の平均分子量**

$$M = \frac{n_A}{n} M_A + \frac{n_B}{n} M_B + \cdots$$
└─────────────────────┘

n；各成分気体の物質量の和

n_A, n_B, …；各成分気体の物質量

M_A, M_B, …；各成分気体の分子量

25

答 全圧；$4.5 \times 10^5\,Pa$

二酸化炭素の分圧；$3.0 \times 10^5\,Pa$

検討 はじめに一酸化炭素が x〔mol〕あったとすると，反応前後の各物質の物質量〔mol〕は，

	2CO	+	O₂	⟶	2CO₂
反応前	x		x		0
反応量	x		$\dfrac{x}{2}$		x
反応後	0		$\dfrac{x}{2}$		x

反応前後での成分気体の物質量の和の比は，

$$(x+x):\left(\frac{x}{2}+x\right)=4:3$$

よって，反応後の全圧は，

$$6.0 \times 10^5\,Pa \times \frac{3}{4} = 4.5 \times 10^5\,Pa$$

また，反応後の混合気体において，酸素と二酸化炭素の物質量の比は 1：2 なので，二酸化炭素の分圧は，

$$4.5 \times 10^5\,Pa \times \frac{2}{3} = 3.0 \times 10^5\,Pa$$

26

答 A；窒素　B；理想気体　C；二酸化炭素

検討 $\dfrac{PV}{RT}=1.0$ である **B** が理想気体である。

$\dfrac{PV}{RT}$ の値が 1.0 からずれる原因は，分子間力，分子の体積の 2 つである。

・分子間力による影響…分子間力により分子どうしが引きつけられる。➡ 体積は，理想気体よりも小さくなる。

・分子の体積による影響…分子そのものには体積がある。➡ 体積は，理想気体よりも大きくなる。

分子量が大きいほど，分子間力は大きくなる。 また，分子に極性があると，分子間力は大きくなる。分子量は窒素＜二酸化炭素なので，

理想気体からのずれがより小さい **A** が窒素，最も大きい **C** が二酸化炭素である。

[参考] 高圧なほど，分子間力による影響より分子の体積による影響のほうが大きくなる。

 テスト対策

▶**理想気体**；気体の状態方程式やボイル・シャルルの法則に完全にしたがう。

⇨ 分子間力と分子の体積がないため。

6 金属結晶

基本問題 ●●●●●●●●●●●●●●●●●●●● 本冊 *p.17*

27

答 ア

検討 ア：1 つの原子に接する原子の数（配位数という）は，面心立方格子では 12 個，体心立方格子では 8 個である。

イ：ともにすき間がある。

ウ：面心立方格子は，原子が頂点に 8 個，面の中心に 6 個ある。頂点の原子は 8 つの単位格子，面の中心の原子は 2 つの単位格子にまたがっているから，単位格子中の原子数は，

$$\frac{1}{8} \times 8 + \frac{1}{2} \times 6 = 4\,(個)$$

体心立方格子は，原子が頂点に 8 個，格子の中心に 1 個あるから，単位格子中の原子数は，

$$\frac{1}{8} \times 8 + 1 = 2\,(個)$$

エ：面心立方格子のほうが体心立方格子より，原子が密に詰め込まれている（充填率に注目しよう）。

 テスト対策

▶**体心立方格子と面心立方格子**

	体心立方格子	面心立方格子
単位格子中の原子数	2	4
配位数	8	12
充填率	68 %	74 %

[参考]　**配位数**：原子1個に接する原子の数。結晶格子の種類によって決まっている。
充填率：原子を球と考えたとき，原子が空間を占める割合。「面心＞体心」が重要。

応用問題 •••••••••••••••••••• 本冊 *p.18*

答　ア：$\dfrac{4\sqrt{3}}{3}r$　イ：2　ウ：$\dfrac{32\sqrt{3}}{9}N_{\mathrm{A}}dr^3$
エ：$2\sqrt{2}r$　オ：4　カ：$4\sqrt{2}N_{\mathrm{A}}dr^3$

検討　ア：体心立方格子の場合，次の図のように原子どうしが接しているので，単位格子の一辺の長さを a とすると，

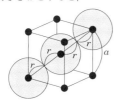

$$\sqrt{3}\,a=4r \quad \therefore\ a=\dfrac{4\sqrt{3}}{3}r$$

ウ：求めるモル質量を M とおくと，

$$d=\dfrac{\dfrac{M}{N_{\mathrm{A}}}\times 2}{\left(\dfrac{4\sqrt{3}}{3}r\right)^3} \quad \therefore\ M=\dfrac{32\sqrt{3}}{9}N_{\mathrm{A}}dr^3$$

エ：面心立方格子の場合，右図のように原子どうしが接しているので，単位格子の一辺の長さを b とすると，

$$\sqrt{2}\,b=4r \quad \therefore\ b=2\sqrt{2}r$$

カ：$d=\dfrac{\dfrac{M}{N_{\mathrm{A}}}\times 4}{(2\sqrt{2}r)^3} \quad \therefore\ M=4\sqrt{2}N_{\mathrm{A}}dr^3$

答　(1) イ　(2) ウ

検討　各結晶格子の充填率の大小は次の通り。
　　体心立方格子＜面心立方格子＝六方最密構造
したがって，密度は，面心立方格子と六方最

密構造が等しく，体心立方格子の密度はこれらより小さい。

答　$A:B=\dfrac{M_{\mathrm{A}}}{a^3}:\dfrac{2M_{\mathrm{B}}}{b^3}$

検討　単位格子中の原子数は，

　　A（体心立方格子）：$\dfrac{1}{8}\times 8+1=2$（個）

　　B（面心立方格子）：$\dfrac{1}{8}\times 8+\dfrac{1}{2}\times 6=4$（個）

アボガドロ定数を N_{A} とすると，それぞれの単位格子の質量は，

　　A：$\dfrac{M_{\mathrm{A}}}{N_{\mathrm{A}}}\times 2$　　B：$\dfrac{M_{\mathrm{B}}}{N_{\mathrm{A}}}\times 4$

また，それぞれの単位格子の体積は，

　　A：a^3　　B：b^3

密度＝$\dfrac{質量}{体積}$ より，金属 A，B の密度は，

　　A：$\dfrac{\dfrac{M_{\mathrm{A}}}{N_{\mathrm{A}}}\times 2}{a^3}=\dfrac{2M_{\mathrm{A}}}{N_{\mathrm{A}}a^3}$

　　B：$\dfrac{\dfrac{M_{\mathrm{B}}}{N_{\mathrm{A}}}\times 4}{b^3}=\dfrac{4M_{\mathrm{B}}}{N_{\mathrm{A}}b^3}$

以上より，金属 A，B の密度の比は，

$A:B=\dfrac{2M_{\mathrm{A}}}{N_{\mathrm{A}}a^3}:\dfrac{4M_{\mathrm{B}}}{N_{\mathrm{A}}b^3}=\dfrac{M_{\mathrm{A}}}{a^3}:\dfrac{2M_{\mathrm{B}}}{b^3}$

[別解]　単位格子中の原子数の比は，
　　$A:B=2:4=1:2$
原子1個の質量の比は，$A:B=M_{\mathrm{A}}:M_{\mathrm{B}}$
単位格子の体積の比は，$A:B=a^3:b^3$
よって，密度の比は，
$A:B=\dfrac{1\times M_{\mathrm{A}}}{a^3}:\dfrac{2\times M_{\mathrm{B}}}{b^3}=\dfrac{M_{\mathrm{A}}}{a^3}:\dfrac{2M_{\mathrm{B}}}{b^3}$

答　① 体心立方　② 8　③ 2
　④ 0.19　⑤ 2.5×10^{22}
　⑥ 3.9×10^{-23}　⑦ 6.0×10^{23}

検討　② 格子の中心の原子に対して，頂点の8個の原子が接している。
　③ $\dfrac{1}{8}\times 8+1=2$（個）
　④ 単位格子の一辺を l〔nm〕，原子の半径を

r〔nm〕とすると,

$$(4r)^2 = l^2 + (\sqrt{2}l)^2$$

$$\therefore r = \frac{\sqrt{3}}{4}l = \frac{1.73}{4} \times 0.43\,\text{nm} = 0.185\cdots\text{nm}$$

$$\doteqdot 0.19\,\text{nm}$$

⑤ $0.43\,\text{nm} = 0.43 \times 10^{-7}\,\text{cm}$ より, 単位格子の体積は $(0.43 \times 10^{-7})^3\,\text{cm}^3$ である。単位格子中の原子数が2個より, 1 cm^3 中の原子数は,

$$\frac{2}{(0.43 \times 10^{-7})^3} = 2.51\cdots \times 10^{22} \doteqdot 2.5 \times 10^{22}\,(\text{個})$$

⑥ 単位格子の質量は,

$$0.97\,\text{g/cm}^3 \times (0.43 \times 10^{-7})^3\,\text{cm}^3$$

$$= 7.71\cdots \times 10^{-23}\,\text{g}$$

単位格子中の原子数は2個であるから, 原子1個の質量は,

$$\frac{7.71 \times 10^{-23}\,\text{g}}{2} = 3.85\cdots \times 10^{-23}\,\text{g}$$

$$\doteqdot 3.9 \times 10^{-23}\,\text{g}$$

⑦ モル質量が $23\,\text{g/mol}$ より,

$$\frac{23\,\text{g/mol}}{3.85 \times 10^{-23}\,\text{g}} = 5.97\cdots \times 10^{23}\,/\text{mol}$$

$$\doteqdot 6.0 \times 10^{23}\,/\text{mol}$$

7 イオン結晶

基本問題 •••••••••••••• 本冊 *p.20*

㉜

答 イ, オ, キ

検討 イオン結合は, 陽イオンと陰イオンの結合である。したがって,

$$\left\{\begin{array}{l}\text{陽イオンになりやすい元素} \Rightarrow \text{金属元素}\\ \text{陰イオンになりやすい元素} \Rightarrow \text{非金属元素}\end{array}\right\}$$

の原子間の結合である。

ア；CもOも非金属元素。

イ；Caは金属元素, Oは非金属元素。

ウ；Nは非金属元素。

エ；CもClも非金属元素。

オ；Kは金属元素, Clは非金属元素。

カ；HもOも非金属元素。

キ；Mgは金属元素, Brは非金属元素。

テスト対策

▶ $\left\{\begin{array}{l}\text{金属元素}\\ \text{非金属元素}\end{array}\right\}$ の原子間 ⇨ イオン結合

例外 NH_4Cl ⇨ NH_4^+ と Cl^- のイオン結合

㉝

答 イ, オ

検討 ア；金属元素は陽イオンになりやすく, 非金属元素の多くは陰イオンになりやすいので, これらの化合物の多くはイオン結晶。

イ；陽イオンと陰イオンの間にはたらく**静電気的な引力による強い結合**からなる結晶なので, 融点は比較的高い。

ウ・エ；結晶の状態では電気を通さないが, 水溶液にしたり加熱融解したりして, イオンが移動できるようにすると電気を通す。

オ；陽イオンと陰イオンが規則正しく配列し, イオン結合によって互いに強く引きつけられているため, ずれることができない。したがって, 展性・延性にとぼしく, もろい。

㉞

答 (1) 6個 (2) Na^+；4個 Cl^-；4個

(3) $2.2\,\text{g/cm}^3$

検討 (1)単位格子の中心にある Na^+ に着目する。この Na^+ は, 右図で赤く示されている6個の Cl^- と接している。

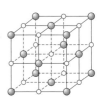

(2) Na^+ は, 単位格子の中心に1個, 辺の中央に12個ある。辺の中央の Na^+ は, 4つの単位格子にまたがっている。よって, 単位格子中の Na^+ は,

$$1 + \frac{1}{4} \times 12 = 4\,(\text{個})$$

Na^+ と Cl^- は同数であるから, Cl^- は4個。

[別解] Cl^- は, 面の中心に6個, 頂点に8個ある。面の中心の Cl^- は2つの単位格子に, 頂点の Cl^- は8つの単位格子にまたがっているから,

$$\frac{1}{2}\times6+\frac{1}{8}\times8=4\,(個)$$

(3)単位格子の体積は$(5.6\times10^{-8})^3\,\mathrm{cm^3}$である。この結晶の密度を$x\,(\mathrm{g/cm^3})$とすると，単位格子の質量は$(5.6\times10^{-8})^3\,\mathrm{cm^3}\times x$となる。これが NaCl 4個の質量と等しいから，式量；NaCl＝58.5 より，

$$(5.6\times10^{-8})^3\,\mathrm{cm^3}\times x=\frac{58.5\,\mathrm{g/mol}}{6.0\times10^{23}\,/\mathrm{mol}}\times4$$

$$\therefore\ x=2.22\cdots\,\mathrm{g/cm^3}\fallingdotseq2.2\,\mathrm{g/cm^3}$$

㉟

答 (1) $\mathrm{Cs^+}$；1個　$\mathrm{Cl^-}$；1個

(2) 8個　　(3) $\mathrm{Zn^{2+}}$；4個　$\mathrm{S^{2-}}$；4個

(4) 4個

検討 (1)$\mathrm{Cs^+}$ は単位格子の中心に1個ある。また，$\mathrm{Cl^-}$ は単位格子の頂点に8個ある。頂点の $\mathrm{Cl^-}$ は8個の単位格子にまたがっている。よって，

$$\frac{1}{8}\times8=1\,(個)$$

(2)右図のように2つの体心立方格子をつないで考える。この図より，$\mathrm{Cs^+}$，$\mathrm{Cl^-}$ ともに8個の $\mathrm{Cl^-}$，$\mathrm{Cs^+}$ とそれぞれ接していることがわかる。

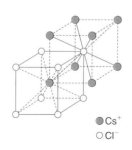

●$\mathrm{Cs^+}$
○$\mathrm{Cl^-}$

(3)$\mathrm{Zn^{2+}}$ は単位格子の内側に4個ある。また，$\mathrm{S^{2-}}$ は単位格子の頂点に8個，面の中心に6個ある。頂点の $\mathrm{S^{2-}}$ は8個の単位格子にまたがっており，面の中心の $\mathrm{S^{2-}}$ は2個の単位格子にまたがっている。よって，

$$\frac{1}{8}\times8+\frac{1}{2}\times6=4\,(個)$$

(4)ZnS の単位格子中の1個の $\mathrm{Zn^{2+}}$ に着目すると，その $\mathrm{Zn^{2+}}$ を中心とした正四面体の頂点方向に4個の $\mathrm{S^{2-}}$ が接している。$\mathrm{S^{2-}}$ に着目した場合も同様に考えられる。よって，各イオンの配位数は4。

応用問題 ••••••••••••••••• 本冊 *p.21*

㊱

答 イ，オ

検討 一般に金属元素と非金属元素の原子間の結合はイオン結合であるから，金属元素と非金属元素からなる化合物の組み合わせを選ぶ。イ：$\mathrm{CaCl_2}$，KI は，どちらも金属元素と非金属元素からなる化合物で，イオン結合の物質。オ：$\mathrm{NH_4Cl}$ は例外で，非金属元素の化合物であるが，$\mathrm{NH_4^+}$ と $\mathrm{Cl^-}$ がイオン結合により結びついている。また，$\mathrm{Al_2O_3}$ は金属元素と非金属元素からなる化合物で，イオン結合の物質。

㊲

答 (1) ① A；4個　B；4個

② A；2個　B；4個

③ A；1個　B；3個

(2) ① AB　　② $\mathrm{AB_2}$　　③ $\mathrm{AB_3}$

検討 (1)①陽イオン A は，面の中心に6個，頂点に8個ある。面の中心の A は2つの単位格子に，頂点の A は8つの単位格子にまたがっているから，

$$\frac{1}{2}\times6+\frac{1}{8}\times8=4\,(個)$$

陰イオン B は，単位格子の中心に1個，辺の中央に12個ある。辺の中央にある B は4つの単位格子にまたがっているから，

$$1+\frac{1}{4}\times12=4\,(個)$$

② A は，単位格子の中心に1個，頂点に8個あるから，

$$1+\frac{1}{8}\times8=2\,(個)$$

B は，格子の内側に4個ある。

③ A は，頂点に8個あるから，

$$\frac{1}{8}\times8=1\,(個)$$

B は，辺の中央に12個あるから，

$$\frac{1}{4}\times12=3\,(個)$$

(2)イオンからなる物質の組成式は，陽イオンと陰イオンの数の比を，陽イオン，陰イオン

の順に書く。

① **A : B** = 4 : 4 = 1 : 1

② **A : B** = 2 : 4 = 1 : 2

③ **A : B** = 1 : 3

38

答 (1) 金属 **M** のイオン：1個　Cl⁻：1個

(2) MCl　(3) 1.2×10^2

検討 (1) Cl⁻は頂点に8個あるから，

$$\frac{1}{8} \times 8 = 1 \,(\text{個})$$

金属 **M** のイオンは格子の中心に1個ある。

(2)単位格子中の原子の数の比は1：1である。

(3)単位格子の一辺の長さは，

$$0.40 \,\text{nm} = 4.0 \times 10^{-8} \,\text{cm}$$

単位格子の質量は，

$$4.0 \,\text{g/cm}^3 \times (4.0 \times 10^{-8})^3 \,\text{cm}^3 = 2.56 \times 10^{-22} \,\text{g}$$

これが MCl 1個の質量に等しいから，MCl
の式量を x とすると，

$$2.56 \times 10^{-22} = \frac{x}{6.0 \times 10^{23}} \times 1$$

$$\therefore \ x = 153.6 \doteqdot 154$$

よって，金属 **M** の原子量は，

$$154 - 36 = 118 \doteqdot 1.2 \times 10^2$$

8 その他の結晶と非晶質

基本問題 ●●●●●●●●●●●●●●●●●● 本冊 *p.22*

39

答 イ

検討 ア；ダイヤモンド，黒鉛ともに共有結合
の結晶である。

イ；最も近接している原子と共有結合してい
る原子は，ダイヤモンドが4個であり，黒鉛
は3個である。

ウ；炭素の価電子4個のうち，ダイヤモンド
は4個すべて，黒鉛は3個が結合している。
黒鉛では残った価電子1個が結晶内を動ける
ので，電気伝導性がある。

40

答 ① カ　② キ　③ エ　④ ア

⑤ シ　⑥ ス　⑦ ク　⑧ イ

⑨ ケ　⑩ オ　⑪ コ　⑫ サ

⑬ ウ

検討 ①イオン結晶…金属元素と非金属元素か
らなる。

②金属結晶…金属元素からなる。

③共有結合の結晶…非金属元素からなる。

④イオン結晶…イオン結合が強い結合なので，
融点は高い。

⑤共有結合の結晶…イオン結合よりもさらに
強い共有結合によってすべての原子が結合し
ているので，イオン結晶よりも融点が高い。

⑥分子結晶…結合力が弱い分子間力で結合し
ているため，融点は低い。

⑦イオン結晶…固体の状態では電気を通さな
いのに対して，液体や水溶液の状態では電気
を通す。

⑧金属結晶…自由電子の移動によって電気が
容易に運ばれるため，電気を通す。

⑨分子結晶…移動できる電子がないので，電
気を通さない。

⑩イオン結晶…硬いが，外力を加えるともろ
くて割れやすい。

⑪金属結晶…金属特有の金属光沢や**展性**(た
たくとうすく広がる性質)，**延性**(引っぱると
長くのびる性質)がある。

⑫共有結合の結晶…原子間の結合が切れにく
いので，非常に硬い。

⑬分子結晶…分子間力によって弱く結合して
いるので，軟らかくてもろい。

応用問題 ●●●●●●●●●●●●●●●●●● 本冊 *p.23*

41

答 (1) 種類；ア　　結合；オ，キ

(2) 種類；ア　　結合；オ

(3) 種類；ア　　結合；オ，キ

(4) 種類；イ　　結合；カ，キ

(5) 種類；ア　　結合；オ，キ

(6) 種類；イ　　結合；カ，キ

検討 (1)NaOH は Na^+ と OH^- の間にイオン結合がはたらくイオン結晶。O−H 間は共有結合で結ばれていることに注意。

(2)$CaCl_2$は Ca^{2+} と Cl^- の間にイオン結合がはたらくイオン結晶。結合はイオン結合のみ。

(3)非金属元素どうしからなる物質だが，これは例外であり，NH_4^+ と Cl^- との間でイオン結合がはたらくイオン結晶である。N−H 間は共有結合で結ばれている。

(4)水は分子間に分子間力がはたらく分子結晶である。O−H 間は共有結合で結ばれている。

(5)Na_2CO_3 は Na^+ と CO_3^{2-} の間にイオン結合がはたらくイオン結晶。C−O 間は共有結合で結ばれている。

(6)CCl_4 は分子間に分子間力がはたらく分子結晶である。C−Cl 間は共有結合で結ばれている。

42

答 (1) 正　　(2) 誤　　(3) 誤

検討 (2)金属特有の性質をもつのは，自由電子による金属結合をしているからである。

(3)アモルファスは一定の融点を示さない。

9 溶解と溶解度

基本問題 ……………………… 本冊 *p.25*

43

答 エ

検討 ア：溶媒である水分子は，陽イオンに対しては O 原子，陰イオンに対しては H 原子を向けてとり囲んでいる。これを**水和**という。

イ：水溶液中の溶質分子は，水和により水中に拡散している。

ウ：**極性分子どうしは混じりやすい。**

エ：**無極性分子どうしは混じりやすいが，無極性分子と極性分子は混じりにくい。水は極性分子，ベンゼンは無極性分子である。**

44

答 (1) **0.24 g**　　(2) **3.4×10² mL**

(3) **1.1×10² mL**

検討 (1)0℃，$1.0×10^5$ Pa で 56 mL のメタンの質量は，分子量；$CH_4=16$ より，

$$16 \text{g/mol} × \frac{56×10^{-3}\text{L}}{22.4\text{L/mol}} = 4.0×10^{-2}\text{g}$$

水が2倍，圧力が3倍のとき，溶ける質量は，

$$4.0×10^{-2}\text{g}×2×3 = 0.24\text{g}$$

(2)0℃，$1.0×10^5$ Pa に換算した体積は，圧力に比例するから，

$$56\text{mL}×2×3 = 336\text{mL} ≒ 3.4×10^2\text{mL}$$

(3)気体の体積は，それぞれの圧力のもとでは一定なので，水の体積の変化のみを考える。

$$56\text{mL}×2 = 112\text{mL} ≒ 1.1×10^2\text{mL}$$

┌─ テスト対策 ─┐

▶**ヘンリーの法則**；一定量の液体に溶ける気体について(温度一定)，

●**質量・物質量** ⇨ **圧力に比例**

●**体積** { 標準状態に換算 ⇨ **圧力に比例**　溶けたときの圧力のもと ⇨ **圧力に関係なく一定**

45

答 (1) **24 g**　　(2) **6.8 g**　　(3) **16 g**

検討 (1)60℃の水100gに塩化カリウムを溶かせるだけ溶かした水溶液を20℃まで冷却したとき，析出する塩化カリウムの質量は，

$$46\text{g} - 34\text{g} = 12\text{g}$$

水200gのとき析出する塩化カリウムを x〔g〕とすると，

$$100\text{g} : 12\text{g} = 200\text{g} : x \quad ∴ x = 24\text{g}$$

(2)20℃の水100gに塩化カリウムは34g溶けるから，水を20g蒸発させたとき析出する塩化カリウムを y〔g〕とすると，

$$100\text{g} : 34\text{g} = 20\text{g} : y \quad ∴ y = 6.8\text{g}$$

(3)60℃の水100gに塩化カリウムは46g溶けるから，その飽和水溶液は，

$$100\text{g} + 46\text{g} = 146\text{g}$$

したがって、60℃の飽和水溶液146gを20℃まで冷却すると、析出する塩化カリウムの質量は、

$$46\,g - 34\,g = 12\,g$$

飽和水溶液が200gのときに析出する塩化カリウムをz〔g〕とすると、

$$146\,g : 12\,g = 200\,g : z$$
$$\therefore z = 16.4\cdots\,g \fallingdotseq 16\,g$$

📝 **テスト対策**

▶ **冷却による結晶の析出**

飽和水溶液 w〔g〕を冷却したときに析出する結晶を x〔g〕とすると、

（100＋はじめの溶解度）：（溶解度の差）
$$= w : x$$

▶ **溶媒の蒸発による析出**

飽和水溶液から水 w〔g〕を蒸発させたときに析出する結晶を x〔g〕とすると、

100：溶解度 $= w : x$

---

❹❻

答 35g

検討 水100gに溶ける $CuSO_4\cdot5H_2O$ を x〔g〕とすると、x〔g〕に含まれる無水物 $CuSO_4$ の質量は $\dfrac{160}{250}x$〔g〕である。

よって、飽和水溶液（100g＋x〔g〕）中には $CuSO_4$ が $\dfrac{160}{250}x$〔g〕溶けていることになる。

一方、水100gへの $CuSO_4$ の溶解度が20なので、飽和水溶液120g中には $CuSO_4$ が20g溶けている。よって、

$$(100\,g + x) : \frac{160}{250}x = 120\,g : 20\,g$$
$$\therefore x = 35.2\cdots\,g \fallingdotseq 35\,g$$

📝 **テスト対策**

▶ **水和水を含む結晶の溶解量**

水 w〔g〕に溶けうる結晶（水和物）を x〔g〕とすると、

$(w+x)$：x〔g〕中の無水物の質量
$$= （100＋溶解度）：溶解度$$

応用問題 ●●●●●●●●●●●●●●●●●● 本冊 *p.26*

❹❼

答 (1) ウ　　(2) エ

検討 (1)ヘンリーの法則より、温度一定のとき、一定量の液体に溶ける気体の物質量は圧力に比例する。

(2)温度一定のとき、一定量の液体に溶ける気体の体積は、溶けたときの圧力のもとでは一定である。

❹❽

答 (1) 6.4×10^{-4} mol/L　　(2) 3.6×10^{-2} g

検討 (1)40℃での N_2 の溶解度（標準状態に換算した値）；0.012L

N_2 の分圧；$2.0\times10^5\,Pa \times \dfrac{3}{5} = 1.2\times10^5\,Pa$

溶媒の量；1.0L

$$\frac{0.012\,L}{22.4\,L/mol} \times \frac{1.2\times10^5\,Pa}{1.0\times10^5\,Pa} \times \frac{1.0\,L}{1.0\,L}$$
$$= 6.42\cdots\times10^{-4}\,mol \fallingdotseq 6.4\times10^{-4}\,mol$$
$$\therefore 6.4\times10^{-4}\,mol/L$$

(2)気体の溶解度は温度上昇により小さくなる。

O_2 の分圧は $2.0\times10^5\,Pa \times \dfrac{2}{5} = 0.80\times10^5\,Pa$,

N_2 の分圧は $1.2\times10^5\,Pa$ である。

5℃において溶解する質量（①〜④式は単位省略）は、

O_2：$\dfrac{0.043}{22.4} \times \dfrac{0.80\times10^5}{1.0\times10^5} \times \dfrac{1.0}{1.0} \times 32$ …①

N_2：$\dfrac{0.021}{22.4} \times \dfrac{1.2\times10^5}{1.0\times10^5} \times \dfrac{1.0}{1.0} \times 28$ …②

40℃において溶解する質量は、

O_2：$\dfrac{0.023}{22.4} \times \dfrac{0.80\times10^5}{1.0\times10^5} \times \dfrac{1.0}{1.0} \times 32$ …③

N_2：$\dfrac{0.012}{22.4} \times \dfrac{1.2\times10^5}{1.0\times10^5} \times \dfrac{1.0}{1.0} \times 28$ …④

よって、発生する気体の質量は、

$$（①＋②）－（③＋④） \fallingdotseq 3.63\times10^{-2}$$
$$\fallingdotseq 3.6\times10^{-2}（g）$$

❹❾

答 1.93

検討 分子量；$N_2 = 28.0$ より，2.94×10^{-3}g の

窒素の物質量は $\dfrac{2.94 \times 10^{-3}}{28.0}$ mol である。

分子量；$O_2 = 32.0$ より，6.95×10^{-3}g の酸素

の物質量は $\dfrac{6.95 \times 10^{-3}}{32.0}$ mol である。

分圧比は $N_2 : O_2 = 4 : 1$ であり，溶ける物質

量は分圧比に比例するから，

$$\frac{N_2}{O_2} = \frac{\dfrac{2.94 \times 10^{-3}}{28.0} \times 4}{\dfrac{6.95 \times 10^{-3}}{32.0} \times 1} = 1.933 \cdots \fallingdotseq 1.93$$

🔵50

 答 (1) **55 g**　(2) **57 g**　(3) **68 g**

検討 (1) 80℃の水 100 g に硝酸カリウムを溶け

るだけ溶かした飽和水溶液の質量は，

$$100\,g + 170\,g = 270\,g$$

この飽和水溶液を 10℃まで冷却したときに

析出する硝酸カリウムの結晶は，

$$170\,g - 22\,g = 148\,g$$

80℃の硝酸カリウム飽和水溶液 100 g を 10℃

まで冷却したときに析出する結晶を x〔g〕と

すると，

$$270\,g : 148\,g = 100\,g : x$$

$$\therefore x = 54.8 \cdots \fallingdotseq 55\,g$$

(2) 10℃の水 100 g に硝酸カリウムは 22 g 溶け

るから，水 10 g に溶けていた硝酸カリウム

を y〔g〕とすると，

$$100\,g : 22\,g = 10\,g : y \qquad \therefore y = 2.2\,g$$

よって，冷却による析出との合計は，

$$54.8\,g + 2.2\,g = 57.0\,g \fallingdotseq 57\,g$$

(3) 37 g の結晶が析出するときの飽和水溶液を

z〔g〕とすると，

$$270\,g : 148\,g = z : 37\,g$$

$$\therefore z = 67.5\,g \fallingdotseq 68\,g$$

🔵51

 答 **25 g**

検討 60℃の水 100 g に硫酸銅(Ⅱ)は 40 g 溶け

るから，60℃の飽和水溶液 140 g 中の硫酸銅

(Ⅱ)は 40 g である。60℃の飽和水溶液 100 g

中の硫酸銅(Ⅱ)を x〔g〕とすると，

$$100\,g : x = 140\,g : 40\,g$$

$$\therefore x = 28.5 \cdots g$$

ここで，20℃に冷却すると析出する硫酸銅

(Ⅱ)五水和物の質量を y〔g〕とすると，この

中に含まれる硫酸銅(Ⅱ)は $\dfrac{160}{250} y$〔g〕である。

20℃の飽和水溶液 120 g 中の硫酸銅(Ⅱ)は

20 g なので，

$$(100\,g - y) : \left(28.5\,g - \frac{160}{250} y\right)$$

$$= 120\,g : 20\,g$$

$$\therefore y = 25\,g$$

📝 テスト対策

▶ **水和水を含む結晶の析出**

飽和水溶液 w〔g〕を冷却したときに析出

する結晶を x〔g〕とすると，

$w - x$：冷却後の溶液中の無水物の質量

= 100 ＋冷却後の溶解度：冷却後の溶解度

---

10 溶液の濃度

基本問題 •••••••••••••••••••• 本冊 *p.29*

🔵52

 答 **ウ**

検討 0.10 mol/L の NaOH 水溶液は，水溶液

1 L 中に 0.10 mol の NaOH を含む。NaOH

0.10 mol の質量は，

$$40\,g/mol \times 0.10\,mol = 4.0\,g$$

ア：水溶液の体積は，1 L より大きくなる。

イ：水溶液の体積は，1 L より小さくなる（水

溶液の質量が 1000 g）。

ウ：水溶液 1 L 中に NaOH 0.10 mol を含む。

エ：水溶液の体積は，1 L より小さくなる（水

溶液の質量が 1000 g）。

🔵53

 答 (1) **5.1 mol/L**　(2) **5.7 mol/kg**

検討 (1)水溶液 $1\,L\,(=1000\,cm^3)$ 中の NaCl の
物質量は,

$$1.2\,g/cm^3 \times 1000\,cm^3 \times \frac{25}{100} \times \frac{1}{58.5\,g/mol}$$

$$= 5.12\cdots mol \fallingdotseq 5.1\,mol \qquad \therefore 5.1\,mol/L$$

(2)水溶液 $1\,L$ 中の水の質量は,

$$1.2\,g/cm^3 \times 1000\,cm^3 \times \frac{100-25}{100} = 900\,g$$

よって,質量モル濃度は,

$$\frac{5.12\,mol}{0.900\,kg} = 5.68\cdots mol/kg \fallingdotseq 5.7\,mol/kg$$

 テスト対策

▶ 濃度の換算；溶液 $1\,L$ を基準とする。
質量パーセント濃度を $x\,\%$,モル濃度を
$y\,[mol/L]$,溶液の密度を $d\,[g/cm^3]$,溶
質のモル質量を $M\,[g/mol]$ とすると,
溶液 $1\,L$ 中の溶質の物質量 $y\,mol$ は以下
の式で表せる。

$$y\,[mol] = d \times 1000\,cm^3 \times \frac{x}{100} \times \frac{1}{M}$$

応用問題 ●●●●●●●●●●●●●●●● 本冊 p.29

❺❹

答 (1) 4.4 %　　(2) 0.50 mol/L

(3) 0.51 mol/kg

検討 分子量；$(COOH)_2 = 90$,$(COOH)_2 \cdot 2H_2O$
$= 126$ より,結晶 $6.3\,g$ 中に含まれるシュウ
酸無水物の質量は,

$$6.3\,g \times \frac{90}{126} = 4.5\,g$$

(1)水溶液 $100\,mL\,(=100\,cm^3)$ の質量は,

$$1.02\,g/cm^3 \times 100\,cm^3 = 102\,g$$

よって,質量パーセント濃度は,

$$\frac{4.5\,g}{102\,g} \times 100 = 4.41\cdots \fallingdotseq 4.4$$

(2)水溶液 $100\,mL$ 中に含まれるシュウ酸無水
物の物質量は,

$$\frac{4.5\,g}{90\,g/mol} = 0.050\,mol$$

よって,モル濃度は,

$$\frac{0.050\,mol}{0.100\,L} = 0.50\,mol/L$$

(3)水溶液 $100\,mL$ 中の水の質量は,

$$102\,g - 4.5\,g = 97.5\,g$$

よって,質量モル濃度は,

$$\frac{0.050\,mol}{97.5 \times 10^{-3}\,kg} \fallingdotseq 0.51\,mol/kg$$

❺❺

答 (1) 69.0 g　　(2) 3.93 mol/L

(3) 4.27 mol/kg

検討 (1)この水溶液 $300\,mL$ の質量は,

$$1.15\,g/cm^3 \times 300\,cm^3 = 345\,g$$

塩化ナトリウムの質量は,

$$345\,g \times \frac{20.0}{100} = 69.0\,g$$

(2)この水溶液 $1\,L$ 中の NaCl の物質量は,

$$1.15\,g/cm^3 \times 1000\,cm^3 \times \frac{20.0}{100} \times \frac{1}{58.5\,g/mol}$$

$$= 3.931\cdots mol \fallingdotseq 3.93\,mol$$

よって,モル濃度は $3.93\,mol/L$

(3)この水溶液 $1\,L$ 中の水の質量は,

$$1.15\,g/cm^3 \times 1000\,cm^3 \times \frac{100-20.0}{100} = 920\,g$$

よって,質量モル濃度は,

$$\frac{3.931\,mol}{920 \times 10^{-3}\,kg} \fallingdotseq 4.27\,mol/kg$$

❺❻

答 (1) 3.43 mol/L　(2) 23.2 %　(3) 111 mL

検討 (1)希硫酸 $1\,L$ 中の H_2SO_4(分子量98.0)の
物質量は,

$$1.20\,g/cm^3 \times 1000\,cm^3 \times \frac{28.0}{100} \times \frac{1}{98.0\,g/mol}$$

$$= 3.428\cdots mol \fallingdotseq 3.43\,mol$$

(2)硝酸銀水溶液 $1\,L$ の質量は,

$$1.10\,g/cm^3 \times 1000\,cm^3 = 1100\,g$$

式量；$AgNO_3 = 170$ より,硝酸銀 $1.50\,mol$ の
質量は,

$$170\,g/mol \times 1.50\,mol = 255\,g$$

よって,質量パーセント濃度は,

$$\frac{255\,g}{1100\,g} \times 100 = 23.18\cdots \fallingdotseq 23.2$$

(3)$2.00\,mol/L$ の塩酸 $500\,mL$ 中の塩化水素の
物質量は,

$$2.00\,mol/L \times 0.500\,L = 1.00\,mol$$

30.0 % の塩酸が x〔cm³〕必要だとすると，
分子量；HCl = 36.5 より，

$$1.10\,g/cm^3 \times x \times \frac{30.0}{100} \times \frac{1}{36.5\,g/mol}$$

$$= 1.00\,mol$$

$$\therefore x = 110.6 \cdots cm^3 \fallingdotseq 111\,cm^3 = 111\,mL$$

11　希薄溶液の性質

基本問題 ●●●●●●●●●●●●●●● **本冊** *p.31*

 57

答 (1) ウ　　(2) イ

検討 それぞれの物質 5 g の物質量は，

ア：$\dfrac{5}{180}$ mol　イ：$\dfrac{5}{60}$ mol　ウ：$\dfrac{5}{342}$ mol

(1)質量モル濃度が小さいほど蒸気圧の降下は
小さい。

(2)質量モル濃度が大きいほど蒸気圧の降下が
大きく，沸点が高い。

テスト対策

▶**溶液の濃度と沸点**

溶質が不揮発性の溶液では，

　溶質の**質量モル濃度**が大きいほど，

　⇨ 溶液の**蒸気圧**の降下が大きい。

　⇨ 溶液の**沸点**が高い。

 58

答 (1) A：ア　B：ウ　C：イ　　(2) イ

検討 イ：NaCl ⟶ Na⁺ + Cl⁻ より，水溶液
中のイオンの質量モル濃度は 2 mol/kg である。

(1)同温での蒸気圧が最も大きい **A** が水，最
も小さい **C** が塩化ナトリウム水溶液である。

(2)溶質粒子（イオンを含む）の質量モル濃度が
大きい溶液ほど，沸点上昇が大きい。

 59

答 ウ，ア，イ

検討 凝固点降下度は溶質の種類にかかわらず，
水溶液中の分子またはイオンの質量モル濃度

に比例する。

ア；NaCl ⟶ Na⁺ + Cl⁻ より，水溶液中の
イオンの質量モル濃度は，

　0.050 mol/kg × 2 = 0.10 mol/kg

イ；MgCl₂ ⟶ Mg²⁺ + 2Cl⁻ より，水溶液中
のイオンの質量モル濃度は，

　0.050 mol/kg × 3 = 0.15 mol/kg

ウ；スクロースは非電解質なので，水溶液の
質量モル濃度は 0.050 mol/kg である。

60

答 (1) 沸点；**100.26℃**　凝固点；**-0.93℃**

(2) 沸点；**101.03℃**　凝固点；**-3.72℃**

検討 Δt_b；沸点上昇度，Δt_f；凝固点降下度，
K_b；モル沸点上昇，K_f；モル凝固点降下，
m；質量モル濃度

(1)グルコース水溶液の質量モル濃度は，

$$\frac{9.0\,g}{180\,g/mol} \times \frac{1}{0.100\,kg} = 0.50\,mol/kg$$

$\Delta t_b = K_b m$ より，

　$\Delta t_b = 0.515\,K \cdot kg/mol \times 0.50\,mol/kg$

　　　$= 0.2575\,K \fallingdotseq 0.26\,K$

よって，沸点は，100 + 0.26 = 100.26℃
また，$\Delta t_f = K_f m$ より，

　$\Delta t_f = 1.86\,K \cdot kg/mol \times 0.50\,mol/kg$

　　　$= 0.93\,K$

よって，凝固点は -0.93℃。

(2)塩化ナトリウム水溶液の質量モル濃度は，

$$\frac{11.7\,g}{58.5\,g/mol} \times \frac{1}{0.200\,kg} = 1.00\,mol/kg$$

塩化ナトリウムは NaCl ⟶ Na⁺ + Cl⁻ と電
離するから，

　$m = 1.00\,mol/kg \times 2 = 2.00\,mol/kg$

として計算する。$\Delta t_b = K_b m$ より，

　$\Delta t_b = 0.515\,K \cdot kg/mol \times 2.00\,mol/kg$

　　　$= 1.03\,K$

よって，沸点は，100 + 1.03 = 101.03℃
また，$\Delta t_f = K_f m$ より，

　$\Delta t_f = 1.86\,K \cdot kg/mol \times 2.00\,mol/kg$

　　　$= 3.72\,K$

よって，凝固点は -3.72℃。

テスト対策

▶沸点上昇度・凝固点降下度の計算

$$\Delta t = Km$$

Δt；沸点上昇度・凝固点降下度〔K〕
K；モル沸点上昇・モル凝固点降下〔K·kg/mol〕
m；質量モル濃度〔mol/kg〕
　　（電解質の溶液ではイオンの濃度）

❻❶

答 (1) イ　　(2) B

(3) 溶媒の水が凝固するほど水溶液の濃度が
大きくなり，凝固点降下度が大きくなるから。

検討 (1)過冷却がなければ，A 点で凝固しは
じめる。よって，A 点の温度イが凝固点。
(2)過冷却によって，水溶液の温度は B 点ま
で下がり，B 点から凝固しはじめる。
(3)水が凍るにつれて，水溶液の濃度が徐々に
大きくなり，凝固点降下度が大きくなるので，
凝固点が徐々に下がる。

❻❷

答 (1) B → A　　(2) B → A

検討 モル濃度の小さい溶液から大きい溶液へ
溶媒が浸透する。

❻❸

答 $4.2 \times 10^5\,\text{Pa}$

検討 浸透圧の式

$\Pi V = \dfrac{w}{M}RT$ に代入する。

$\Pi \times 0.30\,\text{L}$
$= \dfrac{9.0\,\text{g}}{180\,\text{g/mol}} \times 8.3 \times 10^3\,\text{Pa·L/(mol·K)}$
$\quad \times 300\,\text{K}$
$\therefore \Pi = 4.15 \times 10^5\,\text{Pa} \fallingdotseq 4.2 \times 10^5\,\text{Pa}$

 テスト対策

▶浸透圧の計算（ファントホッフの法則）

$$\Pi V = \dfrac{w}{M}RT$$

⇨ 単位は気体の状態方程式と同じ。

応用問題 •••••••••••••••••••• 本冊 *p.32*

❻❹

答 5.26 g

検討 分子量；$C_{12}H_{22}O_{11} = 342$ より，スクロー
ス 4.00 g を溶かした溶液の質量モル濃度は，

$$\dfrac{4.00\,\text{g}}{342\,\text{g/mol}} \times \dfrac{1}{0.200\,\text{kg}} = \dfrac{1}{17.1}\,\text{mol/kg}$$

凝固点を等しくするには，質量モル濃度を等
しくすればよいから，グルコース水溶液の質

量モル濃度も $\dfrac{1}{17.1}$ mol/kg である。

分子量；$C_6H_{12}O_6 = 180$ より，求めるグルコー
スの質量は，

$\dfrac{1}{17.1}\,\text{mol/kg} \times 0.500\,\text{kg} \times 180\,\text{g/mol}$
$= 5.263\cdots\text{g} \fallingdotseq 5.26\,\text{g}$

❻❺

答 (1) B　　(2) C

検討 (1)水溶液中の物質やイオンの物質量は，

A：$CuSO_4 \longrightarrow Cu^{2+} + SO_4^{2-}$ より，

$\dfrac{3.20\,\text{g}}{160\,\text{g/mol}} \times 2 = 4.00 \times 10^{-2}\,\text{mol}$

B：$NaCl \longrightarrow Na^+ + Cl^-$ より，

$\dfrac{1.46\,\text{g}}{58.5\,\text{g/mol}} \times 2 = 4.991\cdots \times 10^{-2}\,\text{mol}$

$\fallingdotseq 4.99 \times 10^{-2}\,\text{mol}$

C：$\dfrac{5.40\,\text{g}}{180\,\text{g/mol}} = 3.00 \times 10^{-2}\,\text{mol}$

溶媒は 100 g で同じなので，水溶液中の物質
やイオンの物質量が多いほど沸点が高い。
(2)長時間放置した後の密閉容器内は気液平衡
の状態になっているため，各溶液の蒸気圧は
等しい。各溶液は同じ蒸気圧（同じ濃度）にな
るまで蒸発または凝縮するので，はじめの濃
度が最も小さかった溶液の水が最も蒸発し，
質量が減少している。

❻❻

答 イ，エ

検討 ア；エタノールは沸点が 78℃ と低いの
で，水とエタノールの混合溶液の沸点は，
100℃ より低い（ただし，沸点は一定でない）。

イ：エチレングリコールは2価アルコールで水と混じりやすい。その水溶液は凝固点降下によって凝固点が水より低くなるので，不凍液として用いられる。

ウ：凝固するのは水だけで，スクロースは溶液中に残る。

エ：固体どうしでも，混合すると凝固点降下が起こることがある。凝固点降下により，混合物は液体となる。

オ：NaCl や CaCl₂ を道路にまき，これらの水溶液とすることによって，凝固点降下を起こして凍結を防ぐ。

67

答｜分子量：2.6×10^2　　分子式：S_8

検討｜硫黄の分子量を M とすると，1.50 g の硫黄の物質量は $\dfrac{1.50}{M}$ mol である。溶液の質量モル濃度 m は，

$$\dfrac{1.50}{M} \text{mol} \div 0.100\,\text{kg} = \dfrac{15.0}{M}\,\text{mol/kg}$$

沸点上昇度 Δt は，

$$46.40\,\text{℃} - 46.26\,\text{℃} = 0.14\,\text{℃}\,(= 0.14\,\text{K})$$

$\Delta t = Km$ より，

$$0.14\,\text{K} = 2.40\,\text{K·kg/mol} \times \dfrac{15.0}{M}\,\text{mol/kg}$$

$$\therefore M \fallingdotseq 257 \fallingdotseq 2.6 \times 10^2$$

分子式を S_n とすると，

$$32n = 257 \quad \therefore n = 8.0 \cdots \fallingdotseq 8$$

68

答｜(1) **53 g**　　(2) **8.6 g**

検討｜(1)求めるグルコースの質量を x〔g〕とすると，

$\Pi V = \dfrac{w}{M}RT$ より，

$$7.6 \times 10^5\,\text{Pa} \times 1.0\,\text{L}$$
$$= \dfrac{x}{180\,\text{g/mol}} \times 8.3 \times 10^3\,\text{Pa·L/(mol·K)}$$
$$\times 310\,\text{K}$$

$$\therefore x = 53.1 \cdots \text{g} \fallingdotseq 53\,\text{g}$$

(2)求める塩化ナトリウムの質量を y〔g〕とする。塩化ナトリウムは NaCl ⟶ Na⁺ + Cl⁻

と電離するから，イオンの濃度は，

$$\dfrac{y}{58.5\,\text{g/mol}} \times \dfrac{1}{1.0\,\text{L}} \times 2 = \dfrac{2y}{58.5}\,\text{mol/L}$$

これが(1)のグルコース水溶液のモル濃度と等しくなればよいから，

$$\dfrac{2y}{58.5}\,\text{mol/L} = \dfrac{53.1\,\text{g}}{180\,\text{g/mol}} \times \dfrac{1}{1.0\,\text{L}}$$

$$\therefore y = 8.62 \cdots \text{g} \fallingdotseq 8.6\,\text{g}$$

[別解] $\Pi V = nRT$ に代入して求めてもよい。

$n = \dfrac{2y}{58.5\,\text{g/mol}}$ として計算することに注意。

12 コロイド溶液

基本問題 •••••••••••••••• 本冊 *p.34*

69

答｜**イ**

検討｜ア：コロイド粒子の直径は $10^{-9} \sim 10^{-7}$ m 程度である。10^{-9} m = 1 nm である。

イ：コロイド粒子は，ろ紙は通過するが，半透膜は通過しない。

ウ・エ：イオンや低分子量の分子の直径は 10^{-10} m 程度であり，コロイド粒子のほうが大きい。しかし，沈殿するほどは大きくない。

70

答｜(1) **イ**　　(2) **ア**　　(3) **ウ**　　(4) **エ**

検討｜(1)コロイド粒子は，熱運動をしている分散媒との衝突によって，たえず不規則な運動をしている。この運動が**ブラウン運動**である。

(2)コロイド粒子が光を散乱するため，光の通路が光って見える。この現象が**チンダル現象**である。

(3)コロイド粒子は正または負に帯電しているため，高圧の直流電圧をかけると，一方の極に移動する。これが**電気泳動**である。

(4)コロイド溶液をセロハン袋などに入れて，流水中に浸しておくと，イオンや小さい分子は流水中に出ていき，セロハン袋の内側にはコロイド粒子だけが残る。このようにしてコロイド粒子を精製する操作が**透析**である。

テスト対策

▶**コロイド粒子の大きさ**；10^{-9}～10^{-7}m程度。ろ紙は通過するが，セロハンは通過しない。
⇨**透析**によりコロイド粒子を精製。

▶**チンダル現象**；コロイド粒子が光を散乱。
⇨光の通路が明るく光って見える。

▶**ブラウン運動**；分散媒粒子がコロイド粒子に衝突。⇨コロイド粒子が不規則に運動。

▶**電気泳動**；コロイド粒子は正または負に帯電。⇨電圧によりどちらかの電極に移動。

71

答　①エ，カ　②イ，ウ　③ア，オ

検討　①**疎水コロイド**は，少量の電解質で沈殿(凝析)するコロイドで，水に混じりにくい物質(泥や硫黄など)が分散している。多くは分散質が無機物質である。

②**親水コロイド**は，少量の電解質では沈殿しないが，多量の電解質では沈殿(**塩析**)するコロイドで，水に混じりやすい物質(デンプンやセッケンなど)が分散している。多くは分散質が有機物質である。

③砂糖水や食塩水のような，コロイド溶液でない溶液を**真の溶液**という。

テスト対策

▶コロイドの分類

●**疎水コロイド**；凝析するコロイド
⇨水に混じりにくい分散質
⇨多くは無機物質のコロイド

●**親水コロイド**；塩析するコロイド
⇨水に混じりやすい分散質
⇨多くは有機物質のコロイド

応用問題 本冊 p.35

72

答　ア，イ

検討　塩化鉄(Ⅲ)水溶液を沸騰水に入れると，赤褐色の水酸化鉄(Ⅲ)のコロイド溶液が得られる。反応後の溶液中には，水酸化鉄(Ⅲ)のコロイド粒子と反応で生じた水素イオンH^+と塩化物イオンCl^-が含まれる。この溶液をセロハン袋に入れて純水中に浸し，しばらく放置すると，セロハンを通過できるH^+とCl^-が純水に移動し，コロイド粒子のみがセロハン袋内に残り，コロイド粒子が精製される。このようなコロイド粒子の精製操作が**透析**である。

73

答　ウ

検討　電圧をかけると陽極側に移動したことから，コロイド粒子は負に帯電していることがわかる。負コロイドを凝析させるには，価数の大きい陽イオンを含む電解質水溶液が効果的である。ア～オの塩の陽イオンは次の通り。
ア；Na^+　イ；K^+　ウ；Al^{3+}　エ；Na^+
オ；Ca^{2+}

テスト対策

▶**凝析力の大きいイオン⇨コロイド粒子と電荷が反対で，価数が大きいイオン。**
負コロイドには⇨$Al^{3+}>Ca^{2+}>Na^+$
正コロイドには⇨$PO_4^{3-}>SO_4^{2-}>Cl^-$

74

答　(1)オ　(2)キ　(3)エ　(4)ア
(5)イ

検討　(1)河川を流れる水は，土砂や泥などを含む疎水コロイドである。海水中には，塩化ナトリウムなど多量の電解質が含まれるため，凝析が起こる。このときにできるのが三角州である。

(2)空気中に含まれる微細な塵埃(じんあい)がコロイド粒子に相当する。雲のすき間からさす光が塵埃に当たって散乱されるため，光の線が見える。

(3)豆乳は，タンパク質などを含む親水コロイドである。にがりを加えることによって豆乳が塩析し，豆腐ができる。

(4)煙に含まれる微粒子がコロイド粒子に相当する。高い電圧をかけ，煙に含まれる微粒子を引きつけている。

(5)墨汁は，炭素の粒子を含む疎水コロイドである。一方，にかわの水溶液は親水コロイドである。これらを混ぜると，にかわが炭素の粒子を包み，凝析が起こりにくくなる。

13 化学反応と熱

基本問題 ●●●●●●●●●●●● 本冊 *p.37*

75

答 (1) Al の燃焼エンタルピー，発熱反応
(2) Al_2O_3 の生成エンタルピー，発熱反応
(3) KNO_3 の溶解エンタルピー，吸熱反応
(4) 中和エンタルピー，発熱反応

検討 (1)(2) (1)は Al 1 mol が燃焼した反応式なので**燃焼エンタルピー**，(2)は Al_2O_3 が 1 mol 生成したときの反応エンタルピーを表しているので**生成エンタルピー**である。$\Delta H < 0$ より，発熱反応。

(3)**aq は多量の水**を表し，この反応式は KNO_3 の溶解エンタルピーを表している。$\Delta H > 0$ より，吸熱反応。

(4)酸と塩基から H_2O 1 mol が生成しているので，中和エンタルピーで発熱反応。なお，**燃焼エンタルピーと中和エンタルピーは，必ず** $\Delta H < 0$ であるが，生成エンタルピーと溶解エンタルピーは物質によって異なる。

76

答 (1) $C_2H_6(気) + \dfrac{7}{2}O_2(気)$
$\longrightarrow 2CO_2(気) + 3H_2O(液)$
$\Delta H = -1560\,kJ$

(2) $\dfrac{1}{2}N_2(気) + \dfrac{3}{2}H_2(気) \longrightarrow NH_3(気)$
$\Delta H = -39\,kJ$

(3) $2C(黒鉛) + 2H_2(気) \longrightarrow C_2H_4(気)$
$\Delta H = 52.5\,kJ$

検討 エンタルピー変化を付した反応式は，注目する物質**1 mol** あたりのエンタルピー変化を書くので，ほかの物質の係数が分数になることもある。

(1)C_2H_6 1 mol の燃焼の化学反応式に $\Delta H = -1560\,kJ$ を付する。
(2)NH_3 1 mol がその成分元素の単体から生成する化学反応式に $\Delta H = -39\,kJ$ を付する。
(3)C_2H_4 1 mol がその成分元素の単体から生成する化学反応式に $\Delta H = 52.5\,kJ$ を付する。C には黒鉛やダイヤモンドなどの同素体が存在するが，生成エンタルピーは黒鉛から生成するときのエンタルピー変化である。

テスト対策
▶エンタルピー変化を付した反応式の係数
反応エンタルピーは，**物質1 mol** あたりの変化にともなって出入りする熱量だから，エンタルピー変化を付した反応式では，注目している物質の係数を1とする。

77

答 (1) $S(固) + O_2(気)$
$\longrightarrow SO_2(気)$ $\Delta H = -298\,kJ$
(2) $H_2SO_4(液) + aq$
$\longrightarrow H_2SO_4\,aq$ $\Delta H = -95\,kJ$
(3) $NH_4Cl(固) + aq$
$\longrightarrow NH_4Cl\,aq$ $\Delta H = 15\,kJ$
(4) $HCl\,aq + NaOH\,aq$
$\longrightarrow NaCl\,aq + H_2O(液)$ $\Delta H = -56\,kJ$

検討 (1)硫黄 16.0 g の物質量は，
$\dfrac{16.0\,g}{32.0\,g/mol} = 0.500\,mol$
硫黄 1 mol あたりのエンタルピー変化 ΔH は，
$-\dfrac{149\,kJ}{0.500\,mol} = -298\,kJ/mol$
(2)$H_2SO_4(液)$の物質量は，
$\dfrac{9.8\,g}{98\,g/mol} = 0.10\,mol$
1 mol あたりの ΔH は，
$-\dfrac{9.5\,kJ}{0.10\,mol} = -95\,kJ/mol$

(3) NH₄Cl(固) 1 mol あたりの ΔH は,

$$\frac{1.5\,kJ}{0.10\,mol} = 15\,kJ/mol$$

(4) 生成した NaCl は水に溶けた状態なので,
NaCl aq とする。

答　イ，ウ

検討　燃焼エンタルピーと中和エンタルピーは,
負の値をとる。また,生成エンタルピーと溶
解エンタルピーは,物質によって,正または
負の値をとる。

　また,1 mol の物質が状態変化するときに
出入りする熱も,ΔH で表すことができる。

応用問題 •••••••••••••••• 本冊 *p.39*

答　(1) 48 kJ　　(2) −286 kJ/mol

(3) 14.3 kJ

検討　(1)水 3.0 g の物質量は,$\dfrac{3.0}{18}$ mol

水の生成エンタルピーは −286 kJ/mol なので,
外界に放出する熱量は,

$$\frac{3.0}{18}\,mol \times 286\,kJ/mol = 47.6\cdots kJ ≒ 48\,kJ$$

(2)水の生成エンタルピーを ΔH を付した反
応式で表すと(反応物は,水の成分元素の単
体である水素と酸素),

$$H_2(気) + \frac{1}{2}O_2(気) \longrightarrow H_2O(液)$$

$$\Delta H = -286\,kJ$$

これは,水素の燃焼エンタルピーを同時に表
しているので,水素の燃焼エンタルピーは
−286 kJ/mol

(3)水素 1.12 L の物質量は,$\dfrac{1.12}{22.4}$ mol

したがって,$\dfrac{1.12}{22.4}\,mol \times 286\,kJ/mol = 14.3\,kJ$

答　1138 kJ

検討　H₂ 44.8 L,CO 44.8 L が燃焼することになる。
H₂ 44.8 L の物質量は,$\dfrac{44.8\,L}{22.4\,L/mol} = 2.00\,mol$

CO 44.8 L の物質量は,$\dfrac{44.8\,L}{22.4\,L/mol} = 2.00\,mol$

H₂ と CO の燃焼エンタルピーはそれぞれ
−286 kJ/mol,−283 kJ/mol なので,放出さ
れた総熱量は,

$$2.00\,mol \times 286\,kJ/mol + 2.00\,mol \times$$
$$283\,kJ/mol = 1138\,kJ$$

答　25.0 %

検討　混合気体の総物質量は,

$$\frac{44.8\,L}{22.4\,L/mol} = 2.00\,mol$$

メタンの物質量を x〔mol〕とすると,
エタンの物質量は 2.00 mol − x

$$x \times 890\,kJ/mol + (2.00\,mol - x)$$
$$\times 1560\,kJ/mol = 2785\,kJ$$

$$\therefore\ x = 0.500\,mol$$

$$\frac{0.500\,mol}{2.00\,mol} \times 100 = 25.0$$

答　3.4 ℃

検討　NaOH, HCl の物質量は,0.050 mol である。

$$NaOH + HCl \longrightarrow NaCl + H_2O$$

より,水は 0.050 mol 生成するので,系が放出
する熱量は,0.050 mol × 57000 J/mol = 2850 J
混合溶液の質量は 200 g で,この溶液 1.0 g
の温度を 1.0 ℃ 上げるのに必要な熱量が 4.2 J
なので,上昇する温度を t〔℃〕とすると,

$$200\,g \times 4.2\,J/(g \cdot ℃) \times t = 2850\,J$$

$$\therefore\ t = 3.39\cdots ℃ ≒ 3.4\,℃$$

14　ヘスの法則

基本問題 •••••••••••••••• 本冊 *p.42*

⑧③

答　(1) ① ヘス，② −101.0 kJ

(2) (a) ア，(b) イ　　(3) NaCl aq + H₂O(液)

検討 アは NaOH の固体 1 mol を多量の水に溶かしたときの反応エンタルピーであり，$-44.5\,kJ$ を表す。イは NaOH 水溶液と塩酸から H_2O（液）1 mol が生成するときの反応エンタルピー $-56.5\,kJ$ を表す。したがってエの状態は，1 mol の NaCl が溶けた水溶液と 1 mol の H_2O がもつエネルギーを表すので，「NaClaq＋H_2O（液）」である。ウは NaOH の固体 1 mol を塩酸に直接入れ，H_2O 1 mol が生成したときのエンタルピー変化で，ア＋イで，$-44.5\,kJ＋(-56.5\,kJ)＝-101.0\,kJ$ である。なお，このエネルギー図は，ヘスの法則に基づいてかかれている。

84

答 CH_3OH（液）：$-240\,kJ/mol$

C_2H_5OH（液）：$-278\,kJ/mol$

検討 C（黒鉛）$＋ O_2$（気）$\longrightarrow CO_2$

$\Delta H_1＝-394\,kJ$ ……①

H_2（気）$＋\frac{1}{2}O_2$（気）$\longrightarrow H_2O$（液）

$\Delta H_2＝-286\,kJ$ ……②

CH_3OH（液）$＋\frac{3}{2}O_2$（気）

$\longrightarrow CO_2$（気）$＋ 2H_2O$（液）

$\Delta H_3＝-726\,kJ$ ……③

C_2H_5OH（液）$＋ 3O_2$（気）

$\longrightarrow 2CO_2$（気）$＋ 3H_2O$（液）

$\Delta H_4＝-1368\,kJ$ ……④

〔CH_3OH（液）の生成エンタルピー〕

CH_3OH（液）の生成エンタルピーを表した反応式は次のようになる。

C（黒鉛）$＋ 2H_2 ＋\frac{1}{2}O_2 \longrightarrow CH_3OH$（液）

$\Delta H_5＝x\,[kJ]$ ……⑤

⑤式の各物質の係数に合わせて反応式を組み合わせる。⑤式＝①式＋②式×2－③式 より，

$x＝-394\,kJ＋(-286\,kJ)×2-(-726\,kJ)$

$＝-240\,kJ$

生成エンタルピーなどの反応エンタルピーを解答する場合，単位は kJ/mol とする。

[別解] 反応エンタルピー＝（生成物の生成エンタルピーの総和）－（反応物の生成エンタルピーの総和） より，③式の反応エンタルピー ΔH_3 について，次の式が成り立つ。

$\Delta H_3＝(\Delta H_1＋\Delta H_2×2)-\Delta H_5$

$\therefore \Delta H_5＝-240\,kJ$

〔C_2H_5OH（液）の生成エンタルピー〕

C_2H_5OH（液）の生成エンタルピーを付した反応式は次のようになる。

$2C$（黒鉛）$＋ 3H_2$（気）$＋\frac{1}{2}O_2$（気）

$\longrightarrow C_2H_5OH$（液）

$\Delta H_6＝y\,[kJ]$ ……⑥

⑥式＝①式×2＋②式×3－④式 より，

$y＝(-394\,kJ)×2＋(-286\,kJ)×3-$

$(-1368\,kJ)＝-278\,kJ$

85

答 C_2H_6（気）$\longrightarrow 2C$（気）$＋ 6H$（気）

$\Delta H＝2822\,kJ$

検討 エタン分子中には，$C-H$ 結合が 6 個，$C-C$ 結合が 1 個あるので，原子の状態に分解するには $409\,kJ×6＋368\,kJ＝2822\,kJ$ のエネルギーが必要。

86

答 $390\,kJ/mol$

検討 NH_3（気）の生成エンタルピーを付した反応式は次のようになる。

$\frac{1}{2}N_2$（気）$＋\frac{3}{2}H_2$（気）$\longrightarrow NH_3$（気）

$\Delta H_1＝-45.9\,kJ$ ……①

N_2 1 mol には $N\equiv N$ 結合が 1 mol，H_2 1 mol には $H-H$ 結合が 1 mol，NH_3 1 mol には $N-H$ 結合が 3 mol 含まれる。$N-H$ 結合 1 mol を切断するのに必要なエネルギーを $x\,[kJ]$ とすると，反応エンタルピー＝（反応物の結合エネルギーの総和）－（生成物の結合エネルギーの総和） より，反応エンタルピー ΔH_1 について次の式が成り立つ。

$-45.9\,kJ＝\left(942\,kJ×\frac{1}{2}＋436\,kJ×\frac{3}{2}\right)-3x$

∴ $x = 390.3\,kJ ≒ 390\,kJ$

[別解] $H_2(気) \longrightarrow 2H(気)$

$\Delta H_2 = 436\,kJ$ ……②

$N_2(気) \rightarrow 2N(気)$ $\Delta H_3 = 942\,kJ$ ……③

N-H 結合1molを切断するのに必要なエネルギーを $x[kJ]$ とすると，NH₃1molを原子の状態に分解する反応は次のように表せる。

$NH_3(気) \longrightarrow N(気) + 3H(気)$

$\Delta H_4 = 3x$ ……④

④式 $= -$①式$+$③式$\times\dfrac{1}{2}+$②式$\times\dfrac{3}{2}$ より，

$3x = -(-45.9\,kJ)+942\,kJ\times\dfrac{1}{2}+436\,kJ\times\dfrac{3}{2}$

∴ $x = 390.3\,kJ ≒ 390\,kJ$

答 (1) H-H；436kJ/mol,

O=O；498kJ/mol，H-O；463kJ/mol

(2) $H_2O(液) \longrightarrow H_2O(気)$ $\Delta H = 44\,kJ$

(3) $H_2(気) + \dfrac{1}{2}O_2(気) \longrightarrow H_2O(液)$

$\Delta H = -285\,kJ$

検討 (1)エネルギー図より，

$H_2(気) \longrightarrow 2H(気)$ $\Delta H_1 = 436\,kJ$

∴ H-H の結合エネルギー；436kJ/mol

$O_2(気) \longrightarrow 2O(気)$ $\Delta H_2 = 249\,kJ\times2$

∴ O=O の結合エネルギー；498kJ/mol

$H_2O(気) \longrightarrow 2H(気) + O(気)$

$\Delta H_3 = 241\,kJ + 249\,kJ + 436\,kJ$

ΔH_3 は2molのH-O結合の切断に必要なエネルギーなので，H-Oの結合エネルギーは，

$(241\,kJ + 249\,kJ + 436\,kJ)\div2\,mol$

$= 463\,kJ/mol$

(2)水の蒸発エンタルピーを付した反応式は次のようになる。

$H_2O(液) \longrightarrow H_2O(気)$ $\Delta H_4 = x[kJ]$

エネルギー図より，$x = 44\,kJ$

(3)水素の燃焼エンタルピーを付した反応式は次のようになる。

$H_2(気) + \dfrac{1}{2}O_2(気) \longrightarrow H_2O(液)$

$\Delta H_5 = y[kJ]$

エネルギー図より，系のエンタルピーは減少するので，y は負の値になる。

$y = (-241\,kJ) + (-44\,kJ) = -285\,kJ$

応用問題 ●●●●●●●●●●●●● 本冊 *p.43*

⓼⓼

答 323kJ

検討 $C(黒鉛) + O_2 \longrightarrow CO_2$

$\Delta H_1 = -394\,kJ$ ……①

$CO + \dfrac{1}{2}O_2 \longrightarrow CO_2$

$\Delta H_2 = -283\,kJ$ ……②

①式$-$②式より，

$C(黒鉛) + \dfrac{1}{2}O_2 \longrightarrow CO$

$\Delta H_3 = -111\,kJ$ ……③

生成した CO，CO₂ の物質量は，それぞれ，

$CO；\dfrac{7.00}{28.0}\,mol$

$CO_2；\dfrac{33.0}{44.0}\,mol$

放出された熱量(正の値)は，①と③より，

$\dfrac{7.00}{28.0}\,mol\times111\,kJ/mol + \dfrac{33.0}{44.0}\,mol\times$

$394\,kJ/mol = 323.25\,kJ ≒ 323\,kJ$

⓼⓽

答 $\Delta H = -391\,kJ$

検討 $2C(黒鉛) + 3H_2 \longrightarrow C_2H_6(気)$

$\Delta H_1 = -84\,kJ$ ……①

$C(黒鉛) + O_2 \longrightarrow CO_2$

$\Delta H_2 = -394\,kJ$ ……②

$H_2 + \dfrac{1}{2}O_2 \longrightarrow H_2O(液)$

$\Delta H_3 = -286\,kJ$ ……③

$C_2H_6 + \dfrac{7}{2}O_2 \longrightarrow 2CO_2 + 3H_2O(液)$

$\Delta H_4 = x$ ……④

④式 $= -$①式$+$②式$\times2+$③式$\times3$ より，

$$x = -(-84\,\text{kJ}) + (-394\,\text{kJ}) \times 2 +$$
$$(-286\,\text{kJ}) \times 3 = -1562\,\text{kJ}$$

エンタルピー変化は,

$$\frac{5.60\,\text{L}}{22.4\,\text{L/mol}} \times (-1562\,\text{kJ/mol}) = -390.5\,\text{kJ}$$
$$\fallingdotseq -391\,\text{kJ}$$

15 化学反応と光

基本問題 ●●●●●●●●●●●●●●● 本冊 *p.44*

90

答 ① 反比例　　② 大きく
③ 光化学反応　　④ 化学発光

検討 ①② たとえば,紫外線と赤外線を比べると,波長がより短い紫外線のほうがもっているエネルギーは大きい。
③ 光合成のように,光の吸収によって起こる化学反応を光化学反応という。
④ ルミノール反応のように,化学反応が起こるときに光が放出される現象を化学発光という。

91

答 (1) ⓐ, ⓔ, ⓒ, ⓓ, ⓑ　　(2) ⓐ
(3) ⓒ, イ

検討 (1)(2)波長の短いものから順に,ⓐの X 線,ⓔの紫外線,ⓒの可視光線,ⓓの赤外線,ⓑの電波となる。波長が短いほど粒子のもつエネルギーは大きくなるので,最も波長の短いⓐの X 線がもつエネルギーが最も大きい。
(3)人間の目に見える光を可視光線といい,約 400 nm ～約 800 nm の範囲の波長の電磁波である。

応用問題 ●●●●●●●●●●●●●●● 本冊 *p.45*

92

答 イ, オ

検討 イ:水素と塩素は暗所では反応しないが,紫外線などの光を当てると爆発的に反応し,塩化水素が生成する。

オ:化学反応を促進させるはたらきをする物質を触媒といい,光を当てると触媒としてはたらく物質を光触媒という。酸化チタン(Ⅳ) TiO₂ は代表的な光触媒であり,**光エネルギーを吸収すると触媒としてはたらき**,有機化合物を分解する。

93

答 (1) ① 6　　② O₂(気)
(2) 吸収した, **280 kJ**

検討 (1)植物は光合成により,CO₂ と H₂O から C₆H₁₂O₆ などの糖類と酸素 O₂ を生成する。
(2)ΔH>0 より,エネルギーを吸収してエンタルピーが増加している。
分子量;C₆H₁₂O₆ = 180 より,

$$\frac{18.0\,\text{g}}{180\,\text{g/mol}} \times 2803\,\text{kJ/mol} = 280.3\,\text{kJ}$$
$$\fallingdotseq 280\,\text{kJ}$$

16 電池

基本問題 ●●●●●●●●●●●●●●● 本冊 *p.47*

94

答 (1) アルカリマンガン乾電池
(2) マンガン乾電池　　(3) 鉛蓄電池
(4) 燃料電池　　(5) リチウムイオン電池

検討 (1)(2)アルカリマンガン乾電池とマンガン乾電池は両極の活物質が同じであるが,電解質がアルカリ(KOH)かどうかで区別できる。
(3)(4)(5)特徴的な両極の活物質からそれぞれの電池の名称を判断できる。

95

答 ア, エ

検討 ア:イオン化傾向の大きいほうが負極。
イ:負極である亜鉛板上では,亜鉛が溶けて陽イオンとなる。これは酸化反応である。また,正極である銅板上では,銅イオンが電子を受け取って銅が析出する。これは還元反応である。

ウ；鉛蓄電池をしばらく放電すると，希硫酸の濃度は減少する。また，充電すると希硫酸の濃度が増加する。

エ；燃料電池は水素の燃焼反応で生じるエネルギーをとり出すものである。

(96)

答　(1) **正極**；銅　**負極**；亜鉛

(2) **正極**；$Cu^{2+} + 2e^- \longrightarrow Cu$

負極；$Zn \longrightarrow Zn^{2+} + 2e^-$

(3) 還元反応　(4) **33 g**，減少

(5) 流れない

検討　(1)イオン化傾向が $Zn > Cu$ である。

(3)正極では銅イオンが還元される。

(4)負極の亜鉛板は溶けるので，質量は減少する。電子 e^- を含む反応式の係数比より，減少した質量は，

$$1.0\,mol \times \frac{1}{2} \times 65\,g/mol = 32.5\,g \fallingdotseq 33\,g$$

(5)ガラスは電気やイオンを通さない。

(97)

答　ア；正　イ；負　ウ；希硫酸

エ；硫酸鉛(Ⅱ)　オ；硫酸鉛(Ⅱ)

カ；PbO_2　キ；$2PbSO_4$

検討　カ，キ；正極，負極それぞれの反応は，

正極；$PbO_2 + 4H^+ + SO_4^{2-} + 2e^- \longrightarrow PbSO_4 + 2H_2O$

負極；$Pb + SO_4^{2-} \longrightarrow PbSO_4 + 2e^-$

この2式をたし合わせると，

$Pb + 2H_2SO_4 + PbO_2 \longrightarrow 2PbSO_4 + 2H_2O$

(98)

答　(1) **負極**；$H_2 \longrightarrow 2H^+ + 2e^-$，

正極；$O_2 + 4H^+ + 4e^- \longrightarrow 2H_2O$

(2) **負極**；$H_2 + 2OH^- \longrightarrow 2H_2O + 2e^-$，

正極；$O_2 + 2H_2O + 4e^- \longrightarrow 4OH^-$

(3) $2H_2 + O_2 \longrightarrow 2H_2O$

検討　(1)負極では H_2 が酸化されて H^+ に，正極では O_2 が還元されて H_2O になる。

(2)両極とも(1)のリン酸形燃料電池の反応をもとにして，H^+ を打ち消すように両辺に OH^- を加える。

(3)リン酸形，アルカリ形ともに，全体の反応は水素の燃焼反応と同じである。

応用問題

本冊 p.48

(99)

答　(1) ウ　(2) ウ　(3) ウ

検討　(1)2種類の金属のイオン化傾向の差が大きいほど，起電力は大きくなる。電極の金属は，イオン化傾向の大きい順に，$Zn > Pb > Cu > Ag$ より，Zn と Ag を電極に用いた電池の起電力が最も大きい。

(2)負極では，Zn^{2+} の濃度が小さいほうが $Zn \longrightarrow Zn^{2+} + 2e^-$ の反応が進行しやすい。また，正極では，Cu^{2+} の濃度が大きいほうが $Cu^{2+} + 2e^- \longrightarrow Cu$ の反応が進行しやすい。

(3)充電によって，各極に生成した $PbSO_4$ がそれぞれ Pb，PbO_2 と変化し，電解液には H_2SO_4 が増加して密度が大きくなる。

(100)

答　(1) ア，エ　(2) オ　(3) ウ

(4) イ　(5) オ　(6) ア　(7) イ，ウ

検討　(1)ダニエル電池，マンガン乾電池の負極は亜鉛である。

(2)燃料電池は正極活物質が酸素，負極活物質が水素である。

(3)リチウムイオン電池の電解液は，リチウム塩を含んだ有機溶媒である。

(4)鉛蓄電池は放電によって，両極に硫酸鉛(Ⅱ)が析出し，両極とも重くなる。

(5)燃料電池の全反応は，$2H_2 + O_2 \longrightarrow 2H_2O$

(6)ダニエル電池の正極での反応は，

$Cu^{2+} + 2e^- \longrightarrow Cu$

(7)鉛蓄電池とリチウムイオン電池は，充電ができる二次電池である。

(101)

答　(1) ① **6**　② x　③ **1**　④ x

(5) $Li_{(1-x)}CoO_2$

(2) $C_6Li_x + Li_{(1-x)}CoO_2 \longrightarrow 6C + LiCoO_2$

検討 (1)(2)リチウムイオン電池を放電すると，負極から正極へ，導線を通って e^- が，電解液を通って Li^+ が移動する。

負極；$C_6Li_x \longrightarrow 6C + xLi^+ + xe^-$ ……①

正極；$Li_{(1-x)}CoO_2 + xLi^+ + xe^-$
$\longrightarrow LiCoO_2$ ……②

①式＋②式より，

$C_6Li_x + Li_{(1-x)}CoO_2 \longrightarrow 6C + LiCoO_2$

17 電気分解

基本問題 ●●●●●●●●●●●●● 本冊 p.51

102

答 (1) 陰極；銅　陽極；塩素

(2) 陰極；銀　陽極；酸素

(3) 陰極；水素　陽極；酸素

(4) 陰極；水素　陽極；酸素

(5) 陰極；銅　陽極；銅(Ⅱ)イオン

検討 (1)陰極；$Cu^{2+} + 2e^- \longrightarrow Cu$

陽極；$2Cl^- \longrightarrow Cl_2\uparrow + 2e^-$

(2)陰極；$Ag^+ + e^- \longrightarrow Ag$

陽極；$2H_2O \longrightarrow O_2\uparrow + 4H^+ + 4e^-$

(3)陰極；$2H_2O + 2e^- \longrightarrow H_2\uparrow + 2OH^-$

陽極；$2H_2O \longrightarrow O_2\uparrow + 4H^+ + 4e^-$

(4)陰極；$2H_2O + 2e^- \longrightarrow H_2\uparrow + 2OH^-$

陽極；$4OH^- \longrightarrow O_2\uparrow + 2H_2O + 4e^-$

(5)陰極；$Cu^{2+} + 2e^- \longrightarrow Cu$

陽極；$Cu \longrightarrow Cu^{2+} + 2e^-$

 テスト対策

▶水溶液の電気分解；白金・炭素電極

陰極 a) Cu^{2+}, $Ag^+ \longrightarrow Cu$, Ag

b) 酸性溶液 ⇨ $H^+ \longrightarrow H_2\uparrow$

c) K^+, Ca^{2+}, Na^+, Mg^{2+}, Al^{3+}
⇨ $H_2O \longrightarrow H_2\uparrow$

陽極 a) $Cl^- \longrightarrow Cl_2\uparrow$, $I^- \longrightarrow I_2$

b) 塩基性溶液 ⇨ $OH^- \longrightarrow O_2\uparrow$

c) SO_4^{2-}, $NO_3^- ⇨ H_2O \longrightarrow O_2\uparrow$

※銅電極の場合は，$Cu \longrightarrow Cu^{2+}$

103

答 (1) 陰極；$2H_2O + 2e^- \longrightarrow H_2 + 2OH^-$

陽極；$2Cl^- \longrightarrow Cl_2 + 2e^-$

(2) 陰極；$Na^+ + e^- \longrightarrow Na$

陽極；$2Cl^- \longrightarrow Cl_2 + 2e^-$

検討 (1)陰極では H_2 が発生し，水溶液中に OH^- が生じる。

(2)加熱融解して電気分解すると，イオン化傾向の大きい Na^+ でも還元される。

104

答 (1) ア　(2) イ

検討 ア；陰極；$Ag^+ + e^- \longrightarrow Ag$

陽極；$2H_2O \longrightarrow O_2 + 4H^+ + 4e^-$

イ；陰極；$2H_2O + 2e^- \longrightarrow H_2 + 2OH^-$

陽極；$2Cl^- \longrightarrow Cl_2 + 2e^-$

ウ；陰極；$Cu^{2+} + 2e^- \longrightarrow Cu$

陽極；$2H_2O \longrightarrow O_2 + 4H^+ + 4e^-$

エ；陰極；$2H^+ + 2e^- \longrightarrow H_2$

陽極；$2H_2O \longrightarrow O_2 + 4H^+ + 4e^-$

オ；陰極；$Cu^{2+} + 2e^- \longrightarrow Cu$

陽極；$2Cl^- \longrightarrow Cl_2 + 2e^-$

(1)(2)1.00 mol の電子が流れたとき，それぞれ発生するのは，

ア；Ag 1.00 mol, O_2 0.25 mol
計 1.25 mol(うち，気体は0.25 mol)

イ；H_2 0.50 mol, Cl_2 0.50 mol
計 1.00 mol(すべて気体)

ウ；Cu 0.50 mol, O_2 0.25 mol
計 0.75 mol(うち，気体は0.25 mol)

エ；H_2 0.50 mol, O_2 0.25 mol
計 0.75 mol(すべて気体)

オ；Cu 0.50 mol, Cl_2 0.50 mol
計 1.00 mol(うち，気体は0.50 mol)

105

答 (1) $4.83 \times 10^3\,$C (2) 酸素，$0.280\,$L

(3) 483 秒

検討 両極の反応は，

陰極；$Ag^+ + e^- \longrightarrow Ag$

陽極；$2H_2O \longrightarrow O_2 + 4H^+ + 4e^-$

(1)析出した銀の物質量は，

$$\frac{5.40\,g}{108\,g/mol} = 0.0500\,mol$$

陰極の反応式より，流れた電子の物質量も $0.0500\,$mol である。したがって，流れた電気量は，

$$9.65 \times 10^4\,C/mol \times 0.0500\,mol$$
$$= 4.825 \times 10^3\,C \fallingdotseq 4.83 \times 10^3\,C$$

(2)陽極の反応式より，酸素が発生する。

$$0.0500\,mol \times \frac{1}{4} \times 22.4\,L/mol = 0.280\,L$$

(3) $\dfrac{4.825 \times 10^3\,C}{10.0\,A} = 482.5\,s \fallingdotseq 483\,s$

📝テスト対策

▶ 電気量〔C〕 = $9.65 \times 10^4\,C/mol \times$ 電子の物質量〔mol〕

▶ 電気量〔C〕 = 電流〔A〕 × 時間〔s〕

応用問題 •••••••••••• 本冊 *p.52*

106

答 (1) ア；塩素 イ；水素

ウ；水酸化物イオン エ；ナトリウムイオン

オ；水酸化ナトリウム (2) $7.38 \times 10^4\,$A

検討 (1)エ；陽イオン交換膜は，選択的に陽イオンのみを通過させる。

(2)陰極；$2H_2O + 2e^- \longrightarrow H_2 + 2OH^-$

陽極；$2Cl^- \longrightarrow Cl_2 + 2e^-$

2式をたし合わせて1つにまとめると，

$2Cl^- + 2H_2O \longrightarrow Cl_2 + H_2 + 2OH^-$

両辺に $2Na^+$ を加えて，

$2NaCl + 2H_2O \longrightarrow Cl_2 + H_2 + 2NaOH$

反応式の係数比から，電子1 mol が流れると H_2O 1 mol が反応し，NaOH 1 mol が生成することがわかる。

1分あたりに流れる電子の物質量を a〔mol〕とすると，連続的に得られる水酸化ナトリウム水溶液が $5.00\,$mol/kg なので，

$$\frac{a}{10.0\,kg - \dfrac{a \times 18.0\,g/mol}{1000\,g/kg}} = 5.00\,mol/kg$$

$$\therefore\ a = \frac{5000}{109}\,mol$$

よって，流れる電流を x〔A〕とすると，

$$\frac{5000}{109}\,mol \times 9.65 \times 10^4\,C/mol = x \times 60\,s$$

$$\therefore\ x = 7.377\cdots \times 10^4\,C/s \fallingdotseq 7.38 \times 10^4\,A$$

107

答 (1) $7.72 \times 10^3\,$C (2) $4.29\,$A

(3) B；酸素，$0.448\,$L C；水素，$0.896\,$L

D；塩素，$0.896\,$L

検討 各電極で起こる反応は次のとおり。

A；$Cu^{2+} + 2e^- \longrightarrow Cu$

B；$2H_2O \longrightarrow O_2 + 4H^+ + 4e^-$

C；$2H_2O + 2e^- \longrightarrow H_2 + 2OH^-$

D；$2Cl^- \longrightarrow Cl_2 + 2e^-$

(1)A 極に析出した物質(銅)の物質量は，

$$\frac{2.54\,g}{63.5\,g/mol} = 0.0400\,mol$$

A 極の反応式より，電子2 mol が流れると銅 1 mol が析出するので，流れた電子の物質量は

$$0.0400\,mol \times 2 = 0.0800\,mol$$

したがって，流れた電気量は，

$$9.65 \times 10^4\,C/mol \times 0.0800\,mol$$
$$= 7.72 \times 10^3\,C$$

(2) $\dfrac{7.72 \times 10^3\,C}{(30 \times 60)\,s} = 4.288\cdots C/s \fallingdotseq 4.29\,A$

(3)各電極の反応式より，B 極には O_2，C 極には H_2，D 極には Cl_2 が発生する。それぞれの体積は電子との量的関係より，

$$B；22.4\,L/mol \times 0.0800\,mol \times \frac{1}{4} = 0.448\,L$$

$$C；22.4\,L/mol \times 0.0800\,mol \times \frac{1}{2} = 0.896\,L$$

$$D；22.4\,L/mol \times 0.0800\,mol \times \frac{1}{2} = 0.896\,L$$

108

答 (1) ア；$Cu^{2+} + 2e^- \longrightarrow Cu$

イ；$2H_2O \longrightarrow O_2 + 4H^+ + 4e^-$

ウ；$2H_2O + 2e^- \longrightarrow H_2 + 2OH^-$

エ；$2H_2O \longrightarrow O_2 + 4H^+ + 4e^-$

(2) ア：**0.200 A**　ウ：**0.80 A**

(3) **3.24 L**　　(4) **0.0320 mol/L**

[検討] (2)電極アに生成した Cu は,

$$\frac{1.27\,g}{63.5\,g/mol} = 0.0200\,mol$$

$Cu^{2+} + 2e^- \longrightarrow Cu$ より，2 mol の電子が流れて 1 mol の Cu が生成するので，流れた電子は,

$$0.0200\,mol \times 2 = 0.0400\,mol$$

電極アに流れた電流を x〔A〕とすると,

$x \times 1.93 \times 10^4\,s$
$\quad = 0.0400\,mol \times 9.65 \times 10^4\,C/mol$
$\quad\quad \therefore\ x = 0.200\,A$

電解槽 **A** と電解槽 **B** は並列に接続されているので，**A** と **B** に流れる電流の和が 1.00 A である。よって，電極ウに流れる電流は,

$$1.00\,A - 0.200\,A = 0.80\,A$$

(3)ア；気体は発生しない。

イ；流れた電子の物質量は 0.0400 mol より，発生した O_2 は,

$$0.0400\,mol \times \frac{1}{4} = 0.0100\,mol$$

ウ；一定時間に流れる電子の物質量は電流に比例するので，電解槽 **B** を流れた電子の物質量は 0.16 mol。したがって，発生した H_2 は,

$$0.16\,mol \times \frac{1}{2} = 0.080\,mol$$

エ；流れた電子の物質量は 0.16 mol より，発生した O_2 は,

$$0.16\,mol \times \frac{1}{4} = 0.040\,mol$$

よって，イ，ウ，エそれぞれから発生する気体の物質量の合計は,

$$0.0100\,mol + 0.080\,mol + 0.040\,mol$$
$$= 0.130\,mol$$

気体の状態方程式より，求める体積を x〔L〕とすると,

$$1.00 \times 10^5\,Pa \times x = 0.130\,mol \times 8.31 \times$$
$$10^3\,Pa \cdot L/(mol \cdot K) \times 300\,K$$

$$\therefore\ x = 3.240\cdots L \fallingdotseq 3.24\,L$$

(4)電気分解後，電解槽 **A** 内には H^+ が 0.0400 mol 生じている。求める水酸化ナトリウム水溶液の濃度を x〔mol/L〕とすると,

$$1 \times 0.0400\,mol \times \frac{40.0\,mL}{500\,mL} = x \times \frac{100}{1000}\,L$$

$$\therefore\ x = 0.0320\,mol/L$$

18 反応の速さと反応のしくみ

基本問題 ●●●●●●●●●●●●●●●●●● 本冊 *p.55*

109

[答] (1) **$1.7 \times 10^{-3}\,mol/(L \cdot s)$**

(2) **$8.3 \times 10^{-4}\,mol/(L \cdot s)$**

[検討] (1)ヨウ化水素の濃度の減少量は,

$$0.80\,mol/L - 0.50\,mol/L = 0.30\,mol/L$$

反応時間は 3 分間，すなわち 180 秒間であるから，ヨウ化水素の分解速度は,

$$\frac{0.30\,mol/L}{180\,s} = 1.66\cdots \times 10^{-3}\,mol/(L \cdot s)$$

$$\fallingdotseq 1.7 \times 10^{-3}\,mol/(L \cdot s)$$

(2)化学反応式の係数の比より，ヨウ化水素と水素の変化量の比は 2：1 である。よって，水素の濃度の増加量は,

$$0.30\,mol/L \times \frac{1}{2} = 0.15\,mol/L$$

よって，水素の生成速度は,

$$\frac{0.15\,mol/L}{180\,s} = 8.33\cdots \times 10^{-4}\,mol/(L \cdot s)$$

$$\fallingdotseq 8.3 \times 10^{-4}\,mol/(L \cdot s)$$

110

[答] (1) **$0.031\,mol/(L \cdot s)$**

(2) **$0.016\,mol$**

[検討] (1)H_2O_2 の分解速度は,

$$-\frac{(0.23\,mol/L - 0.54\,mol/L)}{10\,s}$$

$$= 0.031\,mol/(L \cdot s)$$

(2)O_2 の生成速度は，H_2O_2 の分解速度の $\frac{1}{2}$ 倍であるので，求める O_2 の発生量は,

$$0.031\,\text{mol}/(\text{L·s}) \times \frac{1}{2} \times 10\,\text{s} \times \frac{100}{1000}\,\text{L}$$

$$= 0.0155\,\text{mol} \fallingdotseq 0.016\,\text{mol}$$

答 エ

検討 エ：触媒は，活性化エネルギーを変化させるが，反応物や生成物のエネルギーには影響がないため，反応エンタルピーは変化しない。

テスト対策

▶反応速度は濃度が大きいほど大きい。
　⇨ 反応物の粒子(分子など)間の衝突回数が増加するため。
▶反応速度は温度が高いほど大きい。
　⇨ 活性化エネルギー以上のエネルギーをもつ粒子(分子など)の数が増加するため。
▶反応速度は触媒により大きくなる。
　⇨ 触媒が活性化エネルギーを小さくするため。

答 $x = 2$, $y = 3$

検討 (i)より，v は[A]の2乗に比例することがわかる。したがって，$x = 2$
　また(ii)より，v は[B]の3乗に比例することがわかる。したがって，$y = 3$

応用問題 •••••••••••• 本冊 *p.56*

答 (1) 0.499 mol/L

(2) 0.043 mol/(L·min)

(3) 0.086/min

検討 過酸化水素の分解反応は，

$$2H_2O_2 \longrightarrow 2H_2O + O_2$$

$$(1)\frac{0.542\,\text{mol/L} + 0.456\,\text{mol/L}}{2} = 0.499\,\text{mol/L}$$

$$(2)-\frac{(0.456\,\text{mol/L} - 0.542\,\text{mol/L})}{2\,\text{min}}$$

$$= 0.043\,\text{mol}/(\text{L·min})$$

(3) $v = k[H_2O_2]$ より，

$$k = \frac{v}{[H_2O_2]} = \frac{0.043\,\text{mol}/(\text{L·min})}{0.499\,\text{mol/L}}$$

$$= 0.0861\cdots /\text{min} \fallingdotseq 0.086/\text{min}$$

答 (1) ウ　　(2) エ　　(3) ア　　(4) イ

検討 (1)過酸化水素水に触媒として酸化マンガン(IV)を加えて酸素を発生させる。

(2)硝酸は光によって分解するので，褐色のびんに保存する。

(3)空気中の酸素は約20％であるから，空気中で燃えている線香を酸素中に入れると，濃度が約5倍となり，激しく燃える。

(4)温度が高くなり，反応が活発になる。

答 (1) E_1；活性化エネルギー

E_2；反応エンタルピー

X；遷移状態(活性化状態)

(2) 吸熱反応　　(3) 2.5分

(4) E_1；イ　E_2；ウ

検討 (1) X は遷移状態であり，反応物を遷移状態にするのに必要なエネルギー E_1 が活性化エネルギーである。

(2)反応物 $2A_2B$ より生成物 $2A_2 + B_2$ のほうがエネルギーが高いから，吸熱反応である。

(3)温度が30℃上がったので，反応速度は $2^3 = 8$ 倍となる。よって，反応にかかる時間は，

$$20 \times \frac{1}{8} = 2.5\,(\text{分})$$

(4)触媒は，活性化エネルギーを小さくすることによって反応速度を大きくする。反応エンタルピーは変化しない。

答 イ，オ

検討 ア；触媒は，活性化エネルギーを小さくすることによって反応速度を大きくする。

イ：温度を上げると反応速度が大きくなるのは、活性化エネルギー以上のエネルギーをもつ粒子（分子など）が増加するからである。

ウ：濃度を小さくすると、単位体積あたりの粒子（分子など）が少なくなり、粒子の衝突回数が減少するため、反応速度が小さくなる。

エ：活性化エネルギーが非常に大きい場合、反応は容易には起こらない。

オ：活性化エネルギーは、反応物の結合エネルギーの和に比べてかなり小さい。

19 化学平衡

基本問題 •••••••••••••••••• 本冊 *p.59*

117

 答 ウ

検討 可逆反応において、正反応と逆反応の速さが等しく、見かけ上は反応が停止している状態が化学平衡の状態である。よって、窒素と水素からアンモニアが生じる速さとアンモニアが分解して窒素と水素が生じる速さは等しい。反応が停止したわけではない。

118

 答 (1) $K = \dfrac{[HI]^2}{[H_2][I_2]}$ (2) $K = \dfrac{[NH_3]^2}{[N_2][H_2]^3}$

検討 $a\mathrm{A} + b\mathrm{B} \rightleftharpoons c\mathrm{C} + d\mathrm{D}$（A～D；化学式、$a$～$d$；係数）で表される可逆反応が平衡状態にあるとき、

平衡定数 K は、$K = \dfrac{[\mathrm{C}]^c[\mathrm{D}]^d}{[\mathrm{A}]^a[\mathrm{B}]^b}$

119

 答 (1) **4.0** (2) **0.67 mol**

検討 (1)反応前後での物質量〔mol〕の変化は次のようになる。

	CH₃COOH	+ C₂H₅OH	⇌ CH₃COOC₂H₅	+ H₂O
反応前	3.0 mol	3.0 mol		
変化量	−2.0 mol	−2.0 mol	+2.0 mol	+2.0 mol
平衡時	1.0 mol	1.0 mol	2.0 mol	2.0 mol

ここで、溶液全体の体積を V〔L〕とすると、

$$K = \frac{[CH_3COOC_2H_5][H_2O]}{[CH_3COOH][C_2H_5OH]}$$

$$= \frac{\dfrac{2.0\,\text{mol}}{V} \times \dfrac{2.0\,\text{mol}}{V}}{\dfrac{1.0\,\text{mol}}{V} \times \dfrac{1.0\,\text{mol}}{V}} = 4.0$$

(2)求める酢酸エチルを x〔mol〕とすると、平衡時の各物質の物質量〔mol〕は、

	CH₃COOH	+ C₂H₅OH	⇌ CH₃COOC₂H₅	+ H₂O
反応前	1.0 mol	1.0 mol		
変化量	−x	−x	+x	+x
平衡時	1.0 mol − x	1.0 mol − x	x	x

ここで、溶液全体の体積を V〔L〕とすると、

$$K = \frac{\dfrac{x}{V} \times \dfrac{x}{V}}{\dfrac{1.0\,\text{mol} - x}{V} \times \dfrac{1.0\,\text{mol} - x}{V}}$$

$$= \frac{x^2}{(1.0\,\text{mol} - x)^2} = 4.0$$

$0\,\text{mol} < x < 1.0\,\text{mol}$ より、$\dfrac{x}{1.0\,\text{mol} - x} = 2.0$

∴ $x = 0.66\cdots \text{mol} ≒ 0.67\,\text{mol}$

 テスト対策

▶平衡定数に関する計算問題の解き方

①可逆反応の化学反応式を書き、平衡時の各物質の物質量を求める。⇨ 物質量を求める問題では、求める物質の物質量を x〔mol〕とおく。

②各物質のモル濃度を求める。⇨ 全体の体積が不明な場合は V〔L〕とおく。

③各物質のモル濃度を平衡定数の式に代入する。

120

答 (1) N₂O₄；**6.0×10⁴ Pa**

NO₂；**8.0×10⁴ Pa**

(2) **1.1×10⁵ Pa**

検討 (1)容器に入れた N_2O_4 を a〔mol〕とすると、解離した N_2O_4 は $0.40a$〔mol〕である。平衡時の各物質の物質量〔mol〕は、

	N_2O_4 $\rightleftarrows$	$2NO_2$
反応前	a	
変化量	$-0.40a$	$+0.80a$
平衡時	$0.60a$	$0.80a$

よって，平衡時の全物質量は，

$0.60a+0.80a=1.40a$〔mol〕

混合気体では，分圧の比は物質量の比と等しいから，

N_2O_4 の分圧；$P_1=1.4\times10^5\,\text{Pa}\times\dfrac{0.60a}{1.40a}$

$=6.0\times10^4\,\text{Pa}$

NO_2 の分圧；$P_2=1.4\times10^5\,\text{Pa}\times\dfrac{0.80a}{1.40a}$

$=8.0\times10^4\,\text{Pa}$

(2)圧平衡定数 K_p は，

$$K_p=\frac{P_2{}^2}{P_1}=\frac{(8.0\times10^4\,\text{Pa})^2}{6.0\times10^4\,\text{Pa}}$$

$$=1.06\cdots\times10^5\,\text{Pa}\fallingdotseq1.1\times10^5\,\text{Pa}$$

テスト対策

▶圧平衡定数の計算

混合気体では「**物質量比＝分圧比**」が成り立つことに着目！

応用問題 …………………… 本冊 *p.60*

(121)

答 (1) ヨウ化水素

(2) 73

(3) **B**；正　**C**；逆

(4) 右図

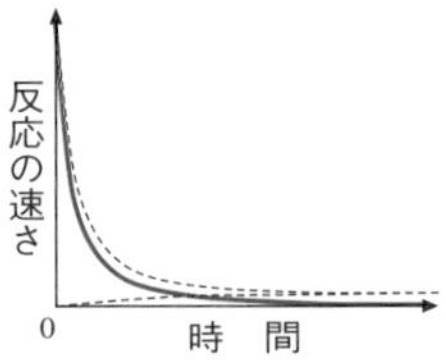

検討 この可逆反応の化学反応式は，次式で表すことができる。

$H_2 + I_2 \rightleftarrows 2HI$

(2)容積を V〔L〕とすると，平衡状態において，

$$[H_2]=[I_2]=\frac{0.19\,\text{mol}}{V}$$

$$[HI]=\frac{1.62\,\text{mol}}{V}$$

よって，平衡定数 K は，

$$K=\frac{[HI]^2}{[H_2][I_2]}=\frac{\left(\dfrac{1.62\,\text{mol}}{V}\right)^2}{\dfrac{0.19\,\text{mol}}{V}\times\dfrac{0.19\,\text{mol}}{V}}$$

$$=72.6\cdots\fallingdotseq73$$

(3)正反応の速さは，H_2 と I_2 の濃度が減少するにつれて小さくなるので，**B** に入るのは「正」。一方，逆反応の速さは，はじめは0であるが，HI が生じるにつれて大きくなるので，**C** に入るのは「逆」。

(4)**反応の見かけの速さは，正反応の速さから逆反応の速さを引いたものである。**これをグラフに表すと答の図のようになる。

(122)

答 (1) AB；**0.50 mol**　A_2；**0.25 mol**　B_2；**0.25 mol**

(2) AB；**0.60 mol**　A_2；**0.45 mol**　B_2；**0.20 mol**

検討 (1)

	$2AB$ $\rightleftarrows$	A_2 +	B_2
反応前	1.0 mol	0 mol	0 mol
変化量	$-x$	$+\dfrac{x}{2}$	$+\dfrac{x}{2}$
平衡時	$1.0\,\text{mol}-x$	$\dfrac{x}{2}$	$\dfrac{x}{2}$

$$K=\frac{[A_2][B_2]}{[AB]^2}=\frac{\dfrac{x}{2V}\times\dfrac{x}{2V}}{\left(\dfrac{1.0\,\text{mol}-x}{V}\right)^2}$$

$$=\frac{x^2}{4(1.0\,\text{mol}-x)^2}$$

$K=0.25$ より，

$$1.0=\frac{x^2}{(1.0\,\text{mol}-x)^2}$$

$0<x<1.0$ より，$1.0=\dfrac{x}{1.0\,\text{mol}-x}$

$\therefore x=0.50\,\text{mol}$

よって，AB；$1.0\,\text{mol}-x=0.50\,\text{mol}$

A_2；$\dfrac{x}{2}=0.25\,\text{mol}$

B_2；$\dfrac{x}{2}=0.25\,\text{mol}$

(2)(1)の平衡時に A_2 を加えると，A_2 が減少する方向に平衡が移動する。A_2 が y〔mol〕減少したとすると，物質量〔mol〕の変化は，

	2AB	$\rightleftharpoons$	A$_2$	+	B$_2$
反応前	0.50 mol		0.50 mol		0.25 mol
変化量	$+ 2y$		$- y$		$- y$
平衡時	0.50 mol $+ 2y$		0.50 mol $- y$		0.25 mol $- y$

温度は一定なので，平衡定数は $K = 0.25$ であるから，

$$0.25 = \frac{\left(\dfrac{0.50\,\text{mol} - y}{V}\right) \times \left(\dfrac{0.25\,\text{mol} - y}{V}\right)}{\left(\dfrac{0.50\,\text{mol} + 2y}{V}\right)^2}$$

$$\therefore\ y = 0.050\,\text{mol}$$

よって，

AB：$0.50\,\text{mol} + 2 \times 0.050\,\text{mol} = 0.60\,\text{mol}$

A$_2$：$0.50\,\text{mol} - 0.050\,\text{mol} = 0.45\,\text{mol}$

B$_2$：$0.25\,\text{mol} - 0.050\,\text{mol} = 0.20\,\text{mol}$

答 (1) **0.62 mol**　(2) **$2.7 \times 10^2\,\text{L}^2/\text{mol}^2$**

検討 (1) **B** のはじめの物質量は，

$$\frac{2.72\,\text{g}}{2.00\,\text{g/mol}} = 1.36\,\text{mol}$$

平衡時の物質量は，$\dfrac{0.24\,\text{g}}{2.00\,\text{g/mol}} = 0.12\,\text{mol}$

よって，反応した **B** の物質量は，

$$1.36\,\text{mol} - 0.12\,\text{mol} = 1.24\,\text{mol}$$

反応式より，平衡状態における **C** の物質量は，

$$1.24\,\text{mol} \times \frac{1}{2} = 0.62\,\text{mol}$$

(2) **A** のはじめの物質量は，

$$\frac{21.84\,\text{g}}{28.0\,\text{g/mol}} = 0.780\,\text{mol}$$

反応式より，**A** の変化量は 0.62 mol なので，平衡時の **A** の物質量は，

$$0.780\,\text{mol} - 0.62\,\text{mol} = 0.16\,\text{mol}$$

よって，平衡定数 K は，

$$
\begin{aligned}
K &= \frac{[\text{C}]}{[\text{A}][\text{B}]^2} \\
&= \frac{0.62\,\text{mol/L}}{0.16\,\text{mol/L} \times (0.12\,\text{mol/L})^2} \\
&= 2.69 \cdots \times 10^2\,\text{L}^2/\text{mol}^2 \\
&\fallingdotseq 2.7 \times 10^2\,\text{L}^2/\text{mol}^2
\end{aligned}
$$

答 (1) **0.06 mol**　(2) **$7.7 \times 10^4\,\text{Pa}$**

検討 (1) 平衡状態における気体全体の物質量を n〔mol〕とすると，気体の状態方程式より，

$$2.1 \times 10^5\,\text{Pa} \times 5.0\,\text{L}$$
$$= n \times 8.31 \times 10^3\,\text{Pa·L/(mol·K)} \times 973\,\text{K}$$
$$\therefore\ n = 0.129 \cdots \text{mol}$$

平衡状態における CO の物質量を x〔mol〕とすると，反応前後での気体の物質量〔mol〕の変化は，

	CO$_2$	+	C	$\rightleftharpoons$	2CO
反応前	0.10 mol				
変化量	$-\dfrac{x}{2}$				$+ x$
平衡時	$0.10\,\text{mol} - \dfrac{x}{2}$				x

$$\left(0.10\,\text{mol} - \frac{x}{2}\right) + x = 0.129\,\text{mol}$$

$$\therefore\ x = 0.058\,\text{mol} \fallingdotseq 0.06\,\text{mol}$$

(2) 平衡時の各気体の分圧は，

$$
\begin{aligned}
\text{CO}_2 : P_1 &= 2.1 \times 10^5\,\text{Pa} \times \frac{0.071\,\text{mol}}{0.129\,\text{mol}} \\
&= 1.15 \cdots \times 10^5\,\text{Pa}
\end{aligned}
$$

$$
\begin{aligned}
\text{CO} : P_2 &= 2.1 \times 10^5\,\text{Pa} \times \frac{0.058\,\text{mol}}{0.129\,\text{mol}} \\
&= 9.44 \cdots \times 10^4\,\text{Pa}
\end{aligned}
$$

CO$_2$（気）＋ C（黒鉛）$\rightleftharpoons$ 2CO（気）の反応では，炭素 C は固体なので平衡には関与しないから，圧平衡定数 K_p は，

$$
\begin{aligned}
K_p &= \frac{P_2^2}{P_1} = \frac{(9.44 \times 10^4\,\text{Pa})^2}{1.15 \times 10^5\,\text{Pa}} \\
&= 7.74 \cdots \times 10^4\,\text{Pa} \fallingdotseq 7.7 \times 10^4\,\text{Pa}
\end{aligned}
$$

125

答 (1) **$3 \times 10^{-2}/\text{kPa}$**

(2) **NO$_2$：N$_2$O$_4$ = 1：2**

検討 (1) NO$_2$ の分圧を P_1〔kPa〕，N$_2$O$_4$ の分圧を P_2〔kPa〕とすると，2NO$_2$ $\rightleftharpoons$ N$_2$O$_4$ の反応式より，圧平衡定数 K_p は，

$$
\begin{aligned}
K_p &= \frac{P_2}{P_1^2} = \frac{50\,\text{kPa}}{(40\,\text{kPa})^2} = 3.12 \cdots \times 10^{-2}/\text{kPa} \\
&\fallingdotseq 3 \times 10^{-2}/\text{kPa}
\end{aligned}
$$

(2) NO$_2$ の分圧を x〔kPa〕とすると，N$_2$O$_4$ の分圧は $200\,\text{kPa} - x$ であるから，

$$K_p = \frac{200\,\text{kPa} - x}{x^2} = 3.1 \times 10^{-2}/\text{kPa}$$

解の公式を用いると，$x>0\,\text{kPa}$ より，

$$x=\frac{-1+\sqrt{25.8}}{6.2\times10^{-2}/\text{kPa}}$$

$$\fallingdotseq\frac{-1+5.1}{6.2\times10^{-2}/\text{kPa}}$$

$$=66.1\cdots\text{kPa}\fallingdotseq66\,\text{kPa}$$

N_2O_4 の分圧は，

$200\,\text{kPa}-66\,\text{kPa}=134\,\text{kPa}$

物質量比は分圧比に等しいから，

$NO_2:N_2O_4=66:134\fallingdotseq1:2$

20 化学平衡の移動

基本問題 •••••••••••••••••• 本冊 *p.62*

126

答 (1) ア　(2) ア　(3) イ
(4) ウ　(5) ウ

検討 ルシャトリエの原理より，それぞれの変化を打ち消す方向に平衡が移動する。
(1)平衡は，I_2 が減少する方向に移動する。
(2)気体の HI が減少するので，平衡は，気体の HI が増加する方向に移動する。
(3)平衡は，吸熱する方向に移動する。
(4)触媒は，平衡を移動させない。
(5)平衡は気体分子の数が増加する方向に移動するはずであるが，この反応では，反応がどちらの向きに進んでも気体分子の数は変化しない。よって，平衡は移動しない。

📝テスト対策

▶化学平衡の移動；ルシャトリエの原理にしたがう。

●濃度を大きく(小さく)する。
⇨濃度を小さく(大きく)する方向に平衡移動する。
⇨その物質が反応(生成)する。

●温度を高く(低く)する。
⇨温度を低く(高く)する方向に平衡移動する。
⇨吸熱(発熱)反応が進む。

●圧力を高く(低く)する。
⇨圧力を低く(高く)する方向に平衡移動する。
⇨気体分子の数が減少(増加)する反応が進む。

127

答 (1) ＞　(2) ＜

検討 (1)圧力を高くすると C の割合が大きくなっていることから，圧力を高くすると平衡が右に移動することがわかる。ルシャトリエの原理より，気体分子の数が減少する方向に平衡が移動しているはずであるから，$a+b>c$ となる。
(2)温度を高くすると C の割合が小さくなっていることから，温度を高くすると平衡が左に移動することがわかる。ルシャトリエの原理より，吸熱の方向に平衡が移動しているはずであるから，$Q<0$ となる。

応用問題 •••••••••••••••••• 本冊 *p.63*

128

答 (1) 移動しない。　(2) 右に移動する。
(3) 右に移動する。　(4) 移動しない。
(5) 右に移動する。　(6) 左に移動する。
(7) 移動しない。

検討 (1)圧力が低くなる方向，すなわち気体分子の数が減る方向に平衡が移動するはずであるが，この反応では，反応がどちらの向きに進んでも気体分子の数が変化しない。そのため，平衡は移動しない。
(2)圧力が高くなる方向，すなわち気体分子の数が増加する方向に平衡が移動する。C は固体なので，平衡の移動には関係しないことに注意する。

(3)温度が高くなる方向，すなわち発熱の方向
に平衡が移動する。

(4)触媒は平衡を移動させない。

(5)温度が低くなる方向，すなわち吸熱の方向
に平衡が移動する。

(6)全圧を一定に保って Ar を加えると，体積
が大きくなる。そのため，**平衡混合気体の圧
力は低くなり**，気体分子の数が増加する方向
に平衡が移動する。

(7)体積が一定なので，平衡混合気体の圧力は
変化しない。よって，平衡は移動しない。

129

答 (1)ア　　(2)カ　　(3)エ

検討 (1)SO_3 が生成するときに気体分子の数
が減少することから，圧力が高いほうが生成
量が多くなることがわかる。また，SO_3 が生
成するときに発熱することから，温度が低い
ほうが生成量が多くなることがわかる。

(2)NO が生成しても気体分子の数が変化しな
いことから，圧力によっては生成量が変化し
ないことがわかる。また，NO が生成すると
きに吸熱することから，温度が高いほうが生
成量が多くなることがわかる。

(3)CO が生成するときに気体分子の数が増加
することから，圧力が低いほうが生成量が多
くなることがわかる。また，CO が生成する
ときに吸熱することから，温度が高いほうが
生成量が多くなることがわかる。

21 電離平衡と電離定数

基本問題 •••••••••••••••••• 本冊 *p.65*

130

答 (1)イ　　(2)ア　　(3)イ　　(4)ア

検討 (1)HCl を吹き込むと，水溶液中の H^+ の
濃度が大きくなる。よって，H^+ の濃度が小
さくなる方向に平衡が移動する。

(2)中和反応が起こり，H^+ の濃度が小さくな
る。よって，H^+ の濃度が大きくなる方向に
平衡が移動する。

(3)CH_3COONa の電離により，CH_3COO^- の
濃度が大きくなる。よって，CH_3COO^-の濃
度が小さくなる方向に平衡が移動する。

(4)酢酸の電離は，正確には次の式で表される。
$$CH_3COOH + H_2O \rightleftharpoons CH_3COO^- + H_3O^+$$
よって，水を加えると平衡は右に移動する。

131

答 A：$\dfrac{c\alpha^2}{1-\alpha}$　　B：$c\alpha^2$

a：1　　**b**：1.6×10^{-2}　　**c**：2.8

ア：温度　　イ：濃度　　ウ：フッ化水素

検討 **A・B・a**：電離平衡時の濃度〔mol/L〕は，
$$CH_3COOH \rightleftharpoons CH_3COO^- + H^+$$
電離平衡時　　$c(1-\alpha)$　　　$c\alpha$　　　$c\alpha$
電離定数 K_a は，
$$K_a = \frac{[CH_3COO^-][H^+]}{[CH_3COOH]} = \frac{c\alpha \times c\alpha}{c(1-\alpha)}$$
$$= \frac{c\alpha^2}{1-\alpha}\,[mol/L]$$
$\alpha \ll 1$ より，$K_a \fallingdotseq c\alpha^2\,[mol/L]$

b：$\alpha = \sqrt{\dfrac{K_a}{c}} = \sqrt{\dfrac{2.7\times10^{-5}\,mol/L}{0.10\,mol/L}}$
$$= 1.6\times10^{-2}$$

c：$[H^+] = c\alpha = 0.10\,mol/L \times 1.6\times10^{-2}$
$$= 1.6\times10^{-3}\,mol/L$$
$$pH = -\log_{10}(1.6\times10^{-3}) = 3 - 0.2 = 2.8$$

ア：電離定数は，温度一定であれば一定。

イ：$\alpha = \sqrt{\dfrac{K_a}{c}}$ より，温度一定で K_a 一定であ
れば，α は c に依存して変化する。

ウ：電離定数が大きいほど強い酸である。

132

答 (1)4.8×10^{-2}　　(2)$4.8\times10^{-4}\,mol/L$

(3)10.7

検討 (1)アンモニアの濃度を $c\,[mol/L]$，電離
度を α とすると，$\alpha \ll 1$ より，
$$K_b \fallingdotseq c\alpha^2$$

$$\alpha = \sqrt{\frac{K_b}{c}} = \sqrt{\frac{2.3 \times 10^{-5}\,\mathrm{mol/L}}{1.0 \times 10^{-2}\,\mathrm{mol/L}}}$$
$$= \sqrt{23 \times 10^{-4}} = 4.8 \times 10^{-2}$$

(2) $[\mathrm{OH^-}] = c\alpha$
$$= 1.0 \times 10^{-2}\,\mathrm{mol/L} \times 4.8 \times 10^{-2}$$
$$= 4.8 \times 10^{-4}\,\mathrm{mol/L}$$

(3) $[\mathrm{H^+}][\mathrm{OH^-}] = 1.0 \times 10^{-14}\,\mathrm{mol^2/L^2}$ より，
$$[\mathrm{H^+}] = \frac{1.0 \times 10^{-14}\,\mathrm{mol^2/L^2}}{4.8 \times 10^{-4}\,\mathrm{mol/L}}$$
$$= \frac{1}{2^4 \times 3} \times 10^{-9}\,\mathrm{mol/L}$$
$$\mathrm{pH} = -\log_{10}\left(\frac{1}{2^4 \times 3} \times 10^{-9}\right)$$
$$= 9 + 4 \times \log_{10} 2 + \log_{10} 3$$
$$= 10.68 \fallingdotseq 10.7$$

応用問題 ●●●●●●●●●●●●●●●●●●●●●●● 本冊 p.66

133

答 (1) $2.3 \times 10^{-4}\,\mathrm{mol/L}$　　(2) 2.04
(3) 3.04

検討 (1)電離平衡時の濃度〔mol/L〕は，
$$\mathrm{HCOOH} \;\rightleftharpoons\; \mathrm{HCOO^-} + \mathrm{H^+}$$
平衡時　　$c(1-\alpha)$　　　$c\alpha$　　　$c\alpha$
$\alpha = 0.025$ は 1 より十分に小さく，$1-\alpha \fallingdotseq 1$ の
近似が使用できるので，
$$K_a \fallingdotseq c\alpha^2 = 0.36\,\mathrm{mol/L} \times (0.025)^2$$
$$= 2.25 \times 10^{-4}\,\mathrm{mol/L}$$
$$\fallingdotseq 2.3 \times 10^{-4}\,\mathrm{mol/L}$$

(2) $[\mathrm{H^+}] = c\alpha = 0.36\,\mathrm{mol/L} \times 0.025$
$$= 9.0 \times 10^{-3}\,\mathrm{mol/L}$$
$$= 3.0^2 \times 10^{-3}\,\mathrm{mol/L}$$
$$\mathrm{pH} = -\log_{10}(3.0^2 \times 10^{-3}) = 3 - 2 \times 0.48$$
$$= 2.04$$

(3) 0.36 mol/L ギ酸水溶液を 80 倍にうすめた
水溶液の濃度は，
$$\frac{0.36\,\mathrm{mol/L}}{80} = 4.5 \times 10^{-3}\,\mathrm{mol/L}$$
弱酸の濃度が小さくなって電離定数に近づく
と，電離度 α は大きくなるので，$1-\alpha \fallingdotseq 1$ の
近似ができるか検討する必要がある。仮に，
$1-\alpha \fallingdotseq 1$ が成り立つとして α を求めると，

$$\alpha = \sqrt{\frac{K_a}{c}} = \sqrt{\frac{2.25 \times 10^{-4}\,\mathrm{mol/L}}{4.5 \times 10^{-3}\,\mathrm{mol/L}}}$$
$$= \sqrt{5.0} \times 10^{-1} \fallingdotseq 2.2 \times 10^{-1}$$

一般に，α が $0.05\,(5 \times 10^{-2})$ を超えている場
合は $1-\alpha \fallingdotseq 1$ の近似を使用できないので，
$K_a = \dfrac{c\alpha^2}{1-\alpha}$ をもとに α についての二次方程式
を解く必要がある。

$K_a = \dfrac{c\alpha^2}{1-\alpha}$ より，$c\alpha^2 + K_a \alpha - K_a = 0$
c に $4.5 \times 10^{-3}\,(\mathrm{mol/L})$，
K_a に $2.25 \times 10^{-4}\,(\mathrm{mol/L})$ を代入して，
$$4.5 \times 10^{-3} \times \alpha^2 + 2.25 \times 10^{-4} \times \alpha -$$
$$2.25 \times 10^{-4} = 0$$
両辺 $\div 2.25 \times 10^{-4}$ より，
$$20\alpha^2 + \alpha - 1 = 0$$
$$(5\alpha - 1)(4\alpha + 1) = 0$$
$\alpha > 0$ より，$\alpha = \dfrac{1}{5}$
$$[\mathrm{H^+}] = c\alpha = 4.5 \times 10^{-3}\,\mathrm{mol/L} \times \frac{1}{5}$$
$$= 3.0^2 \times 10^{-4}\,\mathrm{mol/L}$$
$$\mathrm{pH} = -\log_{10}(3.0^2 \times 10^{-4}) = 4 - 2 \times 0.48$$
$$= 3.04$$

 テスト対策

▶電離定数の計算問題
● 1価の弱酸(弱塩基)の濃度 c〔mol〕が
　電離定数 K_a に比べて大きく，
　$\alpha \leqq 0.05$ のとき，
　$$K_a \fallingdotseq c\alpha^2, \quad \alpha = \sqrt{\frac{K_a}{c}}$$
● 1価の弱酸(弱塩基)の濃度 c〔mol〕が
　電離定数 K_a に近づき，$\alpha > 0.05$ のとき，
　二次方程式から α を求める。
　$$c\alpha^2 + K_a \alpha - K_a = 0$$

134

答 酢酸の電離定数；$1.0 \times 10^{-5}\,\mathrm{mol/L}$
アンモニアの電離定数；$2.5 \times 10^{-4}\,\mathrm{mol/L}$

検討 酢酸の電離定数；$\alpha \leqq 1$ より，$K_a \fallingdotseq c\alpha^2$
$$[\mathrm{H^+}] = c\alpha = c\sqrt{\frac{K_a}{c}} = \sqrt{cK_a}$$

$$\Leftrightarrow K_a = \frac{[H^+]^2}{c}$$

pH = 3.0 より [H$^+$] = 1.0×10^{-3} mol/L なので,

$$K_a = \frac{(1.0 \times 10^{-3}\,\text{mol/L})^2}{0.10\,\text{mol/L}}$$
$$= 1.0 \times 10^{-5}\,\text{mol/L}$$

アンモニアの電離定数；

pH = 11.7 = 12.0 − 0.30 = 12.0 − log$_{10}$ 2.0
したがって，[H$^+$] = 2.0×10^{-12} mol/L
[H$^+$][OH$^-$] = 1.0×10^{-14} mol^2/L^2 より,

$$[OH^-] = \frac{1.0 \times 10^{-14}\,\text{mol}^2/\text{L}^2}{2.0 \times 10^{-12}\,\text{mol/L}}$$
$$= 5.0 \times 10^{-3}\,\text{mol/L}$$

酢酸と同様にして,

$$K_b = \frac{[OH^-]^2}{c} = \frac{(5.0 \times 10^{-3}\,\text{mol/L})^2}{0.10\,\text{mol/L}}$$
$$= 2.5 \times 10^{-4}\,\text{mol/L}$$

22 電解質水溶液の平衡

基本問題 ●●●●●●●●●●●●●●●●●●● 本冊 *p.68*

135

 イ，オ

検討 緩衝液は，弱酸と弱酸の塩，または弱塩基と弱塩基の塩の混合水溶液である。塩酸，硝酸は強酸である。

136

答 **4.6**

検討 酢酸水溶液中の酢酸 CH$_3$COOH は，まったく電離していないものとして考えてよいから，[CH$_3$COOH] = 0.20 mol/L
また，加えた酢酸ナトリウム CH$_3$COONa は，すべて電離したと考えてよいから,

$$[CH_3COO^-] = \frac{0.10\,\text{mol}}{0.50\,\text{L}} = 0.20\,\text{mol/L}$$

酢酸の電離定数 $K_a = \dfrac{[CH_3COO^-][H^+]}{[CH_3COOH]}$ より,

$$2.7 \times 10^{-5}\,\text{mol/L} = \frac{0.20\,\text{mol/L} \times [H^+]}{0.20\,\text{mol/L}}$$
$$\therefore [H^+] = 2.7 \times 10^{-5}\,\text{mol/L}$$

$$\therefore \text{pH} = -\log_{10}(2.7 \times 10^{-5})$$
$$= 4.57 \doteqdot 4.6$$

 テスト対策

▶ **緩衝液の pH**

● 弱酸(弱塩基) ⇨ **まったく電離しない**と考える。

● 弱酸(弱塩基)の塩 ⇨ **すべて電離する**と考える。

137

答 (1) 塩基性　(2) ウ，エ，ア，イ

検討 (1)酢酸ナトリウムは，弱酸の酢酸と強塩基の水酸化ナトリウムからなる塩で，加水分解して塩基性を示す。

(2) c [mol/L] の CH$_3$COONa は，次のように完全に電離するので，[Na$^+$] と加水分解前の [CH$_3$COO$^-$] は c である。

$$\begin{array}{ccccc} CH_3COONa & \longrightarrow & CH_3COO^- & + & Na^+ \\ 0 & & c & & c\ [\text{mol/L}] \end{array}$$

生じた CH$_3$COO$^-$ のうち，x [mol/L] が加水分解したとすると，加水分解後の各成分濃度 [mol/L] は,

$$\begin{array}{ccccccc} CH_3COO^- & + & H_2O & \rightleftharpoons & CH_3COOH & + & OH^- \\ c - x & & & & x & & x \end{array}$$

$c \gg x$ より,

$$[Na^+] > [CH_3COO^-] > [OH^-] > [H^+]$$

となる。

138

答 (1) ①② CH$_3$COOH，OH$^-$(順不同)

③④ [CH$_3$COOH]，[OH$^-$](順不同)

⑤ [H$^+$]　⑥ [CH$_3$COOH]　⑦ $\dfrac{K_w}{K_a}$

(2) **8.8**

検討 (1)⑦ $K_h = \dfrac{[CH_3COOH][OH^-]}{[CH_3COO^-]}$

$$= \frac{[CH_3COOH][OH^-] \times [H^+]}{[CH_3COO^-] \times [H^+]}$$
$$= \frac{[CH_3COOH]}{[CH_3COO^-][H^+]} \times [H^+][OH^-]$$
$$= \frac{1}{K_a} \times K_w = \frac{K_w}{K_a}$$

(2) $CH_3COO^- + H_2O \rightleftarrows CH_3COOH + OH^-$ より,

$[CH_3COOH] = [OH^-]$

また, CH_3COONa は完全に電離し, CH_3COO^- が加水分解する量はきわめて少ないので, $[CH_3COO^-] \fallingdotseq 0.10\,mol/L$ である。

$K_h = \dfrac{[CH_3COOH][OH^-]}{[CH_3COO^-]} = \dfrac{K_w}{K_a}$ なので,

$\dfrac{[OH^-]^2}{0.10\,mol/L} = \dfrac{1.0 \times 10^{-14}\,mol^2/L^2}{2.7 \times 10^{-5}\,mol/L}$

$\therefore\ [OH^-] = \dfrac{1}{3\sqrt{3}} \times 10^{-4.5}\,mol/L$

$[H^+][OH^-] = 1.0 \times 10^{-14}\,mol^2/L^2$ より,

$[H^+] = 3\sqrt{3} \times 10^{-9.5}\,mol/L$

$\therefore\ pH = -\log_{10}(3\sqrt{3} \times 10^{-9.5}) = 8.78 \fallingdotseq 8.8$

 テスト対策

▶$c\,[mol/L]$ CH_3COONa の加水分解

$CH_3COO^- + H_2O \rightleftarrows CH_3COOH + OH^-$

①平衡定数 $K_h = \dfrac{K_w}{K_a}$ ←水のイオン積 / ←酢酸の電離定数

K_h の式に代入するとき,

②$[CH_3COOH] = [OH^-]$

③$[CH_3COO^-] \fallingdotseq c$

139

答 (1) 4.0　(2) $1.3 \times 10^{-14}\,mol/L$

検討 第1段階；$H_2S \rightleftarrows H^+ + HS^-$

第2段階；$HS^- \rightleftarrows H^+ + S^{2-}$

(1) $K_1 \gg K_2$ なので, 電離の第1段階のみ考えればよい。H_2S は弱酸なので, $[H_2S] = 0.10\,mol/L$, $[H^+] = [HS^-]$ とみなせるから,

$K_1 = \dfrac{[H^+][HS^-]}{[H_2S]} = \dfrac{[H^+]^2}{0.10\,mol/L}$

$= 1.0 \times 10^{-7}\,mol/L$

$\therefore\ [H^+] = 1.0 \times 10^{-4}\,mol/L$

$\therefore\ pH = -\log(1.0 \times 10^{-4}) = 4.0$

(2) $K_1 = \dfrac{[H^+][HS^-]}{[H_2S]}$, $K_2 = \dfrac{[H^+][S^{2-}]}{[HS^-]}$ より,

$K_1 \times K_2 = \dfrac{[H^+]^2[S^{2-}]}{[H_2S]}$ となるので,

$1.0 \times 10^{-7}\,mol/L \times 1.3 \times 10^{-14}\,mol/L$

$= \dfrac{(1.0 \times 10^{-4}\,mol/L)^2 \times [S^{2-}]}{0.10\,mol/L}$

$\therefore\ [S^{2-}] = 1.3 \times 10^{-14}\,mol/L$

 テスト対策

▶酸の2段階電離；H_2S 水溶液の場合

● $[H^+]$ を求める場合

⇨ K_1 のみを利用して求める。

● $[S^{2-}]$ を求める場合

⇨ $K_1 \times K_2$ を利用して求める。

（K_1；第1段階の電離定数, K_2；第2段階の電離定数）

140

答 (1) $1.7 \times 10^{-10}\,mol^2/L^2$　(2) 生じる。

検討 (1)$AgCl$(固) $\rightleftarrows Ag^+ + Cl^-$ より,

$[Ag^+] = [Cl^-] = 1.3 \times 10^{-5}\,mol/L$

よって, 溶解度積 K_{sp} は,

$K_{sp} = (1.3 \times 10^{-5}\,mol/L)^2$

$= 1.69 \times 10^{-10}\,mol^2/L^2$

$\fallingdotseq 1.7 \times 10^{-10}\,mol^2/L^2$

(2)等体積を混合したから, 濃度はどちらももとの $\dfrac{1}{2}$ となる。よって,

$[Ag^+] = [Cl^-] = 1.0 \times 10^{-3}\,mol/L \times \dfrac{1}{2}$

$= 5.0 \times 10^{-4}\,mol/L$

混合した溶液中の $[Ag^+]$ と $[Cl^-]$ の積は,

$(5.0 \times 10^{-4}\,mol/L)^2 = 2.5 \times 10^{-7}\,mol^2/L^2$

これは, 溶解度積 K_{sp} より大きいから, 塩化銀が沈殿する。

 テスト対策

▶溶解度積と沈殿の生成

混合した溶液中の

$\begin{cases} イオン濃度の積 > K_{sp} \Rightarrow 沈殿が生じる。\\ イオン濃度の積 \leqq K_{sp} \Rightarrow 沈殿が生じない。\end{cases}$

応用問題 ●●●●●●●●●●●●●●●●●● 本冊 p.70

141

答 ① 2.3×10^{-3}　② 2.7×10^{-5}

③ 4.6　④ 2.7

検討 ①$\alpha \ll 1$ より,

$$[H^+] = \sqrt{cK_a}$$
$$= \sqrt{0.20\,\mathrm{mol/L} \times 2.7 \times 10^{-5}\,\mathrm{mol/L}}$$
$$= 2.3 \times 10^{-3}\,\mathrm{mol/L}$$

② $K_a = \dfrac{[\mathrm{CH_3COO^-}][H^+]}{[\mathrm{CH_3COOH}]}$ より，

$$2.7 \times 10^{-5}\,\mathrm{mol/L} = \dfrac{0.20\,\mathrm{mol/L} \times [H^+]}{0.20\,\mathrm{mol/L}}$$

$$\therefore\ [H^+] = 2.7 \times 10^{-5}\,\mathrm{mol/L}$$

③ $pH = -\log_{10}(2.7 \times 10^{-5})$
$$= -\log_{10}(3^3 \times 10^{-6})$$
$$= 6 - 3 \times 0.48 = 4.56 \fallingdotseq 4.6$$

④ $pH = 5.0$ より，$[H^+] = 1.0 \times 10^{-5}\,\mathrm{mol/L}$

$K_a = \dfrac{[\mathrm{CH_3COO^-}][H^+]}{[\mathrm{CH_3COOH}]}$ より，

$\dfrac{[\mathrm{CH_3COO^-}]}{[\mathrm{CH_3COOH}]} = \dfrac{K_a}{[H^+]}$ なので，

$$[\mathrm{CH_3COOH}] : [\mathrm{CH_3COO^-}]$$
$$= [H^+] : K_a$$
$$= 1.0 \times 10^{-5}\,\mathrm{mol/L} : 2.7 \times 10^{-5}\,\mathrm{mol/L}$$
$$= 1 : 2.7$$

 142

答 (1) ① **2.9** ② **4.9** ③ **8.7** (2) ②

検討 (1)① $\alpha \ll 1$ より，

$$[H^+] = \sqrt{cK_a}$$
$$= \sqrt{0.10\,\mathrm{mol/L} \times 2.0 \times 10^{-5}\,\mathrm{mol/L}}$$
$$= \sqrt{2.0} \times 10^{-3}\,\mathrm{mol/L}$$

$$\therefore\ pH = -\log_{10}(\sqrt{2.0} \times 10^{-3}) = 2.85 \fallingdotseq 2.9$$

②酢酸：$0.10\,\mathrm{mol/L} \times 0.025\,\mathrm{L}$
$$= 2.5 \times 10^{-3}\,\mathrm{mol}$$

NaOH：$0.10\,\mathrm{mol/L} \times 0.015\,\mathrm{L} = 1.5 \times 10^{-3}\,\mathrm{mol}$

$\mathrm{CH_3COOH + NaOH \longrightarrow CH_3COONa + H_2O}$
より，混合水溶液中の物質量は，

$\mathrm{CH_3COOH}$：$2.5 \times 10^{-3}\,\mathrm{mol} - 1.5 \times$
$$10^{-3}\,\mathrm{mol} = 1.0 \times 10^{-3}\,\mathrm{mol}$$

$\mathrm{CH_3COONa}$：$1.5 \times 10^{-3}\,\mathrm{mol}$

混合水溶液の体積は，$0.040\,\mathrm{L}$ なので，

$$[\mathrm{CH_3COOH}] = \dfrac{1.0 \times 10^{-3}\,\mathrm{mol}}{0.040\,\mathrm{L}}$$
$$= 2.5 \times 10^{-2}\,\mathrm{mol/L}$$

$$[\mathrm{CH_3COO^-}] = \dfrac{1.5 \times 10^{-3}\,\mathrm{mol}}{0.040\,\mathrm{L}}$$
$$= 3.75 \times 10^{-2}\,\mathrm{mol/L}$$

酢酸の電離定数の式に代入して，

$$2.0 \times 10^{-5}\,\mathrm{mol/L} = \dfrac{3.75 \times 10^{-2}\,\mathrm{mol/L} \times [H^+]}{2.5 \times 10^{-2}\,\mathrm{mol/L}}$$

$$\therefore\ [H^+] = \dfrac{4}{3} \times 10^{-5}\,\mathrm{mol/L}$$

$$\therefore\ pH = -\log_{10}\left(\dfrac{4}{3} \times 10^{-5}\right)$$
$$= 5 - 2\log 2 + \log 3$$
$$= 4.88 \fallingdotseq 4.9$$

③酢酸と水酸化ナトリウムは完全に中和して，$\mathrm{CH_3COONa}$ となっている。$\mathrm{CH_3COONa}$ は，次式のように加水分解する。

$$\mathrm{CH_3COO^- + H_2O \rightleftharpoons CH_3COOH + OH^-}$$

この加水分解の平衡定数は，

$$K_h = \dfrac{[\mathrm{CH_3COOH}][\mathrm{OH^-}]}{[\mathrm{CH_3COO^-}]} = \dfrac{K_w}{K_a}$$

$[\mathrm{CH_3COOH}] = [\mathrm{OH^-}]$ である。

$[\mathrm{CH_3COO^-}]$ は $\mathrm{CH_3COONa}$ の濃度に近似でき，混合水溶液の体積が2倍になったことから，

$$0.10\,\mathrm{mol/L} \times \dfrac{1}{2} = 5.0 \times 10^{-2}\,\mathrm{mol/L}$$

よって，$\dfrac{[\mathrm{OH^-}]^2}{5.0 \times 10^{-2}\,\mathrm{mol/L}}$

$$= \dfrac{1.0 \times 10^{-14}\,\mathrm{mol^2/L^2}}{2.0 \times 10^{-5}\,\mathrm{mol/L}}$$

$$\therefore\ [\mathrm{OH^-}] = 5.0 \times 10^{-6}\,\mathrm{mol/L}$$

$[H^+][\mathrm{OH^-}] = 1.0 \times 10^{-14}\,\mathrm{mol^2/L^2}$ より，

$$[H^+] = 2.0 \times 10^{-9}\,\mathrm{mol/L}$$

$$\therefore\ pH = -\log_{10}(2.0 \times 10^{-9})$$
$$= 8.70 \fallingdotseq 8.7$$

(2)弱酸と弱酸の塩の混合水溶液は緩衝液である。よって，②。③は弱酸である酢酸が完全に中和しているので，緩衝液ではない。

 143

答 (1) **10.7** (2) **9.4** (3) **5.2**

検討 (1) $c = 0.10\,\mathrm{mol/L} \times \dfrac{1}{10} = 1.0 \times 10^{-2}\,\mathrm{mol/L}$

$K_b = 2.3 \times 10^{-5}\,\mathrm{mol/L}$，$\alpha \ll 1$ より，

$$[\mathrm{OH^-}] = \sqrt{cK_b}$$
$$= \sqrt{1.0 \times 10^{-2}\,\mathrm{mol/L} \times 2.3 \times 10^{-5}\,\mathrm{mol/L}}$$
$$= 1.5 \times 10^{-3.5}\,\mathrm{mol/L}$$

$$[H^+] = \dfrac{1.0 \times 10^{-14}\,\mathrm{mol^2/L^2}}{1.5 \times 10^{-3.5}\,\mathrm{mol/L}}$$

$$= \frac{2}{3} \times 10^{-10.5}\,\text{mol/L}$$

$$\therefore\ \text{pH} = -\log_{10}\left(\frac{2}{3} \times 10^{-10.5}\right)$$

$$= 10.5 - \log_{10} 2 + \log_{10} 3$$

$$= 10.68 \fallingdotseq 10.7$$

(2) $[\text{NH}_3] = 0.10\,\text{mol/L} \times \frac{1}{2} = 0.050\,\text{mol/L}$

$[\text{NH}_4^+] = 0.10\,\text{mol/L} \times \frac{1}{2} = 0.050\,\text{mol/L}$

アンモニアの電離定数の式に代入して,

$$2.3 \times 10^{-5}\,\text{mol/L} = \frac{0.050\,\text{mol/L} \times [\text{OH}^-]}{0.050\,\text{mol/L}}$$

$$\therefore\ [\text{OH}^-] = 2.3 \times 10^{-5}\,\text{mol/L}$$

$$[\text{H}^+] = \frac{1.0 \times 10^{-14}\,\text{mol}^2/\text{L}^2}{2.3 \times 10^{-5}\,\text{mol/L}}$$

$$= \frac{1}{2.3} \times 10^{-9}\,\text{mol/L}$$

$$\text{pH} = -\log\left(\frac{1}{2.3} \times 10^{-9}\right)$$

$$= 9 + \log 2.3$$

$$= 9.36 \fallingdotseq 9.4$$

(3)塩化アンモニウムは水溶液中で完全に電離
し，NH_4^+ が次のように加水分解する。

$$\text{NH}_4^+ + \text{H}_2\text{O} \rightleftharpoons \text{NH}_3 + \text{H}_3\text{O}^+$$

H_3O^+ を H^+ と略記すると，

$$K_\text{h} = \frac{[\text{NH}_3][\text{H}^+]}{[\text{NH}_4^+]} = \frac{[\text{NH}_3][\text{H}^+] \times [\text{OH}^-]}{[\text{NH}_4^+] \times [\text{OH}^-]}$$

$$= \frac{[\text{NH}_3]}{[\text{NH}_4^+][\text{OH}^-]} \times [\text{H}^+][\text{OH}^-] = \frac{K_\text{w}}{K_\text{b}}$$

また，$[\text{NH}_3] = [\text{H}_3\text{O}^+] (= [\text{H}^+])$ であるから，

$$\frac{[\text{H}^+]^2}{0.10\,\text{mol/L}} = \frac{1.0 \times 10^{-14}\,\text{mol}^2/\text{L}^2}{2.3 \times 10^{-5}\,\text{mol/L}}$$

$$\therefore\ [\text{H}^+] = \frac{2}{3} \times 10^{-5}\,\text{mol/L}$$

$$\therefore\ \text{pH} = -\log_{10}\left(\frac{2}{3} \times 10^{-5}\right)$$

$$= 5 - \log_{10} 2 + \log_{10} 3$$

$$= 5.18 \fallingdotseq 5.2$$

(144)

答 (1) $4.0 \times 10^{-6}\,\text{mol}^2/\text{L}^2$　　(2) **0.21 g**

検討 (1)式量；$\text{CaCO}_3 = 100$ より，$\text{CaCO}_3\ 0.020\text{g}$
の物質量は，$\dfrac{0.020\,\text{g}}{100\,\text{g/mol}} = 2.0 \times 10^{-4}\,\text{mol}$

$[\text{Ca}^{2+}] = [\text{CO}_3{}^{2-}] = \dfrac{2.0 \times 10^{-4}\,\text{mol}}{0.100\,\text{L}}$

$$= 2.0 \times 10^{-3}\,\text{mol/L}$$

$$K_\text{sp} = [\text{Ca}^{2+}][\text{CO}_3{}^{2-}] = (2.0 \times 10^{-3}\,\text{mol/L})^2$$

$$= 4.0 \times 10^{-6}\,\text{mol}^2/\text{L}^2$$

(2)沈殿が生じる時の $[\text{CO}_3{}^{2-}]$ を x〔mol/L〕と
すると，$[\text{Ca}^{2+}] = 1.0 \times 10^{-3}\,\text{mol/L}$ より，

$$1.0 \times 10^{-3}\,\text{mol/L} \times x = 4.0 \times 10^{-6}\,\text{mol}^2/\text{L}^2$$

$$\therefore\ x = 4.0 \times 10^{-3}\,\text{mol/L}$$

式量；$\text{Na}_2\text{CO}_3 = 106$，水溶液 500 mL より，

$$106\,\text{g/mol} \times 4.0 \times 10^{-3}\,\text{mol/L} \times 0.500\,\text{L}$$

$$= 0.212\,\text{g} \fallingdotseq 0.21\,\text{g}$$

---

23 元素の分類と性質

基本問題 ●●●●●●●●●●●●●●●●●●●●●● 本冊 *p.72*

(145)

答 (1) A　(2) C　(3) A　(4) B
(5) C　(6) B　(7) C　(8) A　(9) A
(10) B

検討 原子番号 1 ～ 20 の典型元素と，原子番
号 21 ～ 30 の遷移元素は覚えておくとよい。
　H と，周期表の右上の元素は非金属元素。
典型元素の金属元素は，アルカリ金属(Li，
Na，K)，アルカリ土類金属(Be，Mg，Ca，
Sr，Ba)のほか，13 族の Al，14 族の Sn，Pb
が重要。

(146)

答 (1) A　(2) B　(3) B
(4) A　(5) A　(6) B

検討 遷移元素は 3 族～ 12 族(第 4 周期から登
場)の元素で，すべて金属元素であり，周期
表上の左右の元素の性質が類似している。

 テスト対策

▶**典型元素**；1，2，13 ～ 18 族
　第 1 ～第 3 周期のすべての元素
　金属元素および非金属元素
▶**遷移元素**；3 ～ 12 族，すべて金属元素

147

答 酸性酸化物：CO₂, SO₃, NO₂
塩基性酸化物；K₂O, Na₂O, CaO
両性酸化物；Al₂O₃, ZnO

検討 金属元素のうち, Al, Zn, Sn, Pb（「あ
あ, すんなり」と覚えるとよい）の酸化物は,
酸とも塩基とも反応する**両性酸化物**である。
それ以外の金属元素の酸化物の多くは, 水と
反応して塩基を生じたり, 酸と反応したりす
るので, **塩基性酸化物**という。非金属元素の
酸化物の多くは, 水と反応して酸を生じたり,
塩基と反応したりするので, **酸性酸化物**とい
う。ただし, 例外として, H₂O, CO, NO は,
酸性酸化物に分類されない。

応用問題 •••••••••••••••• 本冊 *p.73*

148

答 (1) H   (2) He   (3) 3, Li
(4) 21, Sc   (5) 4, Be

検討 (1)水素は非金属元素で, 陽イオン H⁺ に
なりやすい。
(4)遷移元素は第4周期の3族から登場する。
第1・2・3周期の元素数がそれぞれ2, 8,
8より, 原子番号は, 2＋8＋8＋3＝21
原子番号21の元素はスカンジウム Sc。

149

答 (1) b   (2) h   (3) g
(4) c   (5) d   (6) a   (7) e

検討 (1)イオン化エネルギーは周期表の左側
（1族）・下側の元素ほど小さい。
(2)貴ガス（18族）が単原子分子。
(3)ハロゲンは17族。
(5)遷移元素は3～12族である。
(6)アルカリ金属は1族。
(7)価電子が3個の元素で13族。

150

答 (1) ×   (2) ○   (3) ○

検討 (1)誤り。原子番号が大きく, 陰性の強い
元素の酸化物ほど, 酸性が強い。

(2)正しい。P₄O₁₀ は酸性酸化物で, 水と反応
してオキソ酸（分子中にOを含む酸）を生じる。
$$P_4O_{10} + 6H_2O \longrightarrow 4H_3PO_4$$
(3)正しい。MgO は塩基性酸化物で, 酸と反
応して塩を生じる。
$$MgO + 2HCl \longrightarrow MgCl_2 + H_2O$$

24 水素と貴ガス

基本問題 •••••••••••••••• 本冊 *p.74*

151

答 (1) $Zn + H_2SO_4 \longrightarrow ZnSO_4 + H_2$
(2) $2H_2O \longrightarrow 2H_2 + O_2$
(3) $2H_2 + O_2 \longrightarrow 2H_2O$
(4) $CuO + H_2 \longrightarrow Cu + H_2O$
(5) $N_2 + 3H_2 \longrightarrow 2NH_3$

検討 (1)亜鉛や鉄に希硫酸や希塩酸を加えると
水素が発生する。これは, 亜鉛や鉄のイオン
化傾向が水素より大きいからである。
(2)水を電気分解すると水素と酸素が発生する。
(3)水素を燃焼させると水が発生する。
(4)水素が還元剤としてはたらき, 銅が生成。

152

答 オ

検討 水素は水に溶けにくく, また, 酸性物質
ではない。

153

答 ① 18   ② 電子配置   ③ 単
④ 化合物（結合）   ⑤ ヘリウム
⑥ アルゴン

🖉 テスト対策

▶**貴ガスの特性** ⇨ 単原子分子,
化合物をつくりにくい
He ⇨ 最も沸点・融点が低い。
Ar ⇨ 空気中に最も多く含まれる。

応用問題 •••••••••••••••••• 本冊 *p.75*

⑮④

答 ウ

検討 ア鉄は水素よりイオン化傾向が大きいの
で，塩酸や希硫酸と反応し，水素を発生する。
イナトリウムは水素よりはるかにイオン化傾
向が大きいので，水と反応して，水素を発生
する。
ウ銅は水素よりイオン化傾向が小さいので，
希硫酸などの希酸とは反応しない。

⑮⑤

答 ① C　② A　③ B　④ B
⑤ C　⑥ A　⑦ C　⑧ B
⑨ A　⑩ B

検討 ②④水素 H_2 は二原子分子であり，空気
中で燃えるが，ヘリウムは単原子分子であり，
反応しない。
③ヘリウムは貴ガスであり，化合物をつくり
にくい。
⑥水素は高温で還元剤としてはたらく。
⑧ヘリウムはすべての物質のなかで最も沸点
が低い（$-269℃$）。
⑨⑩水素は陽イオン H^+ になりやすいが，ヘ
リウムはイオン化エネルギーが最も大きく，
陽イオンになりにくい。

25 ハロゲン

基本問題 •••••••••••••••••• 本冊 *p.76*

⑮⑥

答 (1) 17　(2) 7　(3) 1　(4) 2

検討 ハロゲンは17族で，価電子の数は7個で，
1価の陰イオンになりやすい。ハロゲンの単
体はいずれも二原子分子である。

⑮⑦

答 (1) ア；I_2　イ；Br_2　ウ；Cl_2　エ；F_2
(2) オ；Cl_2　カ；Br_2　キ；I_2

(3) ク；F_2　ケ；Cl_2　コ；Br_2　サ；I_2
(4) シ；F_2

検討 (1)分子量が大きいほど沸点・融点が高い。
(4)酸化力が最も強いフッ素は常温の水と激し
く反応する。

 テスト対策

▶ハロゲン単体の性質；原子番号の順に変化。
　$\begin{cases} 沸点・融点 \Rightarrow F_2 < Cl_2 < Br_2 < I_2 \\ 酸化力 \Rightarrow F_2 > Cl_2 > Br_2 > I_2 \end{cases}$

⑮⑧

答 ① ○　② ×　③ ○　④ ×
⑤ ○

検討 ②水に少し溶け，一部が水と反応して
HCl と $HClO$ を生じる。
④強い酸化作用があり，漂白・殺菌作用を示す。

 テスト対策

▶塩素の性質
①黄緑色・刺激臭の有毒な気体。
②強い酸化作用。 ⇨ 漂白・殺菌作用
③検出 ⇨ ヨウ化カリウムデンプン紙を青変

⑮⑨

答 ① C　② B　③ A　④ A
⑤ C　⑥ A　⑦ B

検討 ハロゲン化水素のうち，HF だけ沸点が
異常に高く（水素結合による），弱酸（他は強
酸）であり，また，ガラスを溶かすなど，他
とは異なる性質を示す。
⑦塩化水素はアンモニアに触れると塩化アン
モニウムの白煙を生じる。

 テスト対策

▶HF の3つの特性
①異常に沸点が高い。
②弱酸（他のハロゲン化水素は強酸）
③ガラスを溶かす。

160

答 (1) CaCl(ClO)·H₂O + 2HCl
$$\longrightarrow CaCl_2 + 2H_2O + Cl_2$$

(2) Cu + Cl₂ $\longrightarrow$ CuCl₂

(3) NaCl + H₂SO₄ $\longrightarrow$ NaHSO₄ + HCl

(4) NH₃ + HCl $\longrightarrow$ NH₄Cl

検討 (2)塩素は，水素や金属と激しく反応して塩化物となる。

(3)揮発性の酸の塩 (NaCl) に不揮発性の酸 (H₂SO₄) を加えて加熱すると，揮発性の酸 (HCl) が発生する。

(4)生じた白煙は塩化アンモニウムである。

[参考] さらし粉のかわりに，高度さらし粉 Ca(ClO)₂·2H₂O を使用することがある。

Ca(ClO)₂·2H₂O + 4HCl
$$\longrightarrow CaCl_2 + 4H_2O + 2Cl_2$$

応用問題 •••••••••••••••• 本冊 *p.78*

 161

答 エ

検討 酸化力は F₂＞Cl₂＞Br₂＞I₂ であるから，エのように KF に F₂より酸化力の弱い Cl₂ を作用させても変化しない。

 162

答 (1) A；濃塩酸　B；酸化マンガン(Ⅳ)
C；水　D；濃硫酸

(2) MnO₂ + 4HCl $\longrightarrow$ MnCl₂ + 2H₂O + Cl₂

(3) C；水は塩素に混じって出てくる塩化水素を吸収する。　D；濃硫酸は塩素に混じっている水分を吸収する。

(4) ウ

検討 (2)酸化マンガン(Ⅳ)が酸化剤としてはたらき，塩素が生じる。

(3)酸化マンガン(Ⅳ)と濃塩酸を加熱すると，塩素が発生するとともに塩化水素も出てくる。塩化水素は塩素に比べて水によく溶けるので，水に吸収させて除く。

(4)塩素は水に少し溶け，また，空気より重い (分子量71)から，下方置換で捕集する。

 163

答 (1) ①，④　　(2) ②　　(3) ③

検討 (1)① CaCl(ClO)·H₂O + 2HCl
$$\longrightarrow CaCl_2 + 2H_2O + Cl_2\uparrow$$

④陽極で塩素が発生する。

2Cl⁻ $\longrightarrow$ Cl₂ + 2e⁻

なお，陰極では水素が発生する。

(2)②揮発性の酸の塩に不揮発性の酸を加えて加熱すると，揮発性の酸が発生する。

NaCl + H₂SO₄ $\longrightarrow$ NaHSO₄ + HCl↑

HCl の水溶液は塩酸で強酸。HF は弱酸。

(3)③ CaF₂ + H₂SO₄ $\longrightarrow$ CaSO₄ + 2HF↑

HF の水溶液はガラスを溶かす。

 164

答 (1) Br₂　　(2) HF　　(3) HCl

(4) F₂　　(5) Cl₂　　(6) I₂

検討 (2)フッ化水素酸はガラスを溶かすので，ガラス容器に保存できない。保存するときは，ポリエチレン容器に保存する。

(3)塩化水素がアンモニアに触れると固体の塩化アンモニウムが生成して白煙となる。

NH₃ + HCl $\longrightarrow$ NH₄Cl

(4)酸化力は F₂＞Cl₂＞Br₂＞I₂

(6)ヨウ素デンプン反応のことである。

 165

答 (1) 固体　　(2) At₂　　(3) HAt

(4) 気体　　(5) 強酸性

検討 (1)ハロゲン単体は，原子番号が大きいほど沸点・融点が高く，I₂ が固体であるから固体。

(2)ハロゲン単体は二原子分子であるから At₂。

(3)ハロゲン原子は，いずれも価電子が7個で，1価の陰イオンになりやすい。

(4)ハロゲン化水素は，常温・常圧で気体。

(5)ハロゲン化水素は HF を除いて強酸である。

166

答　ウ，カ

検討　ア；ハロゲンは反応性が大きく，天然に単体として存在しない。

イ；I_2 は固体。

エ；フッ化水素酸はガラスを溶かすので，ガラス製容器内で保管してはいけない。

オ；漂白作用は酸化力による。

カ；$Cl_2 + H_2O \rightleftharpoons HCl + HClO$

キ；酸化力　$Cl_2 > Br_2$

ク；HF は弱酸。

26　酸素と硫黄

基本問題 ●●●●●●●●●●●●●●●● 本冊 *p.80*

167

答　(1) 語句；液体空気，物質の名称；酸素

(2) 語句；8，物質の名称；斜方硫黄

(3) 語句；弾，物質の名称；ゴム状硫黄

(4) 語句；① 無声放電　② 酸化，
　　物質の名称；オゾン

検討　おもな16族元素は酸素 O と硫黄 S。

(2)(3)硫黄の同素体には**斜方硫黄・単斜硫黄・ゴム状硫黄**があり，常温で最も安定なのは塊状の斜方硫黄 S_8。120℃近くに加熱した液体の硫黄を冷やすと，針状の単斜硫黄 S_8 が得られる。250℃近くに加熱した液体の硫黄を急冷すると，無定形で弾性のあるゴム状硫黄 S_x が得られる。

168

答　① 二酸化硫黄　　② 還元　　③ 触媒

④ 三酸化硫黄　　⑤ 硫酸　　⑥ 接触

⑦ 硫化水素　　⑧ 酸　　⑨ 硫化物

⑩ 硫化銅(Ⅱ)

検討　④ $2SO_2 + O_2 \longrightarrow 2SO_3$

⑤ $SO_3 + H_2O \longrightarrow H_2SO_4$

⑧ $H_2S \rightleftharpoons H^+ + HS^-$　　$HS^- \rightleftharpoons H^+ + S^{2-}$

⑩ $Cu^{2+} + S^{2-} \longrightarrow CuS\downarrow$

169

答　(1) $2H_2O_2 \longrightarrow 2H_2O + O_2$

(2) $Na_2SO_3 + H_2SO_4$
$$\longrightarrow Na_2SO_4 + H_2O + SO_2$$

(3) $FeS + H_2SO_4 \longrightarrow FeSO_4 + H_2S$

(4) $Cu + 2H_2SO_4 \longrightarrow CuSO_4 + 2H_2O + SO_2$

検討　(1)酸化マンガン(Ⅳ)は触媒として作用するので，化学反応式には書かない。

(2)(3)弱酸の塩に強酸を加えると，弱酸が遊離する。

(4)熱濃硫酸が酸化剤として作用する。

応用問題 ●●●●●●●●●●●●●●●● 本冊 *p.81*

170

答　① C　　② C　　③ B　　④ A

⑤ C　　⑥ C　　⑦ A　　⑧ A　　⑨ B

検討　SO_2 と H_2S は，無色であることや有毒であること，水に溶けて弱い酸性を示すこと，還元性を示すことなどは共通しているが，においや還元力の強さ，金属イオンの沈殿反応などでは異なる。

⑧ $SO_2 + 2H_2S \longrightarrow 3S + 2H_2O$

⑨ $Cu^{2+} + S^{2-} \longrightarrow CuS\downarrow$

> ✏ **テスト対策**
>
> ▶SO_2 と H_2S の共通点；
> 　無色，有毒，還元性，水に溶けて弱酸性
> ▶H_2S の特性；
> 　腐卵臭，金属イオンとの沈殿

171

答　① エ　　② ア　　③ イ　　④ ウ

検討　①熱濃硫酸の酸化作用による。

$Cu + 2H_2SO_4 \longrightarrow CuSO_4 + 2H_2O + SO_2\uparrow$

②亜鉛と硫酸の反応は，おもに硫酸の酸性(H^+)によるもので，一般に硫酸の酸化作用(H_2SO_4 が SO_2 になるときのはたらき)によるとはいわない。

③濃硫酸は**不揮発性**であり，塩酸は**揮発性**であるから，NaClと加熱するとHClが生成する。
④スクロースに濃硫酸を加えると，脱水して炭化する。$C_{12}H_{22}O_{11} \longrightarrow 12C + 11H_2O$

　テスト対策

▶**濃硫酸と希硫酸の性質の違い**
- 濃硫酸の特性 ⇨ ①不揮発性，②吸湿性，③脱水作用，④加熱で酸化作用
- 希硫酸 ⇨「強い酸性」のみ

27　窒素とリン

基本問題 •••••••••••••••••• 本冊 *p.82*

172

[答] ① NO_2　② NO　③ N_2
④ NO　⑤ NO_2　⑥ N_2

[検討] ②無色のNOが空気に触れると，赤褐色のNO_2となる。$2NO + O_2 \longrightarrow 2NO_2$
⑤NO_2を水に溶かすとHNO_3を生成して酸性を示す。$3NO_2 + H_2O \longrightarrow 2HNO_3 + NO$

　テスト対策

▶**NOとNO₂の違い**
- NO ⇨ 銅と希硝酸で生成。無色。水に難溶。空気中でNO₂に。
- NO₂ ⇨ 銅と濃硝酸で生成。赤褐色。水に溶けてHNO₃生成。

173

[答] (1) ウ　(2) イ

[検討] (1)アンモニアは水に非常によく溶けて，弱塩基性を示す。
$NH_3 + H_2O \rightleftharpoons NH_4^+ + OH^-$
またアンモニアは冷却して加圧すると容易に液化する。
(2)濃硝酸は鉄やアルミニウムを不動態とする。

　テスト対策

▶**アンモニアと硝酸の特性**
- NH_3 ⇨ 無色・刺激臭の気体。水によく溶けて弱塩基性。HClと白煙。
- HNO_3 ⇨ 強い酸化力をもつ強酸。Al, Fe, Niは濃硝酸には不動態。

174

[答] ① 赤リン　② 同素体　③ 淡黄
④ 水　⑤ 十酸化四リン　⑥ 乾燥剤
⑦ リン酸

[検討] 黄リンと赤リンは，色や毒性，自然発火をする・しないなどの違いがあるが，空気中で燃焼させるといずれも次のように反応して，十酸化四リンとなる。$4P + 5O_2 \longrightarrow P_4O_{10}$
さらに，水と加熱するとリン酸となる。
$P_4O_{10} + 6H_2O \longrightarrow 4H_3PO_4$

応用問題 •••••••••••••••••• 本冊 *p.83*

175

[答] (1) $2NH_4Cl + Ca(OH)_2$
$\longrightarrow CaCl_2 + 2H_2O + 2NH_3$
(2) ウ　(3) イ

[検討] (1)弱塩基の塩に強塩基を加えると，弱塩基が生じる反応である。
(2)アンモニアは塩基性の気体であるから，乾燥剤として酸性物質である十酸化四リンや濃硫酸は不適当であり，また，塩化カルシウムもアンモニアと反応するから不適当である。ソーダ石灰はNaOHとCaOからなる塩基性の乾燥剤である。
(3)濃塩酸を近づけると次のように反応して白煙を生じる。$NH_3 + HCl \longrightarrow NH_4Cl$

　テスト対策

▶**アンモニアの製法**
- 乾燥剤 ⇨ ソーダ石灰
- 捕集 ⇨ 上方置換
- 検出 ⇨ 濃塩酸による白煙

176

答 (1) (a) $4NH_3 + 5O_2 \longrightarrow 4NO + 6H_2O$

(b) $2NO + O_2 \longrightarrow 2NO_2$

(c) $3NO_2 + H_2O \longrightarrow 2HNO_3 + NO$

(2) オストワルト法　(3) 34 g

検討 (3)(a)〜(c)の化学反応式を1つにまとめる
と，$NH_3 + 2O_2 \longrightarrow HNO_3 + H_2O$　これよ
り，NH_3 1 mol (17 g/mol) からは HNO_3 1 mol
(63 g/mol) が得られることがわかる。63 %
の硝酸 200 g 中の HNO_3 の質量は，

$200\,g × 0.63 = 126\,g$

よって要する NH_3 の質量は，

$17\,g/mol × \dfrac{126\,g}{63\,g/mol} = 34\,g$

 テスト対策

▶CO_2 と CO の性質の違い

●共通点 ⇨ 無色・無臭

$\begin{cases} CO_2 ⇨ 水に溶けて弱酸性，無毒，\\ \quad 燃えない，石灰水を白濁。\\ CO ⇨ 水に難溶，有毒，燃える。\end{cases}$

179

答 ① 単体　② 酸素　③ 半導体

④ 石英　⑤ ケイ酸ナトリウム

⑥ 水ガラス

⑦ アモルファス(非晶質)

⑧ セラミックス

検討 ⑤ $SiO_2 + 2NaOH \longrightarrow Na_2SiO_3 + H_2O$
⑥ケイ酸ナトリウム Na_2SiO_3 を水と加熱す
ると水ガラスが得られる。

28 炭素とケイ素

基本問題 ・・・・・・・・・・・・・・ 本冊 *p.84*

177

答 (1) A　(2) C　(3) B

(4) A　(5) C　(6) B

検討 (1)(3)(4)(6)ダイヤモンドは無色透明で非常
に硬く，電気を通さない。対して，黒鉛は黒
色不透明で軟らかく，電気を通す。
(2)(5)ダイヤモンドも黒鉛も炭素からなる単体
で，ともに共有結合の結晶。

178

答 ① CO_2　② CO　③ 両方

④ CO_2　⑤ CO

検討 ①④ CO_2 は酸性酸化物としての性質を
示す(CO は示さない)。水に溶けて弱酸性。
$CO_2 + H_2O \rightleftharpoons H^+ + HCO_3^-$
塩基と反応(石灰水を白濁)。
$Ca(OH)_2 + CO_2 \longrightarrow CaCO_3↓ + H_2O$

応用問題 ・・・・・・・・・・・・・・ 本冊 *p.85*

180

答 (1) ① 一酸化炭素　② 二酸化炭素

③ 炭酸カルシウム

(2) (a) $HCOOH \longrightarrow CO + H_2O$

(b) $CaCO_3 + 2HCl \longrightarrow CaCl_2 + CO_2 + H_2O$

(c) $2CO + O_2 \longrightarrow 2CO_2$

(d) $Ca(OH)_2 + CO_2 \longrightarrow CaCO_3 + H_2O$

(e) $CaCO_3 + CO_2 + H_2O \longrightarrow Ca(HCO_3)_2$

検討 (a)濃硫酸は脱水作用をもつ。
(b)弱酸の塩に強酸を加えると弱酸が遊離する。
(e)CO_2 を過剰に通じると $CaCO_3$ が
$Ca(HCO_3)_2$ となり，Ca^{2+} と HCO_3^- に電離
して白濁が消える。

181

答 (1) ×　(2) ○　(3) ○

(4) ×　(5) ○

検討 (1)CO_2 は分子からなり，常温では気体
である。これに対して，SiO_2 は共有結合の
結晶で融点が高く(水晶は1550℃)，硬い。

(2) CO_2 は酸性酸化物で，塩基と反応して吸収される。$2NaOH + CO_2 \longrightarrow Na_2CO_3 + H_2O$

(4)同素体は単体の場合である。

29 気体の製法と性質

基本問題 ●●●●●●●●●●●●●●● 本冊 *p.87*

182

答 (1) エ，ク (2) ア，カ (3) イ，ケ
(4) オ，カ (5) ア，ウ (6) エ，キ

検討 (1)酸化マンガン(Ⅳ)は触媒。

(2)熱濃硫酸が銅に対して酸化剤としてはたらき，二酸化硫黄が生成する。

(3)弱塩基の塩に強塩基を加えると，弱塩基が遊離する。

(4)揮発性の酸の塩に不揮発性の酸を加えると，揮発性の酸が遊離する。

(6)酸化マンガン(Ⅳ)が酸化剤としてはたらく。

183

答 (1) **a**：$CaCl(ClO) \cdot H_2O + 2HCl$
$\longrightarrow CaCl_2 + 2H_2O + Cl_2$

b：$3Cu + 8HNO_3$
$\longrightarrow 3Cu(NO_3)_2 + 4H_2O + 2NO$

c：$2NH_4Cl + Ca(OH)_2$
$\longrightarrow CaCl_2 + 2H_2O + 2NH_3$

d：$CaCO_3 + 2HCl$
$\longrightarrow CaCl_2 + CO_2 + H_2O$

e：$FeS + H_2SO_4 \longrightarrow FeSO_4 + H_2S$

(2) **a**；ウ **b**；なし(すべて適する)
c；ア，イ **d**；ウ **e**；ア，ウ

(3) **a**；下方置換 **b**；水上置換 **c**；上方置換
d；下方置換 **e**；下方置換

検討 (2)**a**；Cl_2，**d**；CO_2，**e**；H_2S は酸性なので，塩基性のソーダ石灰は不適。また，H_2S は濃硫酸と反応するので，**e**は濃硫酸も不適。

b；NO は中性でいずれの乾燥剤とも反応しないので，すべて適する。

c；NH_3 は塩基性なので，酸性の濃硫酸が不適。また，NH_3 は中性の $CaCl_2$ とも反応するので，塩化カルシウムも不適。

(3)**a**；Cl_2，**d**；CO_2，**e**；H_2S はいずれも水に溶け，空気よりも重い(分子量が28.8より大きい)。➡下方置換

b；NO は水に溶けにくい。➡水上置換

c；NH_3 は水に溶けやすく，空気よりも軽い(分子量が28.8より小さい)。➡上方置換

184

答 (1) オ (2) キ (3) コ (4) ケ
(5) カ (6) ア (7) ウ (8) エ (9) ク

📝テスト対策

▶気体の性質

①色 黄緑色 ⇨ Cl_2 赤褐色 ⇨ NO_2
淡青色 ⇨ O_3 淡黄色 ⇨ F_2

②におい 腐卵臭 ⇨ H_2S 特異臭 ⇨ O_3
他の有臭の気体 ⇨ 刺激臭

③水溶液が塩基性 ⇨ NH_3

④水溶液が強い酸性 ⇨ HCl，NO_2

⑤ヨウ化カリウムデンプン紙を青変
⇨ Cl_2，O_3

応用問題 ●●●●●●●●●●●●●● 本冊 *p.88*

185

答 (1) **a**：$Na_2CO_3 + 2HCl$
$\longrightarrow 2NaCl + H_2O + CO_2$

b：$2NH_4Cl + Ca(OH)_2$
$\longrightarrow CaCl_2 + 2H_2O + 2NH_3$

c：$Cu + 4HNO_3$
$\longrightarrow Cu(NO_3)_2 + 2H_2O + 2NO_2$

d：$FeS + H_2SO_4 \longrightarrow FeSO_4 + H_2S$

e：$NaCl + H_2SO_4 \longrightarrow NaHSO_4 + HCl$

(2) ① **b** ② **d** ③ **a** ④ **e** ⑤ **c**

検討 (2)**c**；$3NO_2 + H_2O \longrightarrow 2HNO_3 + NO$
の反応により強酸の硝酸が生成するから，NO_2 の水溶液は強い酸性を示す。

e；HCl の水溶液は塩酸であり，強い酸性を示す。

186

答 (1) A：②，酸化マンガン(Ⅳ)
B：①，濃硫酸　C：②，炭酸カルシウム
（石灰石）　D：①，水酸化カルシウム
E：②，希硝酸

(2) A：ウ　B：ウ　C：ウ　D：イ　E：ア

(3) A：カ　B：オ　C：ウ　D：イ　E：ア

検討 (2) A；塩素，B；塩化水素，C；二酸化炭素はいずれも水に溶け，空気よりも重いので下方置換。D；アンモニアは水によく溶け，空気よりも軽いので上方置換。E；一酸化窒素は水に溶けにくいので水上置換。

(3) A；塩素は酸化作用が強く，ヨウ化カリウムデンプン紙を青変する。

B，D；塩化水素とアンモニアは，次の反応により白煙を生じるので，互いに検出できる。

➡ $NH_3 + HCl \longrightarrow NH_4Cl$

C；二酸化炭素を石灰水に通じると白濁する。

➡ $Ca(OH)_2 + CO_2 \longrightarrow CaCO_3\downarrow + H_2O$

E；一酸化窒素を空気に触れさせると，赤褐色の二酸化窒素となる。➡ $2NO + O_2 \longrightarrow 2NO_2$

---

30 典型金属元素とその化合物

基本問題 •••••••••••••••••••• 本冊 p.90

187

答 ① 1　② アルカリ　③ 価電子
④ 陽　⑤ 小さ　⑥ 軟らか
⑦ 酸化　⑧ 水素　⑨ 石油

検討 ④ $Na \longrightarrow Na^+ + e^-$
⑤ Na と K の密度は水より小さい。
⑧ $2Na + 2H_2O \longrightarrow 2NaOH + H_2\uparrow$

188

答 (1) オ　(2) イ　(3) カ
(4) ア　(5) エ

検討 (1)空気中でべとべとになることから潮解性で，KOH か NaOH。炎色反応が黄色であるから NaOH。

(2)風解性より $Na_2CO_3 \cdot 10H_2O$。

(3)$NaHCO_3$ は水に少し溶け，加熱すると容易に分解する。

$$2NaHCO_3 \longrightarrow Na_2CO_3 + CO_2 + H_2O$$

(4)$Na_2CO_3 + 2HCl \longrightarrow 2NaCl + CO_2\uparrow + H_2O$

(5)KOH は強塩基で，炎色反応は赤紫色。

 テスト対策

▶Na と K の単体；
密度が小さく，軟らかい。空気中で直ちに酸化，水と激しく反応 ⇨ 石油中に保存

▶Na と K の化合物
$\begin{cases} NaOH,\ KOH ⇨ 強塩基，潮解性。 \\ Na_2CO_3 ⇨ 水によく溶け，塩基性。 \\ Na_2CO_3 \cdot 10H_2O ⇨ 風解性 \\ NaHCO_3 ⇨ 水に少し溶け，弱塩基性。 \\ \qquad 加熱で容易に分解する。 \end{cases}$

▶炎色反応 ⇨ Li；赤，Na；黄，K；赤紫

189

答 (1) MC　(2) C　(3) M
(4) C　(5) M

検討 (1)どちらも2族で，価電子が2個。よってどちらも2価の陽イオンになりやすい。

(2)Ca は常温の水と反応する。Mg は常温の水と反応しないが，沸騰水とは反応する。

(3)水に対して $Mg(OH)_2$ は溶けにくいが，$Ca(OH)_2$ は少し溶ける。

(4)水に対して $CaSO_4$ は溶けにくいが，$MgSO_4$ は溶ける。

(5)Ca は炎色反応が橙赤色であるが，Mg は炎色反応を示さない。

 テスト対策

▶Mg と Ca，Ba の性質の違い

①水との反応 $\begin{cases} Mg ⇨ 沸騰水と反応 \\ Ca, Ba ⇨ 常温の水と反応 \end{cases}$

②水溶性

水酸化物 { Mg(OH)₂ ⇨ 難溶 / Ca(OH)₂ ⇨ やや可溶 / Ba(OH)₂ ⇨ 可溶

硫酸塩 { MgSO₄ ⇨ 可溶 / CaSO₄, BaSO₄ ⇨ 難溶

③炎色反応　Mg；なし

Ca；赤橙，Sr；紅，Ba；黄緑

ウ：硝酸鉛（Ⅱ）は水に溶けやすい。

オ：$Pb^{2+} + S^{2-} \longrightarrow PbS\downarrow$

カ：$Pb^{2+} + CrO_4^{2-} \longrightarrow PbCrO_4\downarrow$

応用問題 ●●●●●●●●●●●●●● 本冊 *p.92*

答 (1) アンモニアソーダ法（ソルベー法）

(2) (a) $NaCl + CO_2 + NH_3 + H_2O$
$\longrightarrow NaHCO_3 + NH_4Cl$

(b) $2NaHCO_3 \longrightarrow Na_2CO_3 + H_2O + CO_2$

(c) $2NH_4Cl + Ca(OH)_2$
$\longrightarrow CaCl_2 + 2NH_3 + 2H_2O$

(3) **9.06 kg**

検討 (3)(a)と(b)の反応式から，NaCl 中の Na はすべて Na₂CO₃ に変化するので，$2NaCl \longrightarrow Na_2CO_3$ より，NaCl 2 mol から Na₂CO₃ 1 mol が得られることがわかる。NaCl（式量：58.5）10.0 kg から得られる Na₂CO₃（式量：106）は，

$$\frac{10.0\,\text{kg}}{58.5\,\text{g/mol}} \times \frac{1}{2} \times 106\,\text{g/mol} = 9.059\cdots\text{kg}$$
$$\fallingdotseq 9.06\,\text{kg}$$

答 (1) $CaCO_3 \longrightarrow CaO + CO_2$

(2) $CaO + H_2O \longrightarrow Ca(OH)_2$

(3) $Ca(OH)_2 + CO_2 \longrightarrow CaCO_3 + H_2O$

(4) $CaCO_3 + CO_2 + H_2O \longrightarrow Ca(HCO_3)_2$

(5) $CaCO_3 + 2HCl \longrightarrow CaCl_2 + H_2O + CO_2$

検討 (5)弱酸の遊離である。

答 (a) $2Al + 6HCl \longrightarrow 2AlCl_3 + 3H_2$

(b) $Al^{3+} + 3OH^- \longrightarrow Al(OH)_3$

(c) $Al(OH)_3 + NaOH \longrightarrow Na[Al(OH)_4]$

(d) $2Al + 2NaOH + 6H_2O$
$\longrightarrow 2Na[Al(OH)_4] + 3H_2$

検討 (a)(d)アルミニウムは酸とも強塩基とも反応して水素を発生する**両性金属**であり，塩酸との反応では塩化アルミニウムを，水酸化ナトリウム水溶液との反応では錯イオンである**テトラヒドロキシドアルミン酸ナトリウム**を生じて溶解する。

(b)反応に関係するイオンは Al³⁺ と OH⁻ で，生じた沈殿は Al(OH)₃ である。

(c) Al(OH)₃ は**両性水酸化物**であり，強塩基に溶けるので，過剰の水酸化ナトリウム水溶液を加えると錯イオンを生じて溶解する。

答 (1) Na, K　(2) Mg　(3) Ca

(4) Na, K　(5) Mg

検討 (1)アルカリ金属は石油中に保存する。

(2) Na, K, Ca は冷水と反応するが，Mg は沸騰水と反応する。

(3) CaSO₄ は水に溶けにくいが，Na, K, Mg の硫酸塩は水に溶ける。

(4) Na₂CO₃ や K₂CO₃ は水に溶けるが，MgCO₃ や CaCO₃ は水に溶けにくい。

(5) Na…黄色，K…赤紫色，Ca…橙赤色，Mg…示さない。

答 ウ

検討 ア・エ；$Pb^{2+} + 2Cl^- \longrightarrow PbCl_2\downarrow$

イ；$Pb^{2+} + SO_4^{2-} \longrightarrow PbSO_4\downarrow$

答 **A**；Ca　**B**；Mg　**C**；Al

D；Pb　**E**；Sn

検討 ①冷水に溶けるので，**A** は Ca。

②冷水に溶けず，水素よりイオン化傾向が大きく，両性金属ではない。よって **B** は Mg。
③両性金属であり，濃硝酸に溶けない(不動態となる)ので，**C** は Al。
④両性金属であり，塩酸に溶けにくい(表面に難溶性の PbCl₂ をつくる)ので **D** は Pb。
⑤2価と4価の陽イオンになるのは Sn と Pb であるが，塩酸に溶けることから，**E** は Sn。

196

答 **A**；Pb²⁺   **B**；Ba²⁺   **C**；Al³⁺

検討 ① Pb²⁺ + 2Cl⁻ ⟶ PbCl₂↓(白色)
Pb²⁺ + SO₄²⁻ ⟶ PbSO₄↓(白色)
② Ba²⁺ + SO₄²⁻ ⟶ BaSO₄↓(白色)
③ Al³⁺ と Pb²⁺ のどちらもあてはまるが，A が Pb²⁺ であるので，C は Al³⁺。

197

答 **A**；カ   **B**；ア   **C**；エ   **D**；イ
E；オ   **F**；ウ

検討 ①水に溶けない **A** と **D** は BaSO₄ と CaCO₃ である。
② **A** と **D** のうち塩酸と反応するのは CaCO₃。
CaCO₃ + 2HCl ⟶ CaCl₂ + H₂O + CO₂↑
③水溶液に塩酸を加えて気体が発生するのは CaCO₃ と Na₂CO₃ である。
Na₂CO₃ + 2HCl ⟶ 2NaCl + H₂O + CO₂↑
④ **E**，**F** は両性金属のイオンを含む化合物であるので，**C** は残りの MgCl₂ である。
Mg²⁺ + 2OH⁻ ⟶ Mg(OH)₂↓
⑤ Pb²⁺ + CrO₄²⁻ ⟶ PbCrO₄↓(黄色)
よって **F** は Pb(NO₃)₂ であり，**E** がミョウバン AlK(SO₄)₂·12H₂O である。

198

答 ア；Na[Al(OH)₄]   イ；Al(OH)₃
ウ；Al³⁺   エ；O²⁻   オ；CO

検討 ボーキサイトを純粋な Al₂O₃(アルミナ)とし，これを溶融塩電解する。なお，氷晶石はアルミナの融点を下げるために入れる。

31 遷移元素とその化合物(1)

基本問題 ●●●●●●●●●●●● 本冊 *p.95*

199

答 イ，カ

検討 イ；遷移元素はすべて金属元素である。
カ；遷移元素の最外殻電子の数は1～2個。

200

答 ① 石灰石   ② 一酸化炭素
③ 還元   ④ 銑鉄   ⑤ 炭素   ⑥ 鋼

検討 鉄鉱石は赤鉄鉱 Fe₂O₃ や磁鉄鉱 Fe₃O₄ を含む。溶鉱炉に熱風を送ると，コークス C の燃焼で一酸化炭素 CO が生じ，この CO が鉄鉱石を Fe₂O₃ ⟶ Fe₃O₄ ⟶ FeO ⟶ Fe のように順次還元して銑鉄が得られる。

201

答 (1) Fe + 2HCl ⟶ FeCl₂ + H₂
(2) Fe²⁺ が Fe³⁺ に変化したから。
(3) 水酸化鉄(Ⅲ)，赤褐色   (4) ②

検討 (1)水溶液中の Fe²⁺ は淡緑色である。
(2)次のように反応して Fe²⁺ が Fe³⁺ に変化する。2FeCl₂ + Cl₂ ⟶ 2FeCl₃
なお，水溶液中の Fe³⁺ は黄褐色。
(3)Fe³⁺ に OH⁻ を加えたときに生じる水酸化鉄(Ⅲ)は，一定の組成をもたない混合物であり，1つの化学式で表すことができない。
(4)Fe³⁺ に [Fe(CN)₆]⁴⁻ を加えると濃青色の沈殿が生じる。

🖉 テスト対策
▶鉄イオンの反応(水溶液中)
①酸化 ⇨ Fe²⁺(淡緑色)
⟶ Fe³⁺(黄褐色)
②OH⁻ を加える ⇨ 水酸化鉄(Ⅲ)(赤褐色)
③ { Fe³⁺ + [Fe(CN)₆]⁴⁻ / Fe²⁺ + [Fe(CN)₆]³⁻ } ⇨濃青色沈殿

202

答 (1) (a) $Cu + 2H_2SO_4$
$\longrightarrow CuSO_4 + 2H_2O + SO_2$

(e) $Cu(OH)_2 \longrightarrow CuO + H_2O$

(2) (b) $CuSO_4 \cdot 5H_2O$ (c) $CuSO_4$

(d) $Cu(OH)_2$

(3) ① 深青 ② $[Cu(NH_3)_4]^{2+}$

検討 (2) $CuSO_4$ の水溶液を濃縮すると青色の結晶 $CuSO_4 \cdot 5H_2O$ が得られ, これを加熱すると, 白色の粉末 $CuSO_4$ となる。

$CuSO_4 \cdot 5H_2O \longrightarrow CuSO_4 + 5H_2O$

水溶液に NaOH 水溶液を加えると, 青白色の沈殿 $Cu(OH)_2$ となる。

$Cu^{2+} + 2OH^- \longrightarrow Cu(OH)_2\downarrow$

 テスト対策

▶銅の化合物と色

$CuSO_4 \cdot 5H_2O \Rightarrow$ 青色の結晶

$CuSO_4 \Rightarrow$ 白色の粉末

$Cu(OH)_2 \Rightarrow$ 青白色

$CuO \Rightarrow$ 黒色

$[Cu(NH_3)_4]^{2+} \Rightarrow$ 深青色の溶液

203

答 ① $Ag^+ + Cl^- \longrightarrow AgCl$

② $2Ag^+ + 2OH^- \longrightarrow Ag_2O + H_2O$

③ $Ag_2O + 4NH_3 + H_2O$
$\longrightarrow 2[Ag(NH_3)_2]^+ + 2OH^-$

検討 アンモニアは次のように電離している。

$NH_3 + H_2O \rightleftharpoons NH_4^+ + OH^-$

はじめは②のように OH^- が反応して褐色の Ag_2O が生成し, さらに加えると③のように NH_3 が反応して, 沈殿が溶ける。

テスト対策

▶Ag^+ の反応(水溶液中)

① Ag^+ $\overset{Cl^-}{\longrightarrow}$ $AgCl\downarrow$(白色沈殿)

$\overset{Br^-}{\longrightarrow}$ $AgBr\downarrow$(淡黄色沈殿)

② Ag^+ $\overset{OH^-}{\longrightarrow}$ $Ag_2O\downarrow$ $\overset{NH_3}{\longrightarrow}$ $[Ag(NH_3)_2]^+$
褐色　　　　　無色溶液

応用問題 •••••••••••••••••• 本冊 *p.96*

204

答 (1) ① 水素 ② 黄褐 ③ 不動態

(2) (a) $Fe + H_2SO_4 \longrightarrow FeSO_4 + H_2$

(b) $FeSO_4 + 2NaOH$
$\longrightarrow Fe(OH)_2 + Na_2SO_4$

(c) $Fe + 2HCl \longrightarrow FeCl_2 + H_2$

(d) $2FeCl_2 + Cl_2 \longrightarrow 2FeCl_3$

(3) (a) $FeSO_4 \cdot 7H_2O$, 淡緑色

(d) $FeCl_3 \cdot 6H_2O$, 黄褐色

検討 (2)(d)鉄(Ⅱ)イオンが還元剤, 塩素が酸化剤としてはたらく酸化還元反応が起こる。

$Fe^{2+} \longrightarrow Fe^{3+} + e^-$

$Cl_2 + 2e^- \longrightarrow 2Cl^-$

205

答 (1) ウ (2) カ (3) オ

(4) エ (5) ア (6) イ

検討 (1)(6)塩酸や希硫酸に溶けないが, 硝酸に溶けるのは Cu と Ag。このとき生じる水溶液中の Cu^{2+} は青色, Ag^+ は無色である。

(2) AgBr は淡黄色の結晶で, 水に溶けないが, チオ硫酸ナトリウム水溶液によく溶ける。

$AgBr + 2Na_2S_2O_3$
$\longrightarrow Na_3[Ag(S_2O_3)_2] + NaBr$

(3) CuO は黒色の粉末で, 水に溶けないが, 塩基性酸化物なので酸に溶ける。

$CuO + H_2SO_4 \longrightarrow CuSO_4 + H_2O$

(4) Fe_2O_3 は赤褐色であり, 塩基性酸化物で, 酸と反応して黄褐色の Fe^{3+} の水溶液となる。

$Fe_2O_3 + 6HCl \longrightarrow 2FeCl_3 + 3H_2O$

(5) $Fe + H_2SO_4 \longrightarrow FeSO_4 + H_2\uparrow$

206

答 (1) A : Ag^+ B : Al^{3+} C : Cu^{2+} D : Fe^{3+}

(2) AgCl (3) $[Cu(NH_3)_4]^{2+}$

検討 ① $Ag^+ + Cl^- \longrightarrow AgCl\downarrow$

②③はじめの沈殿は②・③とも次のとおり。

$Fe^{3+} \xrightarrow{OH^-}$ 水酸化鉄(Ⅲ)（赤褐色），

$Cu^{2+} + 2OH^- \longrightarrow Cu(OH)_2\downarrow$（青白色），

$Al^{3+} + 3OH^- \longrightarrow Al(OH)_3\downarrow$（白色），

$2Ag^+ + 2OH^- \longrightarrow Ag_2O\downarrow$（褐色）$+ H_2O$

過剰の NaOH 水溶液で溶けるのは両性水酸
化物 ➡ $Al(OH)_3 + OH^- \longrightarrow [Al(OH)_4]^-$

過剰のアンモニア水で溶けるのは ➡

$Cu(OH)_2 + 4NH_3 \longrightarrow [Cu(NH_3)_4]^{2+} + 2OH^-$

$Ag_2O + 4NH_3 + H_2O$
$$\longrightarrow 2[Ag(NH_3)_2]^+ + 2OH^-$$

207

答　(1) イ　　(2) オ　　(3) エ　　(4) ア

検討　(1) $Cu^{2+} \xrightarrow{OH^-} Cu(OH)_2\downarrow$（青白色）
$$\xrightarrow{NH_3} [Cu(NH_3)_4]^{2+}$$（深青色）

(2) $Al_2(SO_4)_3 \longrightarrow 2Al^{3+} + 3SO_4{}^{2-}$ より，

$BaCl_2$ 水溶液 ➡ $Ba^{2+} + SO_4{}^{2-} \longrightarrow BaSO_4\downarrow$

NaOH 水溶液 ➡
$$Al^{3+} + 3OH^- \longrightarrow Al(OH)_3\downarrow$$

過剰で $Al(OH)_3 + OH^- \longrightarrow [Al(OH)_4]^-$

(3) 水酸化鉄(Ⅲ)は赤褐色，水酸化鉄(Ⅱ)は緑
白色。

(4) $Ag^+ \xrightarrow{OH^-} \underset{\text{褐色}}{Ag_2O\downarrow} \xrightarrow{NH_3} \underset{\text{無色}}{[Ag(NH_3)_2]^+}$

32 遷移元素とその化合物(2)

基本問題 •••••••••••••••• 本冊 *p.98*

208

答　① 2　　② 2　　③ 陽　　④ 両性

(a) $Zn + 2HCl \longrightarrow ZnCl_2 + H_2$

(b) $Zn + 2NaOH + 2H_2O$
$$\longrightarrow Na_2[Zn(OH)_4] + H_2$$

検討　単体の亜鉛 Zn，酸化亜鉛 ZnO，水酸化
亜鉛 $Zn(OH)_2$ はそれぞれ両性金属，両性酸化
物，両性水酸化物であり，塩酸との反応では
いずれも塩化亜鉛 $ZnCl_2$ を，水酸化ナトリウ
ム水溶液との反応ではいずれもテトラヒドロ
キシド亜鉛(Ⅱ)酸ナトリウム $Na_2[Zn(OH)_4]$
を生じて溶ける。

209

答　(1) B　　(2) A　　(3) C　　(4) C
(5) B

検討　(1) Al は 3 価の陽イオンになりやすい。

(2) Al や Fe，Ni は，濃硝酸には不動態となっ
て溶けない。

(4) Al_2O_3，ZnO はいずれも水に溶けない。

(5) アンモニア水を加えるとどちらも水酸化物
の沈殿を生じるが，過剰に加えると亜鉛から
生じた沈殿だけが溶ける。

 テスト対策

▶過剰量の NaOH 水溶液に溶解する沈殿
　➡ 両性水酸化物
　　$Al(OH)_3 \longrightarrow [Al(OH)_4]^-$
　　$Zn(OH)_2 \longrightarrow [Zn(OH)_4]^{2-}$
　　（$Sn(OH)_2$ や $Pb(OH)_2$ も溶解）

▶過剰量の NH₃ 水に溶解する沈殿
　➡ Zn，Cu の水酸化物，Ag の酸化物
　　$Zn(OH)_2 \longrightarrow [Zn(NH_3)_4]^{2+}$
　　$Cu(OH)_2 \longrightarrow [Cu(NH_3)_4]^{2+}$
　　$Ag_2O \longrightarrow [Ag(NH_3)_2]^+$

210

答　① Hg，水銀　　② W，タングステン
③ Pt，白金

検討　③ オストワルト法は硝酸の工業的製法で，
次の 3 段階からなる。

$4NH_3 + 5O_2 \xrightarrow{Pt} 4NO + 6H_2O$

$2NO + O_2 \longrightarrow 2NO_2$

$3NO_2 + H_2O \longrightarrow 2HNO_3 + NO$

応用問題 •••••••••••••••• 本冊 *p.99*

211

答　(1) ① 黄　　② 橙赤(赤橙)

(2) $2CrO_4{}^{2-} + 2H^+ \longrightarrow Cr_2O_7{}^{2-} + H_2O$

(3) Ag^+；Ag_2CrO_4，赤褐色(暗赤色)

Pb^{2+}；$PbCrO_4$，黄色

Ba^{2+}；$BaCrO_4$，黄色

検討 (2)クロム酸イオン $CrO_4{}^{2-}$ を含む水溶液を酸性にすると，二クロム酸イオン $Cr_2O_7{}^{2-}$ を生じる。

$$2CrO_4{}^{2-} + 2H^+ \longrightarrow Cr_2O_7{}^{2-} + H_2O$$

逆に，二クロム酸イオンを含む水溶液を塩基性にすると，クロム酸イオンを生じる。

$$Cr_2O_7{}^{2-} + 2OH^- \longrightarrow 2CrO_4{}^{2-} + H_2O$$

(3) $CrO_4{}^{2-}$ は，Ag^+，Pb^{2+}，Ba^{2+} と反応して沈殿を生じる。

⑫

答 (1) ZnO　(2) Cu_2O　(3) MnO_2

検討 (1)酸とも強塩基とも反応するのは両性酸化物の ZnO や酸化鉛(PbO，PbO_2 など)であるが，白色の粉末は ZnO。酸化鉛はいずれも有色の物質である。

(2)単体の銅を空気中で加熱すると，黒色の酸化銅(Ⅱ)CuO になる。さらに 1000℃以上で加熱すると，赤色の酸化銅(Ⅰ)Cu_2O になる。

(3)MnO_2 は，マンガン乾電池などの乾電池の正極活物質として用いられる。

33 金属イオンの分離と確認

基本問題 ●●●●●●●●●●●●●●●●●● 本冊 *p.100*

⑬

答 (1) イ　(2) ウ　(3) ア

検討 (1)$Ag^+ + Cl^- \longrightarrow AgCl\downarrow$

(2)$Cu^{2+} + S^{2-} \longrightarrow CuS\downarrow$ H_2S を通じたとき，Zn^{2+} は塩基性または中性溶液では沈殿するが，酸性溶液では沈殿しない。

(3)Fe^{3+} は赤褐色沈殿(水酸化鉄(Ⅲ))を生じる。Zn^{2+} は少量のアンモニア水で沈殿するが，過剰のアンモニア水には溶ける。

少量；$Zn^{2+} + 2OH^- \longrightarrow Zn(OH)_2\downarrow$

過剰；$Zn(OH)_2 + 4NH_3$
$$\longrightarrow [Zn(NH_3)_4]^{2+} + 2OH^-$$

テスト対策

▶**金属イオンの沈殿反応**

● Cl^- で沈殿 ⇨ $Ag^+(AgCl)$，$Pb^{2+}(PbCl_2)$

● H_2S で沈殿 ⇨ ①つねに(酸性でも)；
　$Cu^{2+}(CuS)$，$Pb^{2+}(PbS)$，$Ag^+(Ag_2S)$
　②塩基性で；$Zn^{2+}(ZnS)$，$Fe^{2+}(FeS)$

⑭

答 (1) イ　(2) エ　(3) ア

検討 (1)どちらも塩酸に溶けるが，NaOH 水溶液には両性水酸化物である $Al(OH)_3$ のみ溶ける。

$$Al(OH)_3 + OH^- \longrightarrow [Al(OH)_4]^-$$

(2)どちらも塩酸に溶け，また，どちらも両性水酸化物であるから NaOH 水溶液に溶けるが，アンモニア水には亜鉛の水酸化物のみ溶ける。

$$Zn(OH)_2 + 4NH_3$$
$$\longrightarrow [Zn(NH_3)_4]^{2+} + 2OH^-$$

(3)$PbCl_2$ は熱湯に溶ける。なお，AgCl はアンモニア水に溶ける。

テスト対策

▶**金属の水酸化物の反応**

● 金属の水酸化物 ⇨ 酸に溶ける。

● 両性水酸化物 ⇨ NaOH 水溶液に溶ける。

● Zn，Cu の水酸化物 ⇨ NH_3 水に溶ける。

⑮

答 (1) ウ　(2) オ　(3) ア
(4) エ　(5) イ

検討 (1)アンモニア水を加えると，
$$Ag^+ \longrightarrow \underset{褐色}{Ag_2O\downarrow} \longrightarrow \underset{無色の溶液}{[Ag(NH_3)_2]^+}$$

(2)過剰のアンモニア水を加えると，
$$Cu^{2+} \longrightarrow [Cu(NH_3)_4]^{2+}(深青色)$$

(3)水酸化ナトリウム水溶液を加えると，
$$Fe^{3+} \longrightarrow 水酸化鉄(Ⅲ)(赤褐色)$$

(4)$Zn^{2+} + S^{2-} \longrightarrow ZnS\downarrow(白色)$

(5)Ca は橙赤色の炎色反応を示す。

 テスト対策

▶**金属イオンの検出**

● 過剰のアンモニア水で**深青色溶液**
　　　⇨ $Cu^{2+}([Cu(NH_3)_4]^{2+})$

● NaOH 溶液・アンモニア水で**赤褐色沈殿**
　　　⇨ Fe^{3+}（水酸化鉄（Ⅲ）。1つの化
　　　　学式で表せない。）

● H_2S を通じると**白色沈殿** ⇨ $Zn^{2+}(ZnS)$

応用問題 •••••••••••••• 本冊 *p.101*

㉒⓺

答 (1) 煮沸することによって，溶液中の
H_2S を追い出し，H_2S の還元性によって Fe^{3+}
が Fe^{2+} となったのを酸化剤である硝酸によっ
て Fe^{3+} に戻すため。

(2) **A**；$PbCl_2$　　　**B**；CuS

(3) ① クロム酸カリウム　② アンモニア
③ ヘキサシアニド鉄（Ⅱ）酸カリウム

検討 (2)沈殿 A；$Pb^{2+} + 2Cl^- \longrightarrow PbCl_2\downarrow$
沈殿 B；$Cu^{2+} + S^{2-} \longrightarrow CuS\downarrow$

(3)① $Pb^{2+} + CrO_4^{2-} \longrightarrow PbCrO_4\downarrow$（黄色）

② $CuS + 2HNO_3 \longrightarrow Cu(NO_3)_2 + H_2S$
　$Cu^{2+} + 4NH_3 \longrightarrow [Cu(NH_3)_4]^{2+}$（深青色）

③ 水酸化鉄（Ⅲ）$\xrightarrow{HCl} FeCl_3$
　Fe^{3+} は $K_4[Fe(CN)_6]$ によって濃青色沈殿。

---

34 金属

基本問題 •••••••••••••• 本冊 *p.102*

㉒⓻

答 ① ウ　② エ　③ ア　④ イ

検討 ①金 Au はイオン化傾向が小さいので，
空気中で酸化されにくく，安定している。

②銅 Cu は，湿った空気中に長く放置すると，
緑色の緑青(ろくしょう)が生じる。なお，緑青は銅のさび
で，主成分は $CuCO_3\cdot Cu(OH)_2$ である。

③アルミニウム Al は，表面に緻密な酸化物

Al_2O_3 が生じて，内部を保護する。

④鉄 Fe の赤さびは表面から内部へ進行する。

㉒⓼

答 (1) アルミニウム　　(2) 硫化銅（Ⅰ）
(3) 粗銅　　(4) 純銅

検討 (1)アルミニウムを製錬する際に氷晶石を
加えるのは，融点が2000℃以上のアルミナ
が，1000℃程度で電気分解できるようにな
るためである。

(2)黄銅鉱 $CuFeS_2$，けい砂，コークス，石灰
石を溶鉱炉に入れて，熱風を送りながら反応
させると，硫化銅（Ⅰ）Cu_2S が得られる。

　$4CuFeS_2 + 9O_2$
　　　　　$\longrightarrow 2Cu_2S + 2Fe_2O_3 + 6SO_2$

(3)硫化銅（Ⅰ）を転炉に入れて，熱風を送りな
がら燃焼させると粗銅が得られる。

　$Cu_2S + O_2 \longrightarrow 2Cu + SO_2$

(4)粗銅板を陽極，純銅板を陰極として，硫酸
銅（Ⅱ）水溶液中で電解精錬すると，純銅が陰
極に析出する。

㉒⓽

答 ① エ　② イ　③ ア　④ ウ

検討 ①ジュラルミンは，Al に少量の Cu や
Mg, Mn を加えた合金で，軽くて強いので，
航空機の機体に用いられる。

②青銅は，Cu と Sn からなる合金で，適度
に融点が低く，型に流して加工しやすいので，
銅像などに用いられる。

③ステンレス鋼は，Fe に Cr, Ni, C を加え
た合金で，さびにくく，台所用品などに用い
られる。

④黄銅は，しんちゅうともよばれ，黄金色で
美しく，加工しやすいことから，古くから装
飾品や楽器，美術品に用いられてきた。

応用問題 •••••••••••••• 本冊 *p.103*

㉒⓿

答 ① エ　　② イ

検討 ①イオン化傾向の大きい Li, K, Ca,

Na，Mg，Al の製錬は，溶融塩電解による。
②イオン化傾向が①の次に大きい Zn，Fe，Ni，Sn，Pb の製錬は，酸化物をコークスなどの還元剤で還元する方法。

㉑

答　(1) Fe　　(2) Al　　(3) Cu
(4) CO　　(5) C

検討　(1)ステンレス鋼は，鉄のさびる欠点をなくした合金である。
(2)ジュラルミンは，軽金属であるアルミニウムを機械的に強くした合金である。
(3)しんちゅうは黄銅ともいい，銅と亜鉛の合金である。また，ブロンズは青銅ともいい，銅とスズの合金である。
(4)$Fe_2O_3 + 3CO \longrightarrow 2Fe + 3CO_2$
(5)銑鉄は炭素を約4％含む。

 テスト対策

▶おもな合金の成分元素
　●黄銅；Cu に Zn
　●青銅；Cu に Sn
　●ジュラルミン；Al に Cu，Mg，Mn
　●ステンレス鋼；Fe に Cr，Ni，C

35 有機化合物の分析

基本問題 •••••••••••••••• 本冊 *p.105*

㉒

答　組成式；CH_2O　　分子式；$C_2H_4O_2$

検討　C = 40.0 %，H = 6.6 %，O = 53.4 % なので，原子数の比は，

$$C : H : O = \frac{40.0}{12} : \frac{6.6}{1.0} : \frac{53.4}{16}$$

$$= 3.33\cdots : 6.6 : 3.33\cdots \fallingdotseq 1 : 2 : 1$$

組成式は CH_2O　式量30，分子量60なので，
　$30 \times n = 60$　　∴ $n = 2$
よって，分子式は，$C_2H_4O_2$

 テスト対策

▶試料中の C，H，O の質量を p〔mg〕，q〔mg〕，r〔mg〕，または質量％をそれぞれ p'〔%〕，q'〔%〕，r'〔%〕とすると，

原子数比　$C : H : O = \dfrac{p}{12} : \dfrac{q}{1.0} : \dfrac{r}{16}$
$= \dfrac{p'}{12} : \dfrac{q'}{1.0} : \dfrac{r'}{16}$

㉓

答　組成式；C_3H_8　　分子量；44.0
　　分子式；C_3H_8

検討　$C : H = \dfrac{81.82}{12.0} : \dfrac{18.18}{1.00} = 6.81\cdots : 18.18$
$\fallingdotseq 3 : 8$

よって，組成式は，C_3H_8（式量 = 44.0）
また，この気体の分子量は，
　$1.964 \, g/L \times 22.4 \, L/mol \fallingdotseq 44.0 \, g/mol$
式量と分子量が一致するので，分子式 C_3H_8

応用問題 •••••••••••••• 本冊 *p.105*

㉔

答　C_4H_6

検討　塩化カルシウム管，ソーダ石灰管の増加量は，生成した水および二酸化炭素の質量にあたる。分子量は $CO_2 = 44.0$，$H_2O = 18.0$ より，

　C の質量 $= 1.760 \, g \times \dfrac{12.0}{44.0} = 0.480 \, g$

　H の質量 $= 0.540 \, g \times \dfrac{2 \times 1.0}{18.0} = 0.060 \, g$

　原子数比　$C : H = \dfrac{0.480}{12.0} : \dfrac{0.060}{1.0} = 2 : 3$

よって，組成式は C_2H_3（式量；$C_2H_3 = 27.0$）
分子量54.0より，
　$27.0 \times n = 54.0$　　∴ $n = 2$
したがって，分子式は，C_4H_6

㉕

答　C_2H_4

検討　反応後の物質は，CO_2，O_2，H_2O であり，H_2O を取り除いた $CO_2 + O_2$ の体積 = 6.72 L，

さらに CO_2 を取り除いた O_2 の体積 = 4.48 L。
したがって，生成した CO_2 は，

　6.72 L − 4.48 L = 2.24 L

反応した O_2 は，7.84 L − 4.48 L = 3.36 L
また，反応した炭化水素は，1.12 L なので，

　炭化水素：O_2：CO_2 = 1.12：3.36：2.24
　　　　　　　　　　　　　= 1：3：2

の気体の体積の割合で反応しているので，炭化水素を C_xH_y とすると，

$$C_xH_y + 3O_2 \longrightarrow 2CO_2 + \frac{y}{2}H_2O$$

と反応式が書ける。よって，

$$\begin{cases} \text{C について}　x = 2, \\ \text{O について}　3 \times 2 = 2 \times 2 + \dfrac{y}{2}　\therefore y = 4 \end{cases}$$

分子式は，C_2H_4

36　脂肪族炭化水素

基本問題 ●●●●●●●●●●●● 本冊 *p.107*

226

答　① アルカン　② アルキン
③ アルケン　④ アルカン
⑤ シクロアルカン　⑥ アルケン

脱色するもの；②，③，⑥

検討　一般式　アルカン；C_nH_{2n+2}，
アルケン；C_nH_{2n}，アルキン；C_nH_{2n-2}
シクロアルカン；C_nH_{2n}
二重結合，三重結合の不飽和結合は，臭素と付加反応を起こす。このとき，臭素水の赤褐色が脱色される。

$$CH_2 = CH_2 + Br_2 \longrightarrow CH_2BrCH_2Br$$
　　　　赤褐色　　　　　　　　無色

✐テスト対策

▶不飽和結合の検出

　二重結合，三重結合は，臭素と付加反応を起こし，臭素水の赤褐色を脱色する。⇨
二重結合，三重結合の検出反応として利用。

$$CH_2 = CH_2 + Br_2 \longrightarrow CH_2BrCH_2Br$$
　　　　赤褐色　　　　　　　　無色

227

答　① $CH_4 + Cl_2 \longrightarrow CH_3Cl + HCl$

② $CH_2 = CHCH_3 + Br_2$
　　　　　　$\longrightarrow CH_2Br - CHBr - CH_3$

③ $C_2H_5OH \longrightarrow C_2H_4 + H_2O$

④ $C_2H_2 + HCl \longrightarrow CH_2 = CHCl$

⑤ $CaC_2 + 2H_2O \longrightarrow C_2H_2 + Ca(OH)_2$

検討　①メタンと塩素の混合物に光を照射すると，次のように次々と置換反応を起こす。

$$CH_4 \xrightarrow{Cl_2} CH_3Cl \xrightarrow{Cl_2} CH_2Cl_2$$
$$\xrightarrow{Cl_2} CHCl_3 \xrightarrow{Cl_2} CCl_4$$

③分子内で脱水が起こり，エテン（エチレン）が生成。
④アセチレン（エチン）は，HCl，CH_3COOH と付加反応をして，ビニル化合物をつくる。

$$CH \equiv CH + HCl \longrightarrow CH_2 = CHCl$$
　　　　　　　　　　　　　　　　　塩化ビニル

228

答　C_nH_{2n-2}

検討　二重結合を含まないアルカンの一般式は C_nH_{2n+2} で，二重結合1つ含むごとに H が2個減少するので，求める一般式は，C_nH_{2n-2}

229

答　① アルケン　② ナフサ（粗製ガソリン）
③ 同一平面　④ 赤褐　⑤ 付加

検討　②石油の分留成分であるナフサは，エテン（エチレン）などのアルケン，アセチレン（エチン）などのアルキンの原料として利用されている。

230

答　これ以降，構造式は，略式で示す。

① $CH_3 - CH_2 - CH_2 - CH_2 - CH_3$

$CH_3 - CH - CH_2 - CH_3$
　　　　$|$
　　　CH_3

$$\begin{array}{c} CH_3 \\ | \\ CH_3 - C - CH_3 \\ | \\ CH_3 \end{array}$$

② $CHCl_2 - CH_2 - CH_3$　$CH_3 - CCl_2 - CH_3$

$CH_2Cl - CHCl - CH_3$

$CH_2Cl - CH_2 - CH_2Cl$

検討 ① C_nH_{2n+2}にあてはまるので，アルカン。主鎖（最も長い炭素鎖）の炭素数の多いものから少ないものの順で書く。
なお， C−C−C−C−C　C−C−C

などは同じ炭素骨格である。
②プロパン C_3H_8 の二塩素置換体。
$CHCl_2-CH_2-CH_3$ と $CH_3-CH_2-CHCl_2$
また， $CH_2Cl-CHCl-CH_3$ と
$CH_3-CHCl-CH_2Cl$ は，同じ物質である。

231

答 ① H₂C−CH₂
H₂C−CH₂

H₂
C
H₂C−CH−CH₃

② $CH_2=CH-CH_2-CH_3$

$CH_2=C-CH_3$
　　　|
　　　CH_3

検討 ①シクロアルカンなので，飽和の環構造を1つもつ化合物。
②次の(ア)と(イ)の場合がある。
(ア)主鎖 C_4（C原子4個）。二重結合の位置により，二種類の構造異性体が存在する。そのうち $CH_3-CH=CH-CH_3$ には，シス−トランス異性体が存在する。
(イ)主鎖 C_3（C原子3個）。1種類が存在。

応用問題 ●●●●●●●●●●●●●●●● **本冊 p.109**

232

答 2

検討 アルケン C_nH_{2n}（分子量 $12n+2n=14n$）に臭素が反応すると，$C_nH_{2n}Br_2$（分子量 $14n+160$）になる。これらの質量の関係は，
$$C_nH_{2n} + Br_2 \longrightarrow C_nH_{2n}Br_2$$
$14n\,g$　　　　　　$(14n+160)\,g$
$5.60\,g$　　　　　　$37.6\,g$

よって，$\dfrac{14n}{5.60}=\dfrac{14n+160}{37.6}$
$\therefore n=2$

233

答 11

検討 炭素数40のアルカンは，$C_{40}H_{40\times2+2}=C_{40}H_{82}$ で，Hが82個ある。アルカンから1つの二重結合または，1つの環構造が形成されると，Hが2個減少する。この色素 $C_{40}H_{56}$ は，アルカンより $82-56=26$ 個のHが少ないので，二重結合と環構造を合わせて，$\dfrac{26}{2}=13$ 個もつことがわかる。この色素は両端に2個の環構造をもつので，二重結合の数は，$13-2=11$ 個である。

234

答 $CH_2=CH-CH_2-CH_2-CH_3$

$CH_2=CH-CH-CH_3$
　　　　　　|
　　　　　CH_3

$CH_2=C-CH_2-CH_3$
　　　|
　　CH_3

$CH_3-C=CH-CH_3$
　　　|
　　CH_3

検討 臭素水を脱色するので C_5H_{10} は二重結合を1つもつアルケンで，次の(ア)と(イ)の場合がある。
(ア)主鎖 C_5。二重結合の位置により，2種類の構造異性体が存在する。そのうち，
　$CH_3-CH=CH-CH_2-CH_3$ はシス−トランス異性体が存在する。
(イ)主鎖 C_4。3種類が存在。

235

答 (1) ① アセチレン（エチン）$CH\equiv CH$
② エテン（エチレン）$CH_2=CH_2$
③ エタン CH_3CH_3
④ ビニルアルコール $CH_2=CH$
　　　　　　　　　　　　　　　|
　　　　　　　　　　　　　　OH

⑤ アセトアルデヒド

$$CH_3 - C \begin{matrix} O \\ \\ H \end{matrix}$$

⑥ 塩化ビニル $CH_2 = CHCl$

⑦ 酢酸ビニル $CH_2 = CHOCOCH_3$

⑧ ポリ塩化ビニル $\left[\begin{matrix} CH_2 - CH \\ | \\ Cl \end{matrix} \right]_n$

⑨ ポリ酢酸ビニル $\left[\begin{matrix} CH_2 - CH \\ | \\ OCOCH_3 \end{matrix} \right]_n$

⑩ ベンゼン

(2) $CaC_2 + 2H_2O \longrightarrow Ca(OH)_2 + C_2H_2$

検討 ⑥⑦⑧⑨ビニル化合物は，適当な触媒を用いると，付加重合が起こる。

$$CH_2 = CH \atop | \atop Cl \quad \longrightarrow \quad \left[CH_2 - CH \atop \ \ \ | \atop \ \ \ Cl \right]_n$$
塩化ビニル　　　　　　　ポリ塩化ビニル

$$CH_2 = CH \atop | \atop OCOCH_3 \quad \longrightarrow \quad \left[CH_2 - CH \atop \ \ \ | \atop \ \ \ OCOCH_3 \right]_n$$
酢酸ビニル　　　　　　　ポリ酢酸ビニル

---

37 アルコールとアルデヒド・ケトン

基本問題 •••••••••••••••••• 本冊 p.111

236
答 ① ヒドロキシ　② 第一級
③ 第二級　④ 第三級　⑤ 還元
⑥ 銀　⑦ 銀鏡　⑧ 酸化銅（Ⅰ）

検討 第一級アルコールは，酸化されてアルデヒドに，第二級アルコールは，酸化されてケトンになる。第三級アルコールは，酸化されにくい。
アルデヒドは還元性を有し，銀鏡反応を呈し，フェーリング液を還元するが，ケトンには還元性はない。

 テスト対策

▶アルコールの酸化
第一級アルコール ⇨ 酸化され ⇨ アルデヒド
第二級アルコール ⇨ 酸化され ⇨ ケトン
第三級アルコール ⇨ 酸化されにくい。

237
答 第一級：ア，ウ，エ，オ　第二級；イ
第三級；カ，キ

検討 ヒドロキシ基が結合している炭素に，炭化水素基が0または1個結合しているアルコールが第一級アルコール，2個結合しているものが第二級アルコール，3個結合しているものが第三級アルコールである。

ア $CH_3CH_2CH_2OH$　　イ $CH_3 - CH - CH_3 \atop \ \ \ \ \ \ \ | \atop \ \ \ \ \ \ \ OH$

ウ CH_3OH（炭化水素基0個）

エ CH_3CH_2OH　　オ $\begin{matrix} CH_3 \\ \\ CH_3 \end{matrix} \Big\rangle CHCH_2OH$

カ $\begin{matrix} CH_3 \\ | \\ CH_3 - C - CH_3 \\ | \\ OH \end{matrix}$　　キ $\begin{matrix} CH_3 \\ | \\ CH_3 - C - CH_2 - CH_3 \\ | \\ OH \end{matrix}$

238
答 (1) ウ　(2) カ　(3) ア　(4) エ

検討 (1)グリセリン $C_3H_5(OH)_3$
　-OH 基を3個もつのが3価アルコール。
(2) $C_2H_5OH \longrightarrow CH_3CHO$
　　エタノール　　　　アセトアルデヒド
(3)エチレングリコール $C_2H_4(OH)_2$
　-OH 基を2個もつのが2価アルコール。
(4)
$\begin{matrix} CH_3 \\ \\ CH_3 \end{matrix} \Big\rangle CHOH \longrightarrow \begin{matrix} CH_3 \\ \\ CH_3 \end{matrix} \Big\rangle C = O$
　　2-プロパノール　　　　　アセトン

239
答 ア，ウ，キ

検討 アルデヒドが銀鏡反応を示す。

240
答 イ，ウ，オ，カ

アセチル基 CH₃CO- をもつアルデヒド
とケトンおよび CH₃CH(OH)- の部分構造を
もつアルコールが，ヨードホルム反応を示す。

241

答　(1) CH₃OH + CuO

$$\longrightarrow HCHO + Cu + H_2O$$

(2) $2C_2H_5OH \longrightarrow C_2H_5OC_2H_5 + H_2O$

(3) $C_2H_5OH \longrightarrow C_2H_4 + H_2O$

(4) $(CH_3COO)_2Ca$

$$\longrightarrow CH_3COCH_3 + CaCO_3$$

(5) $2C_2H_5OH + 2Na \longrightarrow 2C_2H_5ONa + H_2$

 (2)(3)エタノールと濃硫酸の混合物を約
130℃(低温)で加熱すると，分子間で脱水反
応が起こり，$C_2H_5OC_2H_5$ が生成する。一方，
約170℃(高温)で加熱すると，分子内で脱水
反応が起こり，C_2H_4 を生成する。

242

答　(1) **A**：CH₃-CH₂-CH₂-OH

　　　1-プロパノール

B：CH₃-CH-CH₃　　2-プロパノール
　　　　　|
　　　　　OH

C：CH₃-CH₂-O-CH₃

　　　エチルメチルエーテル

D：CH₃-CH₂-CHO　プロピオンアルデヒド

E：CH₃-CO-CH₃　　アセトン

(2) **B** と **E**

 C_3H_8O はアルコールかエーテル。

A，**B** ── Na で H₂ 発生 ── アルコール

C ── Na で H₂ 発生せず ── エーテル

C は，CH₃-CH₂-O-CH₃

A を酸化すると，銀鏡反応を呈する **D** が生成
することから，**A** は第一級アルコール，**D** はア
ルデヒド。**B** は第二級アルコール，**E** はケトン。

$$\underset{A}{CH_3-CH_2-CH_2-OH} + (O)$$

$$\longrightarrow \underset{D}{CH_3-CH_2-CHO} + H_2O$$

$$\underset{B}{\overset{CH_3}{\underset{CH_3}{}}CHOH} \longrightarrow \underset{E}{\overset{CH_3}{\underset{CH_3}{}}C=O}$$

B は CH₃CH(OH)- の部分構造をもち，**E** に
はアセチル基 CH₃CO- があるので，それぞ
れヨードホルム反応を呈する。

📝 **テスト対策**

▶ $C_nH_{2n+2}O$ には，アルコールとエーテル
の異性体がある。

応用問題 •••••••••• 本冊 *p.113*

243

答　イ，ウ

 ア…正：$CO + 2H_2 \longrightarrow CH_3OH$

イ…誤：水溶液は中性である。

ウ…誤：エタンではなく，C_2H_5ONa と H₂ が
生成。

エ…正：第二級アルコールの2-ブタノールは，
第三級アルコールの2-メチル-2-ブタノール
より酸化されやすい。

オ…正：CH₃CH(OH)- の部分構造をもつ。

244

答　① C　　② A　　③ B　　④ A　　⑤ C

 ②金属ナトリウムと反応して水素を発生
するのは，アルコールであるエタノール。

③アルデヒドは還元性をもつ。

④エタノールが分子内で脱水して，エテン
(エチレン)が生成する。

245

答　(1) CH₃-CH₂-CH₂-CH₂-OH

　　　　　　　CH₃
　　　　　　　|
　　　CH₃-CH-CH₂-OH

(2) CH₃-CH-CH₂-CH₃
　　　　　|
　　　　　OH

(3)
　　　　　　CH₃
　　　　　　|
　　　CH₃-C-OH
　　　　　　|
　　　　　　CH₃

(4) CH₃-O-CH₂-CH₂-CH₃　　　　　CH₃
　　CH₃-CH₂-O-CH₂-CH₃　　CH₃-OCH
　　　　　　　　　　　　　　　　|
　　　　　　　　　　　　　　　　CH₃

 分子式が $C_4H_{10}O$ で表される化合物には，

アルコールとエーテルがあり, アルコール4種類, エーテル3種類の計7種類の異性体が存在する。

(1) Naと反応し, 酸化されるとアルデヒドを生じるので, 第一級アルコール。全部で2種類。

(2) Naと反応し, 酸化されるとケトンを生じるので, 第二級アルコール。

(3) Naと反応し, 酸化されにくいので, 第三級アルコール。

(4) Naと反応しないのでエーテル。全部で3種類。

38 カルボン酸とエステル

基本問題 ●●●●●●●●●●●● 本冊 p.114

㉔⑥

答 (1) ウ (2) オ (3) ア (4) イ
(5) エ

検討 (1)ギ酸は液体で, ホルミル基をもち, 還元性を示す。

ホルミル基

(2)乳酸。*Cは不斉炭素原子で, 鏡像異性体をもつ。

(4)ステアリン酸 $C_{17}H_{35}COOH$
高級脂肪酸は, 水に溶けにくい。

㉔⑦

答 ① エステル(酢酸エチル)
② CH_3COOH ③ C_2H_5OH
④ $CH_3COOC_2H_5$ ⑤ エステル化
⑥ 酢酸ナトリウム ⑦ けん化

検討 カルボン酸とアルコールから水がとれる反応によってできる芳香のある化合物を**エステル**という。

$$R^1COOH + R^2OH \longrightarrow R^1COOR^2 + H_2O$$
カルボン酸 アルコール エステル

⑥化学反応式は以下のとおり。

$CH_3COOC_2H_5$ + NaOH
$\longrightarrow CH_3COONa + C_2H_5OH$

㉔⑧

答 (1) ギ酸エチル
$HCOOC_2H_5$ + NaOH
$\longrightarrow HCOONa + C_2H_5OH$

(2) 酢酸メチル
CH_3COOCH_3 + NaOH
$\longrightarrow CH_3COONa + CH_3OH$

(3) 酢酸エチル
$CH_3COOC_2H_5$ + NaOH
$\longrightarrow CH_3COONa + C_2H_5OH$

検討 エステルを NaOH 水溶液と加熱すると, カルボン酸の塩とアルコールに分解する。この反応を**けん化**という。

㉔⑨

答 イ, ウ, オ

検討 4つの異なる原子あるいは原子団が結合した炭素原子を**不斉炭素原子**といい, 不斉炭素原子をもつ化合物には, **鏡像異性体が存在**する。イ, ウは左から2番目, オは一番左の炭素原子が不斉炭素原子である。

㉕⓪

答 カルボン酸; $CH_3-CH_2-CH_2-COOH$

$$CH_3-\overset{\displaystyle CH_3}{\underset{\displaystyle H}{C}}-COOH$$

エステル; $CH_3-CH_2-COO-CH_3$
$CH_3-COO-CH_2-CH_3$
$HCOO-CH_2-CH_2-CH_3$

$$HCOO-\overset{\displaystyle CH_3}{\underset{\displaystyle H}{C}}-CH_3$$

検討 カルボン酸; C_3H_7COOH において, C_3H_7-基には, $CH_3CH_2CH_2-$ と $(CH_3)_2CH-$ の2つがあるから, $CH_3CH_2CH_2-COOH$ と $(CH_3)_2CH-COOH$ の2種類。

エステル; まず, $CH_3CH_2COOCH_3$, $CH_3COOCH_2CH_3$ の2種類。

$HCOOC_3H_7$ で表されるものは, カルボン酸と同様, $HCOOCH_2CH_2CH_3$ と $HCOOCH(CH_3)_2$ の2種類があるから, エステルは計4種類。

テスト対策

▶ $C_nH_{2n}O_2$ は，カルボン酸とエステルが重要。

応用問題 ●●●●●●●●●●●●●● 本冊 *p.115*

251

答 A：ア　　B：オ　　C：イ　　D：エ
E：ウ

① シス-トランス（幾何）　　② シス
③ 不斉　　④ 鏡像（光学）

検討 (1) A は，1価のカルボン酸で還元性があるので，ギ酸。B は，酢酸か乳酸。
(2) C と D は2価であるので，マレイン酸かフマル酸。C は酸無水物をつくるので，シス形のマレイン酸。よって，D はフマル酸。

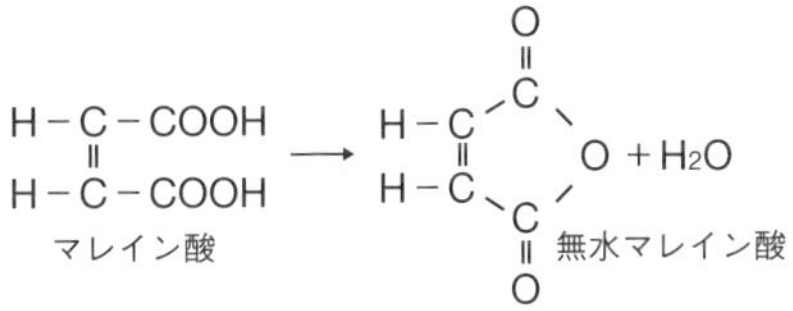

$$
\begin{array}{c}
H-C-COOH \\
\parallel \\
H-C-COOH
\end{array}
\longrightarrow
\begin{array}{c}
H-C \\[-2pt]
\parallel \\
H-C
\end{array}
\begin{array}{c}
O \\ \big\| \\ C \\ \\ C \\ \big\| \\ O
\end{array}
O + H_2O
$$

マレイン酸　　　　　　　　無水マレイン酸

(3) E はヒドロキシ基をもつので，乳酸。乳酸は図のように，不斉炭素原子（＊で示してある）をもち，鏡像異性体が存在する。したがって，B は酢酸。

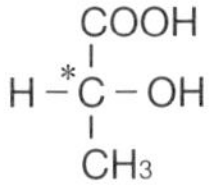

$$
\begin{array}{c}
COOH \\
H-\overset{*}{C}-OH \\
CH_3
\end{array}
$$

252

答 (1) イ, (c)　(2) ウ, (e)　(3) エ, (b)
(4) ア, (a)　(5) オ, (d)　(6) カ, (f)

検討 (a) $2R-OH \longrightarrow R-O-R + H_2O$
(b) 還元作用を示すのは，アルデヒド $R-CHO$
(c) $R-CHO + (O) \longrightarrow R-COOH$
(d) $R^1-COOH + R^2-OH \longrightarrow R^1-COO-R^2 + H_2O$
(e) $2R-OH + 2Na \longrightarrow 2R-ONa + H_2$
(f)
$$
\begin{array}{c}
R^1 \\ \diagdown \\ \diagup \\ R^2
\end{array}
CHOH
\longrightarrow
\begin{array}{c}
R^1 \\ \diagdown \\ \diagup \\ R^2
\end{array}
C=O
$$

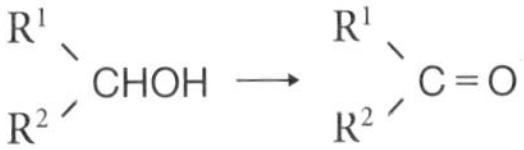

253

答 A：
$$
\begin{array}{c}
CH_3 \\
HCOO-C-CH_3 \\
H
\end{array}
$$

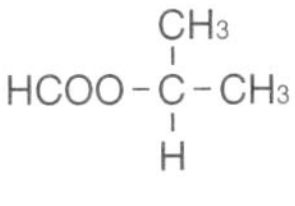

B：$HCOO-CH_2-CH_2-CH_3$
C：$CH_3-CH_2-COO-CH_3$
D：$CH_3-COO-CH_2-CH_3$

検討 A $\longrightarrow$ E + F　　B $\longrightarrow$ E + G
C $\longrightarrow$ H + I　　D $\longrightarrow$ J + K

E, H, J は酸性なのでカルボン酸，E は還元性を示すので，ギ酸 HCOOH。F, G, I, K は中性なのでアルコールである。F と G は炭素数から C_3H_7OH。F はヨードホルム反応を示すから，$CH_3CH(OH)CH_3$

$$
\begin{array}{c}
CH_3 \\
\end{array}
$$
よって，A は $HCOO-\overset{\displaystyle CH_3}{\underset{}{C}}-CH_3$

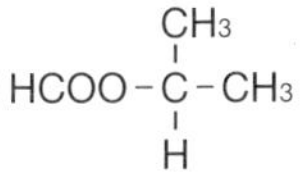

また，G は $CH_3CH_2CH_2OH$ であり，B は $HCOOCH_2CH_2CH_3$
K はヨードホルム反応を示すので，CH_3CH_2OH となり，J は CH_3COOH
よって，D は，$CH_3COOCH_2CH_3$
以上より，H は CH_3CH_2COOH，I は CH_3OH で，C は，$CH_3CH_2COOCH_3$

254

答 (1) A：CH_3-CH_2-COOH
B：$HCOO-CH_2-CH_3$
C：$CH_3-COO-CH_3$　(2) D

検討 (1) $C_3H_6O_2$ は，$C_nH_{2n}O_2$ で表されるので，カルボン酸とエステルが考えられる。A は，酸性を示すのでカルボン酸で，CH_3CH_2COOH
B → D のナトリウム塩 + E,
C → F のナトリウム塩 + G
B と C は，NaOH で分解されるので，エステルであり，CH_3COOCH_3 と $HCOOCH_2CH_3$ のいずれかである。E はヨードホルム反応を示すので，CH_3CH_2OH で，したがって，分解生成物 E を含む B は，$HCOOCH_2CH_3$ である。よって，C は，CH_3COOCH_3
(2) D ～ G のうち，銀鏡反応を呈するのは，D のギ酸（HCOOH）。

39 油脂とセッケン

基本問題 •••••••••••••••• 本冊 *p.117*

255

答 ① 高級脂肪酸　② 3
③ エステル　④ 不飽和脂肪酸
⑤ 液　⑥ 固　⑦ 脂肪油　⑧ 脂肪
⑨ 水素　⑩ 硬化油　⑪ けん化
⑫ 3

検討 高級脂肪酸とグリセリンのエステルを油脂という。
脂肪 ➡ 常温で固体の油脂。飽和脂肪酸を多く含む。
脂肪油 ➡ 常温で液体の油脂。不飽和脂肪酸を多く含む。
硬化油 ➡ 液体の油脂に水素を付加して，固体とした油脂。
油脂を NaOH などで，高級脂肪酸の塩とグリセリンに分解する反応を**けん化**という。

256

答 油脂の示性式：

$\begin{array}{l} CH_2OCOC_{17}H_{35} \\ CHOCOC_{17}H_{35} \\ CH_2OCOC_{17}H_{35} \end{array}$ または $\begin{array}{l} C_{17}H_{35}COOCH_2 \\ C_{17}H_{35}COOCH \\ C_{17}H_{35}COOCH_2 \end{array}$

化学反応式；$\begin{array}{l} CH_2OCOC_{17}H_{35} \\ CHOCOC_{17}H_{35} + 3NaOH \\ CH_2OCOC_{17}H_{35} \end{array}$

$\longrightarrow 3C_{17}H_{35}COONa + C_3H_5(OH)_3$

検討 油脂1分子中には3個のエステル結合があり，油脂1mol をけん化するのに，NaOH 3mol を要する。

📝 **テスト対策**

▶**油脂のけん化**
油脂：NaOH = 1mol：3mol

257

答 (1) 3個　(2) 2×10^2 L

検討 (1)アルカン C_nH_{2n+2} の H 1個を -COOH 基で置き換えた化合物が，飽和脂肪酸で，その一般式は，$C_nH_{2n+1}COOH$ である。リノレン酸 $C_{17}H_{29}COOH$ は飽和脂肪酸のステアリン酸 $C_{17}H_{35}COOH$ より，H が6個少ないので，リノレン酸1分子中，3個の二重結合がある。
(2)この油脂はリノレン酸3分子からなるので，油脂1分子中に9個の二重結合を含む。したがって，油脂1mol には9mol の水素が付加する。よって，9mol×22.4L/mol = 201.6L

258

答 (1) **189mg**　(2) **878**

検討 (1)油脂：KOH = 1mol：3mol で反応するので，油脂890g と KOH 3×56.0g とが反応する。この油脂1.00g と反応する KOH を x [g] とすると，
　890g：3×56.0g = 1.00g：x
　∴ $x = 0.1887\cdots$ g ≒ 189mg
(2)この油脂の分子量を M とすると，油脂 M g と 3×56.0g の KOH とが反応するので，
　M g：3×56.0g = 8.00g：1.53g
　∴ $M = 878.4\cdots$ ≒ 878

259

答 ① 高級脂肪酸　② 疎水（親油）
③ 親水　④ 弱塩基　⑤ 硬

検討 セッケンは，疎水基の炭化水素基部分と親水基の -COO⁻ の部分からなる。
セッケンの欠点；(1)水溶液は弱塩基性を示し，動物繊維の洗浄には不向き。
(2)Ca^{2+}，Mg^{2+} と難溶性の塩をつくるため，硬水での使用はできない。

260

答 (1) B　(2) A　(3) C　(4) A
(5) C

検討 セッケンも合成洗剤も疎水基の炭化水素基と親水基をもち，ともに洗浄作用を有する。セッケンは弱酸と強塩基の塩であり，水溶液

は塩基性を示す。合成洗剤は強酸と強塩基の塩であり，水溶液は中性を示す。

応用問題 •••••••••••••• 本冊 *p.119*

答 (1) 8.4×10^2　(2) 15 g

検討 (1)油脂 A と反応した KOH は，0.50 mol/L 水酸化カリウム水溶液 10 mL に相当する分である。

油脂：KOH＝1：3 の物質量比で反応するので，油脂のモル質量を M〔g/mol〕とすると，

$$\frac{1.4\,g}{M} : 0.50 \times \frac{10}{1000}\,mol = 1 : 3$$

　∴ $M = 840\,g/mol$

(2)水酸化ナトリウムの必要量を x〔g〕とすると，

　$840\,g : 3 \times 40\,g = 100\,g : x$

　∴ $x = 14.28\cdots g \fallingdotseq 14.3\,g$

よって，95 % 水酸化ナトリウムは，

$$14.3\,g \times \frac{100}{95} = 15.0\cdots g \fallingdotseq 15\,g$$

答 (1) ステアリン酸：0個　オレイン酸：1個
リノール酸：2個　(2) $C_{57}H_{110}O_6$
(3) 5個　(4) 2個 $\begin{array}{l} C_{17}H_{33}-COO-CH_2 \\ C_{17}H_{31}-COO-CH \\ C_{17}H_{31}-COO-CH_2 \end{array}$

検討 (1)飽和脂肪酸は $C_nH_{2n+1}COOH$ の一般式で表される。ステアリン酸 $C_{17}H_{35}COOH$ は，飽和脂肪酸の一般式にあてはまるので，二重結合は0個。ステアリン酸に比べ，オレイン酸，リノール酸は H 原子がそれぞれ2個，4個少ないので，二重結合の数はそれぞれ1個，2個である。

(2)ステアリン酸3分子とグリセリン1分子から水3分子がとれ，エステルをつくる。

(3)油脂 B 0.10 mol あたり 11.2 L すなわち，

$\frac{11.2\,L}{22.4\,L/mol} = 0.50\,mol$ の水素が付加するので，油脂 B 1分子には，5個の二重結合が存在する。

(4)5個の二重結合となる組み合わせは，オレイン酸1個，リノール酸2個の組み合わせだ

けである。この組み合わせでは，次の2種類の構造異性体がある。

$\begin{array}{l} C_{17}H_{33}-COO-CH_2 \\ C_{17}H_{31}-COO-\overset{*}{CH} \\ C_{17}H_{31}-COO-CH_2 \end{array}$ 　$\begin{array}{l} C_{17}H_{31}-COO-CH_2 \\ C_{17}H_{33}-COO-CH \\ C_{17}H_{31}-COO-CH_2 \end{array}$

*C；不斉炭素原子

答 ① 高級脂肪　② ナトリウム
③ 弱塩基　④ 疎水(親油，炭化水素)
⑤ 親水　⑥ 分散　⑦ 乳化
⑧ 乳濁　⑨ Ca^{2+}　⑩ 硬
⑪ 合成　⑫ 表面張力　⑬ 溶ける

検討 合成洗剤の代表的なものには以下のものがある。

・硫酸ドデシルナトリウム $C_{12}H_{25}OSO_3Na$
・アルキルベンゼンスルホン酸ナトリウム

C_nH_{2n+1}⟨benzene⟩$-SO_3Na$

40 芳香族炭化水素

基本問題 •••••••••••••• 本冊 *p.121*

答 オ

検討 ベンゼンは正六角形で，炭素原子間距離は等しく(ア)，すべての原子が同一平面上にある(イ)。ベンゼン環の不飽和結合は，脂肪族のものと異なり，酸化されにくく，また，付加反応も起こりにくい。むしろ，ベンゼンは置換反応を起こしやすい(エ)。なお，ベンゼンは，揮発性の引火しやすい有機溶媒である(ウ)。

答 ① 付加　② 置換
③ ブロモベンゼン　④
⑤ ニトロベンゼン　⑥

⑦ ベンゼンスルホン酸　　⑧

⑨ **1, 2, 3, 4, 5, 6-ヘキサクロロシクロヘキサン**

⑩

[検討] ベンゼン分子中の不飽和結合は，アルケンの二重結合と異なり，付加反応を起こしにくい。ベンゼンは，**付加反応よりも置換反応を起こしやすい**。条件によっては，付加反応も起こす。次の反応は，付加反応および置換反応による塩素化である。条件に注意すること。

$C_6H_6 + Cl_2 \xrightarrow{Fe} C_6H_5Cl + HCl$

$C_6H_6 + 3Cl_2 \xrightarrow{紫外線照射下} C_6H_6Cl_6$

 テスト対策

▶ベンゼンは，付加反応より，置換反応を起こしやすい。

❷❻❻

[答] **イ，ウ，オ**

[検討] 側鎖の炭化水素基が，その炭素数にかかわらず，カルボキシ基−COOHになる。エはフタル酸になる。

 テスト対策

▶芳香族炭化水素の酸化
　⇨ 側鎖が酸化され，−COOH基になる。

❷❻❼

[答] (1) **3種類**　　(2) **4種類**

[検討] (1)ベンゼンの二置換体には，置換基の位置により，下図の左から o−, m−, p− の3種類がある。

(2)ベンゼンの二置換体の3種類と一置換体の1種類の計4種類。一置換体を忘れないように注意すること。

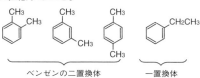

ベンゼンの二置換体　　一置換体

応用問題 ●●●●●●●●●●●●●● 本冊 *p.122*

❷❻❽

[答] ① **付加**　② **置換**　③ **付加**
④ **置換**　⑤ **置換**

[検討] ①アセチレン（エチン）3分子が付加重合して，ベンゼン1分子が生成する。

$3C_2H_2 \longrightarrow C_6H_6$

② $C_6H_6 + Br_2 \longrightarrow C_6H_5Br + HBr$

③ $C_6H_6 + 3Cl_2 \longrightarrow C_6H_6Cl_6$

④ $C_6H_6 + HNO_3 \longrightarrow C_6H_5NO_2 + H_2O$

⑤ $C_6H_6 + H_2SO_4 \longrightarrow C_6H_5SO_3H + H_2O$

❷❻❾

[答] ① **A**　② **B**　③ **B**　④ **C**

[検討] ④以外は，ベンゼンに関して正しい記述である。

①シクロヘキサンもメタンなどと同様に，光の照射下で塩素と反応させると置換反応を起こす。

②シクロヘキサンは平面構造ではなく，「いす形構造」とよばれる構造をとる。

④ $2C_6H_6 + 15O_2 \longrightarrow 12CO_2 + 6H_2O$

$C_6H_{12} + 9O_2 \longrightarrow 6CO_2 + 6H_2O$

0℃，1.0×10^5 Pa（標準状態）で22.4 Lの酸素量は1 mol。各10.0 g（分子量；$C_6H_6 = 78.0$，$C_6H_{12} = 84.0$）を完全燃焼するのに必要な酸素量は，

C_6H_6；$\dfrac{10.0\,g}{78.0\,g/mol} \times \dfrac{15}{2} \fallingdotseq 0.962\,mol$

C_6H_{12}；$\dfrac{10.0\,g}{84.0\,g/mol} \times 9 \fallingdotseq 1.07\,mol$ ➡ 不足

❷❼❶

[答] (1) **4つ**　(2) **3つ**　(3) **2つ**

検討　(1)ベンゼン環に結合した H 原子を置換した o−, m−, p− のベンゼンの二置換体と, −CH₃ 基の H 原子を置換したベンゼンの一置換体の計4種類。

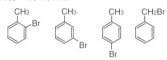

(2)次の3種類。

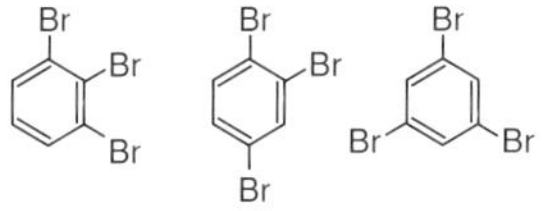

(3) a の位置にある H 原子を Br 原子で置換したものは, 同一の物質である。b の位置についても同様に同一の物質になる。したがって, 答えは次の2種類である。

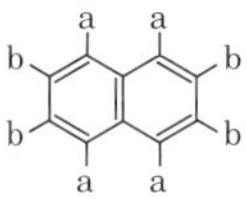

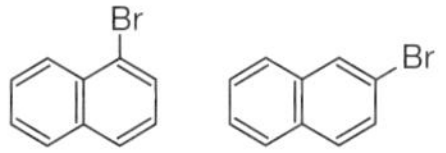

271

答　A：CH₃ B：CH₃ C：CH₃ NO₂

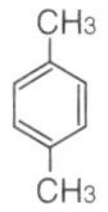

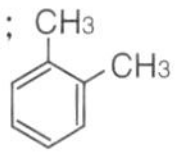

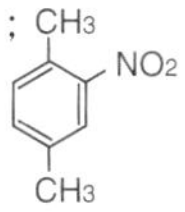

D, E：CH₃ CH₃ NO₂ CH₃ CH₃

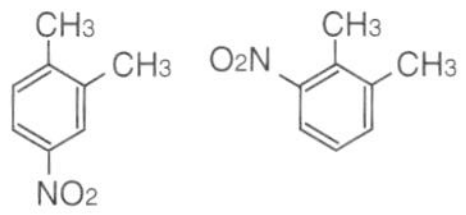

検討　A, B 1 mol あたり 1 mol の硝酸が消費されるので, A と B のベンゼン環に直接結合した水素原子1個がニトロ基で置換されたことになる。芳香族炭化水素 C_8H_{10} には, 次に示した4個の異性体が存在し, x, y, z の位置で置換が起こったときに, 同種の文字で表されるものは, 同一物質になる。

(a) (b) 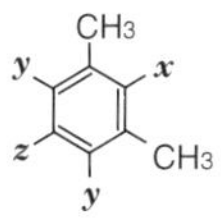 (c)

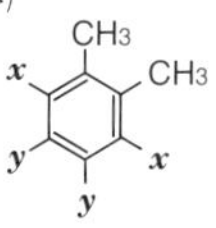

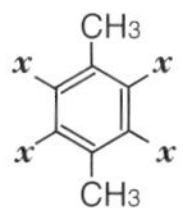

(d) CH₂CH₃

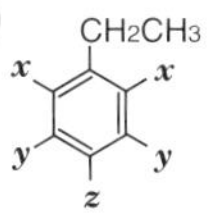

それぞれ置換体の数は, (a) が2, (b)が3, (c)が1, (d) が3であるので, A は(c), B は(a)である。

272

答　ウ

検討　側鎖が酸化されるので, それぞれの生成物は, 次のようになる。〔　〕内の数値は, 分子量である。

アイ；C_6H_5COOH〔122.0〕

ウ；$C_6H_4(COOH)_2$〔166.0〕

エ；$C_6H_3(COOH)_3$〔210.0〕

カルボン酸 B のモル質量を M〔g/mol〕, 価数を n とすると, 以下の式が成り立つ。

$$\frac{1.00\,g}{M} \times n = 1.00\,mol/L \times \frac{12.0}{1000}\,L$$

$$\therefore\ M = \frac{n}{0.012}\,g/mol$$

$n = 1$ のとき, $M \fallingdotseq 83.3\,g/mol$

$n = 2$ のとき, $M \fallingdotseq 167\,g/mol$

$n = 3$ のとき, $M \fallingdotseq 250\,g/mol$

この関係を満たしているのは,

ウの $C_6H_4(COOH)_2$〔166.0〕である。

41　フェノール類と芳香族カルボン酸

基本問題 •••••••••••••••••• 本冊 p.125

273

答　イ, エ

検討　フェノールは右図のような構造式をしており, 塩化鉄(Ⅲ)水溶液で, 青紫～赤紫色に呈色する(ア)。水にはわずかに溶け, 酸性を示し, 水酸化ナトリウム水溶液には, 塩をつくって溶ける(ウ)。フェノールは, 炭酸($CO_2 + H_2O$)より弱い酸なので, 炭酸水素ナトリウム水溶液とは反応しないが, ナトリウムフェノキシド水溶液に二酸化炭素を吹き込むとフェノールが遊離する(オ)。

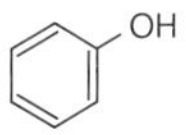

274

答 イ

検討 ベンゼン環に直接-OH 基が結合した化合物を**フェノール類**といい，塩化鉄(Ⅲ)水溶液と反応し，青紫～赤紫色に呈色する。

イは，直接-OH 基がベンゼン環に結合しておらず，アルコールなので塩化鉄(Ⅲ)と反応しない。

275

答 A：ウ　　B：エ

検討

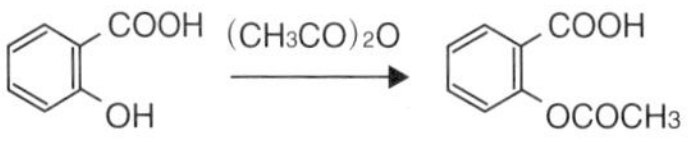

A アセチルサリチル酸

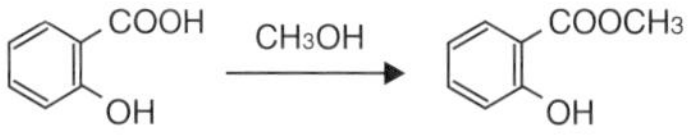

B サリチル酸メチル

276

答 ア

検討 弱酸の塩にそれより強い酸を作用させると，弱酸が遊離する。

「弱酸の塩」+「強い酸」

→「弱酸」+「強い酸の塩」

NaHCO₃ + CH₃COOH

→ CO₂ + H₂O + CH₃COONa

よって，酢酸＞炭酸

C₆H₅ONa + CO₂ + H₂O

→ C₆H₅OH + NaHCO₃

よって，炭酸＞フェノール

したがって，酢酸＞炭酸＞フェノール

📝 テスト対策

▶酸の強さ

硫酸，塩酸＞カルボン酸＞炭酸＞フェノール類

「弱酸の塩」+「強い酸」

→「弱酸」+「強い酸の塩」

277

答 ① A　　② B　　③ C　　④ A
⑤ B　　⑥ B　　⑦ C

検討 エタノールは，水によく溶け(①)，中性を示す(④)。フェノールは，水にわずかに溶けて，弱い酸性を示す(⑥)ので，水酸化ナトリウムと中和反応し，塩を生じる(②)。塩化鉄(Ⅲ)とは，エタノールは反応しないが，フェノールは反応して紫色に呈色する(⑤)。両者ともエステルをつくり(⑦)，ナトリウムと反応して水素を発生する(③)。

📝 テスト対策

▶エタノールとフェノールの相違点

	水溶性	液性	FeCl₃
エタノール	よく溶ける	中性	呈色しない
フェノール	少し溶ける	弱酸性	呈色

応用問題 ●●●●●●●●●●●●●●●●●●●● 本冊 *p.127*

278

答 A：オ　　B：ウ　　C：イ　　D：ア
E：エ

検討 B；ニトロベンゼン C₆H₅NO₂ は，無色～淡黄色の液体で，水に溶けにくく，水より重い。

C；安息香酸 C₆H₅COOH はカルボン酸の1つであり，弱酸。炭酸よりは強い酸なので，炭酸水素ナトリウム水溶液と反応する。

E；ベンゼンスルホン酸 C₆H₅SO₃H は，水に溶け，強い酸性を示す。

279

答 (1)

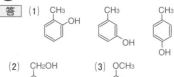

(2) CH₂OH

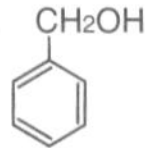

(3) OCH₃

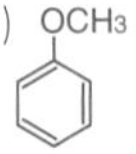

検討 (1)塩化鉄(Ⅲ)との反応からフェノール類であり，o-，m-，p- の3種類のクレゾール(-CH₃ と -OH によるベンゼンの二置換体)。

(2)アルコールで，ベンゼンの一置換体のベンジルアルコール。

(3)Na と反応しないので，エーテルで，ベンゼンの一置換体のメチルフェニルエーテル。ベンゼンの一置換体を忘れないこと。および，アルコールがあるときは，エーテルの存在を忘れないこと。

280

答 (1) イ　(2) ク　(3) エ　(4) カ
(5) キ　(6) オ　(7) ウ　(8) ア

検討 (2)

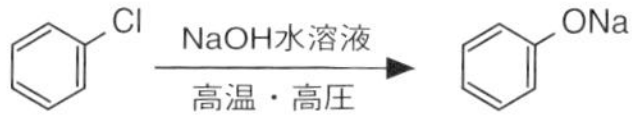

(5)

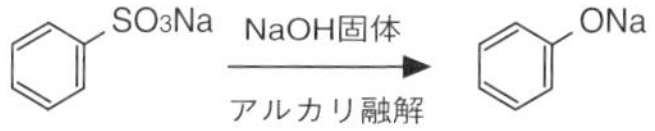

(6)(7)(8) **C** はクメン法とよばれ，ベンゼンとプロペンを原料にフェノールをつくる方法である。このとき，アセトンも副生する。

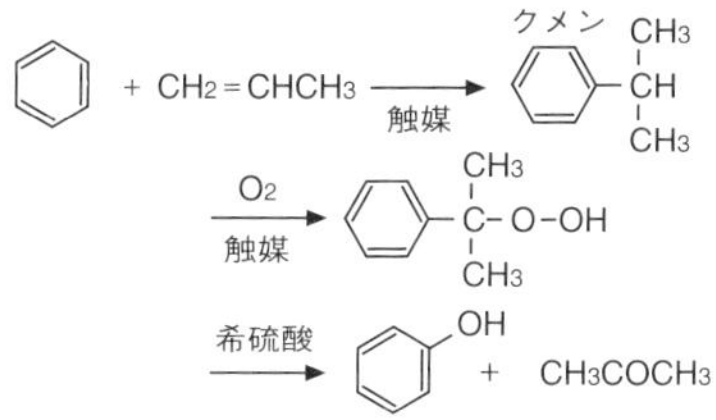

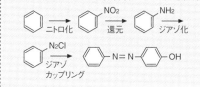

┌─ *テスト対策* ─────────────┐

▶**クメン法** ⇨ ベンゼンとプロペンを原料に，クメンを経由してフェノールとアセトンを得るフェノールの工業的製法。

└───────────────────────┘

42 芳香族アミンとアゾ化合物

基本問題 ●●●●●●●●●●●●●●●● 本冊 *p.129*

281

答 ① 還元　② アニリン
③ アミノ　④ アニリン塩酸塩
⑤ 　⑥ ［NH3Cl構造式］

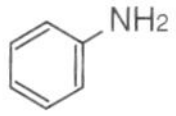

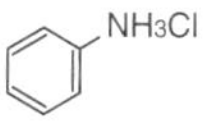

検討 ニトロベンゼンを還元すると，アニリンを生じる。アニリンは塩基性の物質であり，塩酸と反応してアニリン塩酸塩という塩をつくる。

[参考] アニリンは，無水酢酸とアミド結合 -NHCO- を有するアセトアニリドをつくる。アミド結合 -NHCO- をもつ化合物をアミドという。

$$C_6H_5NH_2 + (CH_3CO)_2O$$
$$\longrightarrow C_6H_5NHCOCH_3 + CH_3COOH$$
アセトアニリド

282

答 ① HNO3 濃硝酸

② ［NH2構造式］ アニリン
③ ［N2Cl構造式］ 塩化ベンゼンジアゾニウム

④ ［N=N-OH構造式］
p-フェニルアゾフェノール
（*p*-ヒドロキシアゾベンゼン）

検討 ジアゾ化とジアゾカップリングの反応の条件の違いを整理し，正しく反応式が書けるようにしておくこと。

┌─ *テスト対策* ─────────────┐

▶**ベンゼンからアゾ化合物までの反応経路**

［反応経路図：ニトロ化 → NO2 → 還元 → NH2 → ジアゾ化 → N2Cl → ジアゾカップリング → N=N-OH］

└───────────────────────┘

283

答 ア，オ，イ，エ，ウ
ジアゾ化：オ　ジアゾカップリング：ウ

検討 塩化ベンゼンジアゾニウムは不安定なので，ジアゾ化(オ)して合成するときからウのジアゾカップリングに用いるときまで氷冷する。

応用問題 •••••••••••••••••• 本冊 *p.131*

284

答 ア，エ

検討 ア…誤；硝酸ではなく亜硝酸ナトリウム
と反応して，塩化ベンゼンジアゾニウムを生成。
イ…正。
ウ…正；アニリンブラックという黒色の染料
ができる。
エ…誤；塩化鉄(Ⅲ)で青紫～赤紫色になるの
は，フェノール類。
オ…正；アニリン塩酸塩は，弱塩基の塩で，
強塩基の水酸化ナトリウムを加えると，弱塩
基であるアニリンが遊離する。

$C_6H_5-NH_3Cl + NaOH$

$\longrightarrow C_6H_5NH_2 + NaCl + H_2O$

カ…正；さらし粉により酸化され，赤紫色に
なる。
この反応は，アニリンの検出に用いられる。

285

答 (1) **1.2 kg**　　(2) **1.7 kg**

検討 (1)ベンゼン(分子量；78)1 mol からアニ
リン(分子量；93)1 mol が生成するので，生
成するアニリンを x〔kg〕とすると，

$C_6H_6 \longrightarrow C_6H_5NH_2$

$\left.\begin{array}{ll} 78\,\text{g} & 93\,\text{g} \\ 1.0\,\text{kg} & x\,〔\text{kg}〕 \end{array}\right\} \quad \dfrac{78\,\text{g}}{1.0\,\text{kg}} = \dfrac{93\,\text{g}}{x}$

∴ $x = 1.19\cdots\text{kg} \fallingdotseq 1.2\,\text{kg}$

(2)理論上，ニトロベンゼン(分子量；123)
1 mol からアニリン(分子量；93)1 mol が生
成する。必要とするニトロベンゼンを x〔kg〕
とすると，変化するニトロベンゼンは，
$0.80x$〔kg〕である。

$C_6H_5NO_2 \longrightarrow C_6H_5NH_2$

$\begin{array}{ll} 123\,\text{g} & 93\,\text{g} \\ 0.80x\,〔\text{kg}〕 & 1.0\,\text{kg} \end{array}$

$\dfrac{123\,\text{g}}{0.80x} = \dfrac{93\,\text{g}}{1.0\,\text{kg}}$ ∴ $x = 1.65\cdots\text{kg} \fallingdotseq 1.7\,\text{kg}$

---

43 有機化合物の分離

基本問題 •••••••••••••••••• 本冊 *p.132*

286

答 (1) ア，イ，ウ，エ，オ，ケ
(2) イ，ウ，ケ　　(3) ク　　(4) カ，キ

検討 (1)酸性物質であるフェノール類およびカ
ルボン酸が塩をつくり，水層に抽出される。
カ，キ，ク以外の物質がこれに該当する。
(2)炭酸($CO_2 + H_2O$)より強い酸は，炭酸水素
ナトリウムを加えると，塩となり水層に抽出
される。酸の強さは，
「カルボン酸」＞「炭酸」＞「フェノール類」
したがって，該当する化合物は，カルボン酸
で，イ，ウ，ケが水層に抽出される。
(3)塩酸には，塩基性物質のクのアニリンが，
水層に抽出される。
(4)中性物質である，カのトルエン，キのニト
ロベンゼンが該当する。

 テスト対策

▶**エーテル溶液から水層への抽出**
NaOH 水溶液 ⇨ カルボン酸，フェノール類
　　　　　　　　(酸性物質)
$NaHCO_3$ 水溶液 ⇨ カルボン酸
　　　　　　　　(炭酸より強い酸)
希塩酸 ⇨ アニリン(塩基性物質)
NaOH 水溶液にも希塩酸にも抽出されない
もの ⇨ トルエン，ニトロベンゼン
　　　　(中性物質)

287

答 (1) a：エ　　b：ウ　　c：イ

(2) 水層 A：　　　　　水層 C：

エーテル層 B：　　エーテル層 C：

操作 a：エーテル混合溶液に希塩酸を加えると，塩基であるアニリンは塩となり，水層 A に抽出される。

操作 b：エーテル層 A に水酸化ナトリウム水溶液を加えると，酸であるフェノールと安息香酸は塩となり水層 B に抽出され，ベンゼンはエーテル層 B に残る。

操作 c：水層 B に CO₂ を吹き込み，エーテルを加えて振り混ぜると，CO₂ より弱い酸であるフェノールが遊離し，エーテル層 C に抽出され，安息香酸のナトリウム塩は水層 C にとどまる。

応用問題 •••••••••••••••••••••• 本冊 p.133

⑱⑧

答 (1) イとウ　　(2) エ

 (1)塩基性物質は希塩酸と反応して塩を生成し，ジエチルエーテルに抽出されない。よって，塩基性物質と中性物質の組み合わせであるイとウが分離できる。なお，希塩酸によるアミドやエステルの加水分解には加熱を要するため，常温での抽出操作では考慮しなくてよい。

(2)エにおいて，炭酸より強い酸である安息香酸を分離できる。

⑱⑨

答 A：$\begin{array}{c}\text{COOH}\\\text{OCOCH}_3\end{array}$　　B：$\begin{array}{c}\text{COOCH}_3\\\text{OH}\end{array}$

C：NH_2　　D：NHCOCH_3

検討 ① A は NaHCO₃ 水溶液で抽出されるので，-COOH 基をもつアセチルサリチル酸。

② B は①において NaHCO₃ 水溶液で抽出されず，NaOH 水溶液で抽出されるので，フェノール類で，サリチル酸メチル。

③ C は希塩酸で抽出されるので，塩基で，アニリン。

④ D は，つねにエーテル層にあるので，中性物質のアセトアニリド。

44 高分子化合物と重合の種類

基本問題 •••••••••••••••••••••• 本冊 p.134

⑲⓪

答 ① イ，カ　　② オ，ク

③ ウ　　④ ア

検討 ア：ナイロンは合成繊維で，多価アミンと多価カルボン酸の縮合重合などで得られる有機高分子化合物である。→④

イ：雲母はケイ酸塩からなる天然高分子化合物である。→①

ウ：ガラスは，ケイ素と酸素からなる合成高分子化合物である。→③

オ・ク：セルロースやデンプンは多糖類で，天然に多量に存在する。→②

カ：石英は組成式 SiO₂ で表される共有結合の結晶で，天然に存在する無機高分子化合物である。→①

⑲①

答 ① 縮合重合　　② 付加重合

③ 付加重合　　④ 縮合重合

検討 ①デンプンは，多数のグルコース分子から H₂O 分子がとれて縮合重合してできた構造となっている。

$$n\text{C}_6\text{H}_{12}\text{O}_6 \longrightarrow (\text{C}_6\text{H}_{10}\text{O}_5)_n + n\text{H}_2\text{O}$$

②エテン(エチレン)が付加重合してポリエチレンが合成される。

$$n\text{CH}_2=\text{CH}_2 \longrightarrow {+}\text{CH}_2-\text{CH}_2{+}_n$$

③塩化ビニルが付加重合してポリ塩化ビニルが合成される。

$$n\text{CH}_2=\text{CHCl} \longrightarrow {+}\text{CH}_2-\text{CHCl}{+}_n$$

④タンパク質は多数のアミノ酸から H₂O 分子がとれて縮合重合してできた構造となっている。

応用問題 •••••••••••••••••••••• 本冊 p.135

⑲②

答 ① HOOC-(CH₂)₄-COOH,

H₂N-(CH₂)₆-NH₂

② CH₂ = CHCN

③ HO − (CH₂)₂−OH,

HOOC−⟨ ⟩−COOH

④ CH₂ = CHCH₃

検討 ①アミド結合−CO−NH−は, −COOH と −NH₂ から H₂O がとれて縮合したものである。②④単量体の成分の二重結合を忘れないようにすること。③エステル結合−O−CO−は, −OH と −COOH から H₂O がとれて縮合したものである。

㉓

答 (1) 重合度:1.0×10³ 分子量:4.4×10⁴
(2) 10

検討 (1)−CH₂−CH(OCOCH₃)−の式量は 86 であるから, ポリ酢酸ビニルの重合度を n とすると,
$$86n = 8.6 \times 10^4 \quad \therefore n = 1.0 \times 10^3$$
ポリビニルアルコールの重合度は, ポリ酢酸ビニルの重合度と同じである。また, −CH₂−CH(OH)−の式量は 44 であるから, 分子量は,
$$44 \times 1.0 \times 10^3 = 4.4 \times 10^4$$
(2)デキストリンの重合度を n とすると, 分子式は (C₆H₁₀O₅)ₙ と表される。
式量;C₆H₁₀O₅ = 162 より,
$$162n = 1640 \quad \therefore n = 10.1\cdots \fallingdotseq 10$$

45 糖類

基本問題 •••••••••••••• 本冊 *p.137*

㉔

答 エ

検討 ア・イ:単糖類(六炭糖)の分子式は C₆H₁₂O₆ で, −OH を 5 個もつので水に溶けやすい。
ウ・エ:単糖類は還元性をもつのでフェーリング液を還元するが, 還元性を示す部分の構造は糖によって異なる。グルコースやガラク

トースでは−CHO の部分であるが, フルクトースでは−CO−CH₂OH の部分である。

㉕

答 ウ, エ

検討 分子式が C₁₂H₂₂O₁₁ なので二糖類である。よって, 単糖類であるグルコースとフルクトースは不適。また, 銀鏡反応を示すことから, この糖には還元性があることがわかる。二糖類のうち, スクロースには還元性がない。

㉖

答 (1) A (2) A (3) C (4) B

検討 (1)デンプンは冷水には溶けにくいが, 温水には一部(アミロース)が溶けてコロイド溶液となる。セルロースは水に溶けない。
(2)デンプンは, ヨウ素により青〜青紫色を呈する(ヨウ素デンプン反応)。セルロースはヨウ素によって呈色しない。
(3)デンプンもセルロースも加水分解するとグルコースを生じる。
(4)植物の細胞壁はセルロースからなる。

㉗

答 (1) ア, イ, ウ, エ, ク
(2) エ, オ, ク (3) エ, カ, キ
(4) ア, イ

検討 (1)単糖類かスクロース・トレハロース以外の二糖類が還元性をもつ。
(2)二糖類である。

㉘

答 ア, ウ, オ

検討 イ:デンプンを希硫酸と加熱すると, デキストリンやマルトースとなり, ヨウ素デンプン反応の色が減退する。
ウ:スクロースは還元性を示さないが, 加水分解するとグルコースやフルクトースを生じ, 還元性を示す。
エ:マルトース 1 分子を加水分解すると, グルコース 2 分子を生じる。

カ；フルクトースは，水溶液中でヒドロキシケトン基をもつ鎖状構造となり，還元性を示す。

 テスト対策
▶糖類の着目点
●水溶性
　単糖類・二糖類；よく溶ける。
　アミロース；温水には溶ける。
　セルロース・アミロペクチン；溶けない。
●還元性
　単糖類；示す。
　二糖類；スクロース・トレハロース以外
　　　　　は示す。
　多糖類；示さない。
　⇨ 加水分解すると，すべて示す。
●単糖類の還元性を示す基
　グルコース；–CHO
　フルクトース；–CO–CH2OH
●多糖類の構成成分
　デンプン；α－グルコース
　セルロース；β－グルコース

応用問題 •••••••••••••••• 本冊 p.138
㉙
答 (1) ① デキストリン　② マルトース
③ グルコース　④ ホルミル（アルデヒド）
⑤ 鎖状　⑥ Cu²⁺　⑦ Cu₂O
⑧ C₂H₅OH
(2) (a) C₁₂H₂₂O₁₁ + H₂O ⟶ 2C₆H₁₂O₆
(b) C₆H₁₂O₆ ⟶ 2C₂H₅OH + 2CO₂
(3) ⑨⑩
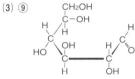

検討 (1)⑥⑦フェーリング液には Cu²⁺ の錯イオンが含まれており，還元されると Cu₂O の赤色沈殿が生じる。
⑧グルコースなどの単糖類は，酵母を加えるとエタノール C₂H₅OH と二酸化炭素 CO₂ に分解する。これをアルコール発酵という。
(3)⑨は鎖状構造，⑩は β－グルコースである。

㉚
答 (1) A：デンプン　B：グルコース
　C：セルロース　(2) アミロース
(3) ① 縮合　② ヨウ素デンプン
③ アルコール発酵
(4) ホルミル基（アルデヒド基）
検討 (1)A；穀物に多く含まれる多糖類はデンプンである。
B：デンプンは，多数の α－グルコースが縮合重合してできている。
C：セルロースは多数の β－グルコースが縮合重合してできたもので，植物の細胞壁などの主成分である。
(2)直鎖状の構造をしたのがアミロース，枝分かれ状の構造をしたのがアミロペクチン。
(4)グルコースは，水溶液中では α－グルコース，β－グルコース，鎖状のグルコースの3つの状態が平衡状態となっている。このうち，鎖状のグルコースはホルミル基–CHO をもつので，還元性を示す。

㉛
答 **900 g**
検討 (C₆H₁₀O₅)n + nH₂O ⟶ nC₆H₁₂O₆
1 mol のデンプン（分子量；162n）から n〔mol〕のグルコース（分子量；180）が得られるとして必要なデンプンを x〔g〕とすると，
$$\frac{x}{162n\,\text{g/mol}} \times n = \frac{1000\,\text{g}}{180\,\text{g/mol}}$$
∴ x = 900 g

に相当する。加水分解後は，もとのグルコー
スと加水分解で生じたグルコースが，フェー
リング液と反応することになる。

$$\frac{10.4}{144}\,\text{mol} + \frac{y}{162}\,\text{mol/g} = \frac{17.1}{144}\,\text{mol}$$
$$\therefore\ y = 7.537\cdots \fallingdotseq 7.54\,\text{g}$$

 302

答 **17.1 g**

検討 マルトースに酸を加えて加熱すると，加
水分解が起こり，グルコースを生じる。

$C_{12}H_{22}O_{11} + H_2O \longrightarrow 2C_6H_{12}O_6$ …①

グルコース水溶液中にはホルミル基をもつ構
造が存在し，フェーリング液中の Cu^{2+} を還
元して，Cu_2O の赤色沈殿を生じる。

$R-CHO + 2Cu^{2+} + 5OH^-$
$\qquad \longrightarrow R-COO^- + Cu_2O + 3H_2O$ …②

①，②式より，マルトース 1 mol が反応して
Cu_2O 2 mol が生じることがわかる。

マルトースの質量を x〔g〕とすると，分子
量；$C_{12}H_{22}O_{11} = 342$，$Cu_2O = 143$ より，

$$\frac{x}{342\,\text{g/mol}} \times 2 = \frac{14.3\,\text{g}}{143\,\text{g/mol}}$$
$$\therefore\ x = 17.1\,\text{g}$$

 303

答 グルコース；**13.0 g** デンプン；**7.54 g**

検討 100 mL の **A** に含まれるグルコースを x〔g〕，
デンプンを y〔g〕とする。

デンプンには還元性はなく，**A** にフェーリ
ング液を反応させると，グルコースだけが反
応する。

分子量；$C_6H_{12}O_6 = 180$，$Cu_2O = 144$，
グルコース：$Cu_2O = 1：1$（物質量の比）より，

$$x = \frac{10.4\,\text{g}}{144\,\text{g/mol}} \times 180\,\text{g/mol}$$
$$= 13.0\,\text{g}$$

デンプン（分子量；$162n$）の加水分解の反応
式は次のようになる。

$(C_6H_{10}O_5)_n + nH_2O \longrightarrow nC_6H_{12}O_6$

y〔g〕のデンプンから生じるグルコースの質
量は，

$$\frac{y\text{〔g〕}}{162n\,\text{g/mol}} \times n \times 180\,\text{g/mol}$$
$$= \frac{180y}{162}\text{〔g〕}$$

グルコースの物質量は，

$$\frac{180y}{162}\text{〔g〕} \div 180\,\text{g/mol} = \frac{y}{162}\,\text{mol/g}$$

---

46 アミノ酸とタンパク質

基本問題 ●●●●●●●●●●●●●●● 本冊 *p.142*

 304

答 **イ**

検討 イ：グリシンは鏡像異性体をもたない。

ウ：アミノ酸は**双性イオン**となっているため，
イオン結晶のように融点が比較的高く，水に
溶けやすい。

エ：酸性のカルボキシ基と塩基性のアミノ基
の両方をもつので，塩基とも酸とも中和反応
をする。

┌─────────────────────┐
│ 🖊 **テスト対策** │
│ │
│ ▶**アミノ酸** │
│ ①タンパク質から生じるアミノ酸 │
│ ⇨ すべてα−アミノ酸。 │
│ ②グリシン以外 ⇨ 鏡像異性体が存在。 │
│ ③**双性イオン** ⇨ 比較的融点が高く，水 │
│ に溶けやすい。 │
│ ④酸・塩基の両方の性質を示す。 │
│ ⑤**ニンヒドリン反応** ⇨ 赤紫〜青紫色に │
│ 呈色。 │
│ アミノ基の検出。 │
└─────────────────────┘

 305

答 ① 単純タンパク質 ② 複合タンパク質
③ 変性 ④ 水素 ⑤ 黄
⑥ キサントプロテイン反応
⑦ ベンゼン環 ⑧ 黒 ⑨ 硫黄

検討 ①②加水分解したときに，アミノ酸だけを生じるタンパク質を**単純タンパク質**，アミノ酸以外に糖類や色素なども生じるタンパク質を**複合タンパク質**という。

③④タンパク質に熱や酸，塩基，アルコール，重金属イオンなどを加えると，分子間の水素結合が変化し，タンパク質の**変性**が起こる。

⑤〜⑦ベンゼン環をもつタンパク質に濃硝酸を加えて加熱すると，ベンゼン環がニトロ化され，黄色に呈色する。これを**キサントプロテイン反応**という。

⑧⑨硫黄原子を含むタンパク質溶液に水酸化ナトリウムを加えて加熱し，酢酸鉛(Ⅱ)水溶液を加えると，硫化鉛(Ⅱ)の黒色沈殿が生じる。

✏️**テスト対策**

▶**タンパク質の種類**
 ●**単純タンパク質** ⇨ アミノ酸のみ。
 ●**複合タンパク質** ⇨ アミノ酸以外も含む。
▶**タンパク質の変性**；熱，酸，塩基，重金属イオン，アルコールを加えると凝固し，もとにもどらない。
 ⇨ 水素結合の変化が原因。
▶**タンパク質の検出反応**
 ●**ビウレット反応**；NaOH 水溶液と少量の CuSO₄ 水溶液を加えると赤紫色。
 ⇨ 2つ以上のペプチド結合をもつ物質
 ●**キサントプロテイン反応**；濃硝酸と加熱すると黄色，塩基を加えると橙黄色。
 ⇨ 濃硝酸による黄色はベンゼン環のニトロ化が原因。
▶**タンパク質の成分元素の検出**
 ● S の検出；NaOH を加えて加熱，酢酸鉛(Ⅱ)水溶液を加えると，黒色沈殿。
 ⇨ $Pb^{2+} + S^{2-} \longrightarrow PbS\downarrow$
 ● N の検出；NaOH の固体を加えて加熱，発生する気体が赤色リトマス紙を青変。
 ⇨ NH_3 の発生。塩基性の気体は NH_3 のみ。

306

答 ウ

検討 ア：この反応は**ビウレット反応**であり，ペプチド結合を2つ以上もつ物質に起こる反応である。

イ：この反応は**キサントプロテイン反応**であり，タンパク質中のベンゼン環がニトロ化されるために起こる。

ウ：タンパク質の**変性**は，分子間の水素結合が切れることが原因である。ペプチド結合が切れるわけではない。

エ：発生した気体はアンモニアである。この反応から，タンパク質が成分元素として窒素を含んでいることがわかる。

応用問題 ●●●●●●●●●●●●●● 本冊 *p.144*

307

答 (1) ① 89　② CH₃-CH-COOH
                        |
                       NH₂

③ CH₃-CH-COOH
        |
       NH₃⁺

④ CH₃-CH-COO⁻
        |
       NH₂

(2) アミノ酸は双性イオンとなっていて静電気的な引力がはたらくため。

検討 (1)①原子量；N = 14 より，分子量は，

$$14 \times \frac{100}{15.7} = 89.1\cdots \fallingdotseq 89$$

②アミノ酸の化式を R-CH-COOH とする。
                              |
                             NH₂

α-アミノ酸の一般式において，R の式量を m とすると，

$m + 74 = 89$ ∴ $m = 15$

よって，R は CH₃ である。

③CH₃-CH-COO⁻ + H⁺
        |
       NH₃⁺
                    $\longrightarrow$ CH₃-CH-COOH
                                        |
                                       NH₃⁺

④CH₃-CH-COO⁻ + OH⁻
        |
       NH₃⁺
                    $\longrightarrow$ CH₃-CH-COO⁻ + H₂O
                                        |
                                       NH₂

(2)アミノ酸は双性イオンとなっているため，静電気的な引力がはたらき，融点が高い。

 テスト対策

▶**双性イオン**(中性アミノ酸の場合)

酸性溶液中　　R–CH–COOH
　　　　　　　　　｜
　　　　　　　　 NH₃⁺

$\updownarrow$

中性溶液中　　R–CH–COO⁻
　　　　　　　　　｜
　　　　　　　　 NH₃⁺ **双性イオン**

$\updownarrow$

塩基性溶液中　R–CH–COO⁻
　　　　　　　　　｜
　　　　　　　　 NH₂

308

答　ウ

 検討　ア：α–アミノ酸のうち，鏡像異性体をもたないのはグリシンだけである。

イ：キサントプロテイン反応では，ベンゼン環のニトロ化により呈色する。

ウ：アミノ酸が赤紫～青紫色に呈色する反応は，ニンヒドリン溶液との反応である。

エ：ビウレット反応は，ペプチド結合を2つ以上もつ物質に起こる反応であるから，すべてのタンパク質で起こる。

オ：OH⁻ がアミノ酸の–NH₃⁺と反応し，アミノ酸は陰イオンとなる。

309

答　① ペプチド　　② ポリペプチド
③ 水素　　④ α–ヘリックス
⑤ β–シート　　⑥ 変性

検討　①②アミノ酸分子がペプチド結合で結びついた構造をもつ物質を**ペプチド**といい，多数のアミノ酸分子が結合したものを**ポリペプチド**という。

③～⑤タンパク質のポリペプチド鎖は，らせん構造(**α–ヘリックス**)やシート状構造(**β–シート**)をとるが，これはポリペプチド鎖のペプチド結合間に形成される水素結合により

保持されている。

⑥タンパク質を加熱したり，強酸や強塩基を加えたりすると，水素結合が切れて立体構造に変化が起こる。これがタンパク質の変性。

310

答　(1) **X**：グリシン　　**Y**：フェニルアラニン
Z：アラニン　　(2) 6種類

検討　(1)アミノ酸 **X** は，不斉炭素原子をもたないことから，グリシンである。

アミノ酸 **Y** の原子数比は，

$$C : H : O : N = \frac{65.4}{12} : \frac{6.7}{1.0} : \frac{19.4}{16} : \frac{8.5}{14}$$
$$≒ 9 : 11 : 2 : 1$$

分子量が165より，分子式は C₉H₁₁O₂N であり，示性式は C₇H₇–CH(NH₂)COOH である。また，キサントプロテイン反応を示すことからベンゼン環をもつので，アミノ酸 **Y** は C₆H₅CH₂–CH(NH₂)COOH となり，フェニルアラニンである。

窒素ガス18.2 mL 中の N 原子の物質量は，

$$\frac{18.2 \times 10^{-3}\,\text{L}}{22.4\,\text{L/mol}} \times 2 = 1.625 \times 10^{-3}\,\text{mol}$$

アミノ酸 **Z** の1分子中の N 原子は1個なので，**Z** のモル質量は，

$$\frac{0.144\,\text{g}}{1.625 \times 10^{-3}\,\text{mol}}$$
$$= 88.61\cdots\,\text{g/mol} ≒ 88.6\,\text{g/mol}$$

Z の化学式を RCH(NH₂)COOH，R の式量を m とすると，

$$m + 74 = 88.6 \quad \therefore\ m = 14.6 ≒ 15$$

よって，R は CH₃ となり，アミノ酸 **Z** はアラニンであることがわかる。

(2)化合物 **A** の構造は，次の6種類である。

X–Y–Z, X–Z–Y, Y–X–Z,
Y–Z–X, Z–X–Y, Z–Y–X

311

答　(1) 赤紫色を示す。　　(2) 示さない。
(3) 陽極側：アスパラギン酸　陰極側；リシン

検討　(1)**ビウレット反応**は，ペプチド結合を2個以上もつ物質の場合に起こる。トリペプチド **A** は2個のペプチド結合をもつから，ビ

ウレット反応により赤紫色を呈する。

(2)濃硝酸と加熱して黄色を示すのは，**キサントプロテイン反応**であり，ベンゼン環のニトロ化が原因である。いずれのアミノ酸にもベンゼン環が含まれていないから，キサントプロテイン反応は起こらない。

(3)アラニンは，水溶液中では次のような正電荷と負電荷が等しい状態で存在するから，どちらの極にも移動しない。

CH₃-CH(NH₃⁺)COO⁻

アスパラギン酸は酸性アミノ酸であり，等電点が酸性側にある。よって，ほぼ中性の水溶液中では全体として陰イオンの状態で存在するから，陽極側に移動する。

⁻OOC-CH₂-CH(NH₃⁺)COO⁻

リシンは塩基性アミノ酸であり，等電点が塩基性側にある。よって，ほぼ中性の水溶液中では全体として陽イオンの状態で存在するから，陰極側に移動する。

H₃N⁺-(CH₂)₄-CH(NH₃⁺)COO⁻

47 酵素

基本問題 •••••••••• 本冊 *p.147*

312

答　ウ，キ

検討　ア：アミラーゼはデンプンには作用するがセルロースには作用しない。

イ：酵素の主成分はタンパク質である。

エ：酵素の最適温度は35〜40℃のものが多い。高温になると，酵素のタンパク質は変性し，酵素はそのはたらきを失う。

オ：酵素は，pHが7〜8のときによくはたらくものが多い。

カ：マルトースとスクロースは両方ともC₁₂H₂₂O₁₁で表されるが，マルトースに作用する酵素はマルターゼ，スクロースに作用する酵素はインベルターゼ（スクラーゼ）である。

答　(1)① アミラーゼ　② マルターゼ
③ インベルターゼ（スクラーゼ）
(2) **a**：フルクトース　**b**：二酸化炭素
(3) 転化糖　(4) アルコール発酵

検討　(2)**b**：C₆H₁₂O₆ ⟶ 2C₂H₅OH + 2CO₂
(3)スクロースを加水分解すると生じる，グルコースとフルクトースの混合物を**転化糖**という。

314

答　(1)① ウ　② イ
(2)① ウ　② ア

検討　(1)デンプン水溶液に希硫酸を加えて加熱すると，デンプンは加水分解されてマルトースとなり，さらにグルコースとなる。

デンプン水溶液に酵素アミラーゼを作用させると，デンプンは加水分解されてマルトースとなるが，グルコースにはならない。

(2)アミラーゼは，ヒトなどの生物の口内と同様の環境（温度，pH）が最適である。ちなみに酵素は低温になると，反応そのものが遅くなるが，タンパク質は変性しないので，失活するわけではない。

48 核酸

基本問題 •••••••••• 本冊 *p.149*

答　(1)① 縮合　② 二重らせん
(2) ヌクレオチド
(3) **RNA**：リボース，C₅H₁₀O₅
　DNA：デオキシリボース，C₅H₁₀O₄

検討　(1)②塩基部分に水素結合が生じるためである。

(3) RNA（リボ核酸）を構成する五炭糖はリボース，DNA（デオキシリボ核酸）を構成する五炭糖はデオキシリボースである。

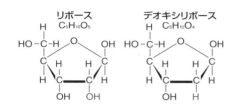

リボース $C_5H_{10}O_5$ デオキシリボース $C_5H_{10}O_4$

応用問題 ●●●●●●●●●● 本冊 *p.149*

316

答 ① C ② A ③ A ④ B
⑤ C ⑥ B

検討 ② DNA は2本鎖による二重らせん構造，RNA は1本鎖の構造である。
③④ DNA は遺伝子の本体である。一方，RNA はタンパク質の合成を手助けするはたらきをもつ。
⑤ DNA も RNA も4種類の塩基をもつ。そのうちの3種類は共通(アデニン，グアニン，シトシン)で，1種類のみ異なる(DNA はチミン，RNA はウラシル)。
⑥ DNA を構成する糖はデオキシリボース $C_5H_{10}O_4$，RNA を構成する糖はリボース $C_5H_{10}O_5$ である。

📝テスト対策

▶**DNA と RNA の違い**

	DNA	RNA
糖	$C_5H_{10}O_4$	$C_5H_{10}O_5$
構造	二重らせん構造	1本の鎖状構造
はたらき	遺伝子の本体	タンパク質合成の手助け

317

答 ① ○ ② ○ ③ × ④ ×
⑤ ○ ⑥ ○

検討 ①核酸は，ヌクレオチドの糖の3位の–OH の部分とリン酸の–OH の部分で脱水縮合してできている。
②核酸を構成している物質のうち，糖の成分元素は C，H，O の3種類，塩基の成分元素

は C，H，O，N の4種類，リン酸の成分元素は H，O，P の3種類である。
③ DNA も RNA も4種類の塩基からなるが，4種類のうちの1種類が異なる。
④ DNA と RNA を構成する糖，塩基が異なるので，互いに異性体の関係ではない。
⑥ RNA には mRNA(伝令 RNA)，tRNA(転移 RNA)，rRNA(リボソーム RNA)があり，それぞれタンパク質合成において異なるはたらきをもつ。

49 化学繊維

基本問題 ●●●●●●●●●● 本冊 *p.151*

318

答 ① ビスコース ② ビスコースレーヨン
③ シュバイツァー試薬
④ 銅アンモニアレーヨン(キュプラ)
⑤ トリアセチルセルロース
⑥ ジアセチルセルロース
⑦ アセテート繊維

319

答 (1) ヘキサメチレンジアミン
$H_2N(CH_2)_6NH_2$，
アジピン酸 $HOOC(CH_2)_4COOH$
(2) (3) 縮合重合

検討 (2)ナイロン66はアミド結合によってつながっている。

320

答 (1) ○ (2) × (3) × (4) ○

検討 (2)縮合重合ではなく開環重合。
(3)フタル酸ではなくテレフタル酸。

321

答 (1) オ (2) エ (3) ウ (4) イ
(5) ア

検討 (1)ポリビニルアルコールはポリ酢酸ビニルを加水分解してつくる。

(2)エテン（エチレン）$CH_2=CH_2$ を付加重合するとポリエチレンが生じる。

(3)スチレンを付加重合するとポリスチレンが生じる。

(4)アクリロニトリルを付加重合するとポリアクリロニトリルが生じる。

(5)酢酸ビニルを付加重合するとポリ酢酸ビニルが生じる。

 テスト対策

▶**単量体と付加重合体の関係**

単量体		付加重合体

$$CH_2=CH \atop \qquad | \atop \qquad X \xrightarrow{\text{付加重合}} \left[CH_2-CH \atop \qquad | \atop \qquad X \right]_n$$

X ⇨ H, CH₃, CN, OCOCH₃, Cl など

322

答　A：酢酸ビニル　　B：ポリ酢酸ビニル

C：ポリビニルアルコール

D：ホルムアルデヒド

検討　A：アセチレン（エチン）に酢酸を付加させると，酢酸ビニルが生成する。

B：酢酸ビニルを付加重合させると，ポリ酢酸ビニルとなる。

C：ポリ酢酸ビニルを加水分解すると，ポリビニルアルコールが生成する。

D：ポリビニルアルコールにホルムアルデヒドを作用させてアセタール化すると，ビニロンが得られる。

応用問題 •••••••••• 本冊 *p.152*

323

答　イ，オ

検討　ア；絹，羊毛などの動物繊維の主成分はタンパク質である。

イ；レーヨンは再生繊維で，成分はセルロースである。一方，アセテートは半合成繊維で，

成分は酢酸とセルロースからなるエステルである。

ウ；ナイロン66を加水分解すると，その単量体であるヘキサメチレンジアミンとアジピン酸が得られる。

エ；ポリエチレンテレフタラートを加水分解すると，その単量体であるテレフタル酸とエチレングリコールが得られる。

オ；ポリ酢酸ビニルを加水分解すると，その単量体ではなく，ポリビニルアルコールと酢酸が得られる。

324

答　(1) A：ナイロン6　　B：ナイロン66

(2) アミド結合　　(3) A：$H_2N(CH_2)_5COOH$

B：$H_2N(CH_2)_6NH_2$，$HOOC(CH_2)_4COOH$

C：$CH_2(NH_2)COOH$，

　$CH_3CH(NH_2)COOH$，

　$HOCH_2CH(NH_2)COOH$

(4) $H_2C{\displaystyle\diagup \atop \displaystyle\diagdown}{CH_2-CH_2-CO \atop CH_2-CH_2-NH}$

検討　(1) A：ε-カプロラクタムが開いた構造が成分単位であるから，ナイロン6である。

B：ヘキサメチレンジアミンとアジピン酸が縮合重合した構造であるから，ナイロン66である。

(2)Cのような，アミノ酸の縮合によって生じたアミド結合は，特にペプチド結合という。

(3)加水分解するとアミド結合が切れ，カルボキシ基-COOHとアミノ基-NH₂が生じる。

(4)ナイロン6は，ε-カプロラクタムの開環重合によって合成する。

325

答　(1) $n\mathrm{HO-(CH_2)_2-OH}$

$+\,n\mathrm{HOOC}-\!\!\bigcirc\!\!-\mathrm{COOH} \longrightarrow$

$\left[\mathrm{O-(CH_2)_2-O-CO}-\!\!\bigcirc\!\!-\mathrm{CO}\right]_n$

$+\ 2n\mathrm{H_2O}$

(2) **52個**

検討 (1)エチレングリコール分子 n 個とテレフタル酸分子 n 個から水分子 2n 個がとれて縮合重合する。

(2)ポリエチレンテレフタラートの分子の構造式は，次のとおりである。

$$\left[O-(CH_2)_2-O-CO-\bigcirc-CO \right]_n$$

繰り返し部分1単位あたり，テレフタル酸の単位が1個含まれている。繰り返し部分1単位の式量は192であるから，

$$192n = 1.0 \times 10^4 \quad \therefore n = 52.0 \cdots \fallingdotseq 52$$

326

答 (1) ① 付加　　② 加水分解（けん化）

③ ヒドロキシ　　④ ホルムアルデヒド

(2) 5.3×10^2 g

検討 (2)ポリ酢酸ビニルがポリビニルアルコールになる変化は次の通り。

$$\left[\begin{array}{c} CH_2-CH \\ | \\ OCOCH_3 \end{array} \right]_n \longrightarrow \left[\begin{array}{c} CH_2-CH \\ | \\ OH \end{array} \right]_n$$

また，ポリビニルアルコールがアセタール化されるときの変化は次の通り。

$$\left[\begin{array}{cc} CH_2-CH-CH_2-CH \\ | \quad\quad | \\ OH \quad\quad OH \end{array} \right]_n$$

$$\longrightarrow \left[\begin{array}{cc} CH_2-CH-CH_2-CH \\ | \quad\quad | \\ O-CH_2-O \end{array} \right]_n$$

よって，ポリ酢酸ビニルの変化は次のようにまとめられる。

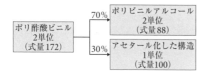

得られるビニロンの質量は，

$$1.0 \times 10^3 \text{g} \times \frac{70}{100} \times \frac{88}{172}$$
$$+ 1.0 \times 10^3 \text{g} \times \frac{30}{100} \times \frac{100}{172}$$
$$= 5.32 \cdots \times 10^2 \text{g} \fallingdotseq 5.3 \times 10^2 \text{g}$$

50 合成樹脂（プラスチック）

基本問題 ●●●●●●●●●●●●●●● 本冊 *p.155*

327

答 ① A　　② A　　③ A　　④ B

⑤ B

検討 ①加熱すると軟らかくなる樹脂が熱可塑性樹脂である。

②熱可塑性樹脂は鎖状構造，熱硬化性樹脂は立体網目構造である。

③熱可塑性樹脂には付加重合によって合成されるものが多く，熱硬化性樹脂には付加縮合によって合成されるものが多い。

④⑤熱硬化性樹脂は，硬くて熱に強い性質から，家具や食器，電気器具などに使われる。

328

答 (1) ア：ポリプロピレン　　イ：尿素樹脂

ウ：ポリ塩化ビニル　　エ：ナイロン66

オ：ポリメタクリル酸メチル

カ：ポリエチレンテレフタラート

(2) イ　　(3) イ，エ，カ

検討 ア：ポリプロピレンは，プロペン（プロピレン）$CH_2=CH-CH_3$ の付加重合によって生じる熱可塑性樹脂である。

イ：尿素樹脂は，尿素 $(NH_2)_2CO$ とホルムアルデヒド HCHO の付加縮合によって生じる熱硬化性樹脂である。

ウ：ポリ塩化ビニルは，塩化ビニル $CH_2=CHCl$ の付加重合によって生じる熱可塑性樹脂である。

エ：ナイロン66は，ヘキサメチレンジアミン $H_2N-(CH_2)_6-NH_2$ とアジピン酸 $HOOC-(CH_2)_4-COOH$ の縮合重合によって生じる熱可塑性樹脂である。

オ：ポリメタクリル酸メチルは，メタクリル酸メチル $CH_2=C(CH_3)-COOCH_3$ の付加重合によって生じる熱可塑性樹脂である。

カ：ポリエチレンテレフタラートは，エチレングリコール $HO-(CH_2)_2-OH$ とテレフタル酸

HOOC—⟨benzene⟩—COOH の縮合重合によって
生じる熱可塑性樹脂である。
(2)熱硬化性樹脂は立体網目状の構造をもつ。

㉙

答 (1) ア, カ　　(2) エ, キ　　(3) ウ, ク
(4) ウ, エ, カ　　(5) ア, オ, カ, キ

検討 (1)ポリエチレンは $\{CH_2-CH_2\}_n$, ポ
リスチレンは $\{CH_2-CH(C_6H_5)\}_n$ であり,
ともに炭化水素である。
(2)ポリエチレンテレフタラートはテレフタル
酸とエチレングリコールからなるポリエステ
ル, ポリ酢酸ビニルはポリビニルアルコール
と酢酸からなるエステルである。
(3)フェノール樹脂とメラミン樹脂は立体網目
状の構造をもつ熱硬化性樹脂である。
(4)フェノール樹脂はフェノールの部分に, ポ
リエチレンテレフタラートはテレフタル酸の
部分に, ポリスチレンはスチレンの部分に,
それぞれベンゼン環をもつ。
(5)ポリエチレンはエテン(エチレン), ポリ塩
化ビニルは塩化ビニル, ポリスチレンはスチ
レン, ポリ酢酸ビニルは酢酸ビニルが付加重
合したものである。

㉚

答 ① スルホ　　② 陽イオン
③ 水素イオン　　④ 陽イオン交換樹脂
⑤ 陰イオン　　⑥ 水酸化物イオン
⑦ 陰イオン交換樹脂

応用問題 ●●●●●●●●●●●●●●● 本冊 *p.156*

㉛

答 (1) エ　　(2) イ　　(3) オ　　(4) ア
(5) カ　　(6) ウ

検討 (1)フェノールとホルムアルデヒドを, 酸
触媒を用いて反応させるとノボラック, 塩基
触媒を用いるとレゾールが中間生成物として
得られる。

㉜

答 (1) A：カ　　B：エ　　C：オ
(2) (a) 熱可塑性樹脂　　(b) 熱硬化性樹脂

検討 (1) A：炭化水素はポリプロピレンとポ
リスチレン。このうち, ベンゼン環をもつの
はポリスチレン。
B：成分元素がC, H, Oの3種類なのは, ポ
リメタクリル酸メチルとポリエチレンテレフ
タラート。このうち, ベンゼン環をもつのは
ポリエチレンテレフタラート。
C：成分元素がC, H, O, Nの4種類なのは,
ナイロン66と尿素樹脂。このうち, 加熱し
ても硬いまま軟らかくならないのは尿素樹脂
である。

㉝

答 $2.0×10^2\,kg$

検討 アセチレン(エチン)からポリビニルアル
コールを生成する反応は次のとおりである。
〔( )内の数字は分子量〕

$$nCH\equiv CH \xrightarrow[\text{付加}]{nCH_3COOH} nCH_2=CH$$
$$(26) \qquad\qquad\qquad\quad |$$
$$OCOCH_3$$

$$\xrightarrow{\text{付加重合}} \left[\begin{array}{c} CH_2-CH \\ | \\ OCOCH_3 \end{array}\right]_n$$

$$\xrightarrow[\text{けん化}]{nNaOHaq} \left[\begin{array}{c} CH_2-CH \\ | \\ OH \end{array}\right]_n$$
$$(44n)$$

$$+ nCH_3COONa$$

量的関係を調べると, アセチレンとポリビニ
ルアルコールの物質量の比は, $n：1$ になっ
ている。反応の収率は90%だから,

$$\frac{130\,kg×0.90}{26\,g/mol} : \frac{x\,[kg]}{44n\,g/mol} = n:1$$

$$∴ x = 198\,kg ≒ 2.0×10^2\,kg$$

㉞

答 (1) $2R\text{-}SO_3H + CuSO_4$

$$\longrightarrow (R\text{-}SO_3)_2Cu + H_2SO_4$$

(2) $30\,mL$

検討 (1)硫酸銅(Ⅱ)水溶液中の Cu^{2+} とイオ

交換樹脂のスルホ基の H^+ が交換される。

(2) Cu^{2+} 1 mol と H^+ 2 mol が交換される。求める水酸化ナトリウム水溶液の体積を x 〔L〕とすると,

$$0.10 \,\text{mol/L} \times \frac{15}{1000} \,\text{L} \times 2 = 1 \times 0.10 \,\text{mol/L} \times x$$

$$\therefore x = 0.030 \,\text{L} = 30 \,\text{mL}$$

51 ゴム

基本問題 •••••••••••••••• 本冊 *p.158*

答 ウ，オ

検討 ウ：イソプレン分子は二重結合を2つ含む。
エ：イソプレンを付加重合すると，二重結合の位置と単結合の位置が入れ替わる。
オ：生ゴムに硫黄を数％加えるとゴムの弾性が増すが，30 ～ 40 ％加えると弾性が非常に小さい硬いプラスチック状のエボナイトとなる。

336

答 n 個

検討 イソプレン分子には二重結合が2個あるが，ポリイソプレンのイソプレン単位1個には二重結合が1個ある。

337

答 ① クロロプレン　② イソプレン
③ 1，3-ブタジエン

✏ テスト対策

▶ ゴムの構造と名称

$$\begin{array}{c} \left[\begin{array}{c} CH_2 - C = CH - CH_2 \\ \;\;\;\;\;\; | \\ \;\;\;\;\;\; X \end{array}\right]_n \end{array}$$

X が $\begin{cases} H & \Rightarrow ブタジエンゴム \\ Cl & \Rightarrow クロロプレンゴム \\ CH_3 & \Rightarrow イソプレンゴム \end{cases}$

応用問題 •••••••••••••••• 本冊 *p.159*

答 (1) オ　(2) イ　(3) イ　(4) ア

検討 (1)生ゴムを空気を遮断して加熱(乾留)すると，単量体であるイソプレンが生じる。
(2)イソプレンを付加重合すると生ゴムが生成。
(3)ポリクロロプレンはクロロプレンの付加重合体である。
(4)2種類以上の単量体による付加重合を，特に共重合という。

答 (1) ① ラテックス　② 硫黄
③ 架橋
(2) $\left[\begin{array}{c} CH_2 - CCH_3 = CH - CH_2 \end{array}\right]_n$
　　　　$\longrightarrow nCH_2 = CCH_3 - CH = CH_2$
(3) アクリロニトリル-ブタジエンゴム
(4) 共重合

検討 (1)②生ゴムに数％の硫黄を加えて加熱すると弾性の増したゴムが得られ，30 ～ 40 ％の硫黄を加えて加熱するとエボナイトが得られる。
③生ゴムの二重結合の部分に，硫黄原子が橋をかけたような構造ができる。
(3)(4)アクリロニトリルと1,3-ブタジエンとの共重合によって生成するのが，アクリロニトリル-ブタジエンゴムである。